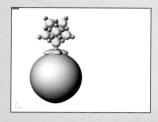 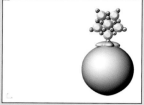 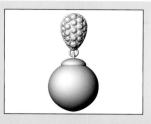 

3.2.1　平移视图　　　　　　　　　　　　　　3.2.2　旋转视图

3.3.2　着色模式显示　　　　　　　　　　　　3.3.6　工程图模式显示

  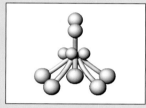 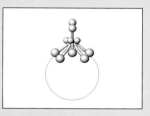

4.2.3　绘制矩形　　　　　　　　　　　　　　4.3.2　绘制圆

4.3.3　绘制圆弧　　　　　　　　　　　　　　4.4.1　延伸曲线

  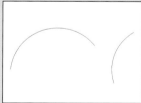 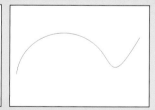

4.4.4　连接曲线　　　　　　　　　　　　　　4.4.7　衔接曲线

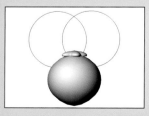   

4.4.8　布尔运算曲线　　　　　　　　　　　　5.1.3　创建单轨扫掠曲面

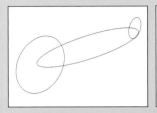   

5.1.4　创建双轨扫掠曲面　　　　　　　5.1.5　创建旋转曲面

 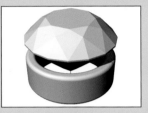  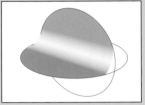

5.1.6　沿路径旋转曲面　　　　　　　5.2.2　圆角曲面

6.1.3　创建球体　　　　　　　6.1.4　创建圆锥体

6.1.6　创建金字塔　　　　　　　6.1.7　创建平顶金字塔

6.1.8　创建椭圆体　　　　　　　6.1.13　创建文字

  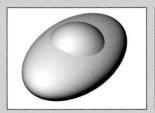 

6.2.3　挤出曲面　　　　　　　6.3.3　布尔运算交集

7.1.1 移动模型

7.1.3 旋转模型

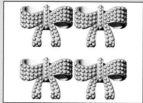
7.1.6 陈列模型

7.1.6 陈列模型

8.1.6 制作爪镶

8.2.1 反转宝石

9.3.1 赋予材质

9.3.2 设置环境

9.3.3 设置背景图

9.3.5 设置纹理

10.1 袖扣的建模设计

10.2 皮带扣的建模设计

10.3 手表的建模设计

11.1 手镯的建模设计

11.2　手链的建模设计

11.3　戒指的建模设计

12.1　吊坠的建模设计

12.2　耳钉的建模设计

12.3　耳环的建模设计

13.1　发簪的建模设计

13.2　发夹的建模设计

13.3　皇冠的建模设计

14.1　胸针的建模设计

14.2　项链的建模设计

14.3　耳环的建模设计

15.1　"永恒之心"三件套首饰的建模设计

15.1　"永恒之心"三件套饰品建模设计

设师梦工场

Rhino

珠宝首饰设计

从入门
到精通

楚飞◎编著

人民邮电出版社

北 京

图书在版编目（CIP）数据

Rhino珠宝首饰设计从入门到精通 / 楚飞编著. --
北京 ： 人民邮电出版社，2014.5
　（设计师梦工厂. 从入门到精通）
　ISBN 978-7-115-34744-2

　Ⅰ．①R… Ⅱ．①楚… Ⅲ．①宝石—计算机辅助设计
—应用软件②首饰—计算机辅助设计—应用软件 Ⅳ.
①TS934.3-39

中国版本图书馆CIP数据核字（2014）第046241号

内 容 提 要

　　本书从初学者的角度出发，紧扣珠宝首饰设计教学大纲，采用案例驱动的教学与自学方式，通过大量实例演练帮助读者掌握使用Rhino设计珠宝首饰的方法与技巧。

　　本书具体内容包括珠宝首饰设计概述，Rhino软件入门知识，软件的基本操作，珠宝首饰二维图形的应用，珠宝首饰三维曲面的应用，珠宝首饰三维模型的创建与编辑，珠宝首饰模型的变动，RhinoGold的基本操作，珠宝首饰的渲染，袖扣、皮带扣和手表的设计，手镯、手链和戒指的设计，吊坠、耳钉和耳环的设计，发簪、发夹和皇冠的设计，胸针、项链和挂件的设计，以及"永恒之心"三件套首饰的设计，等等。通过阅读本书，读者可以快速提高软件使用技能，成为设计高手。随书赠送1张DVD，包含超过300款与书中内容同步的素材和源文件、720分钟书中所有实例的演示视频，以及130款超值素材。

　　本书结构清晰、语言简洁，不仅适合作为各高等院校、高级技术学院、高等职业技术培训学校珠宝首饰设计课程的教材和配套用书，还适合从事珠宝首饰设计创意、珠宝首饰计算机辅助设计、珠宝首饰制作等工作的人员阅读。

◆ 编　　著　楚　飞
　　责任编辑　赵　迟
　　责任印制　方　航

◆ 人民邮电出版社出版发行　　北京市丰台区成寿寺路 11 号
　　邮编　100164　　电子邮件　315@ptpress.com.cn
　　网址　https://www.ptpress.com.cn
　　涿州市般润文化传播有限公司印刷

◆ 开本：787×1092　1/16　　　　彩插：2
　　印张：23　　　　　　　　　　2014 年 5 月第 1 版
　　字数：744 千字　　　　　　　2024 年 8 月河北第 26 次印刷

定价：59.00 元（附 1DVD）

读者服务热线：(010)81055410　印装质量热线：(010)81055316
反盗版热线：(010)81055315
广告经营许可证：京东市监广登字20170147号

前　言
Preface

关于本系列图书

感谢您翻开本系列图书。在茫茫的书海中，或许您曾经为寻找一本技术全面、案例丰富的计算机图书而苦恼，或许您为担心自己是否能做出书中的案例效果而犹豫，或许您为了自己应该买一本入门教材而仔细挑选，或许您正在为自己进步太慢而缺少信心……

现在，我们就为您奉献一套优秀的学习用书—"从入门到精通"系列，它采用完全适合自学的"教程+案例"和"完全案例"两种形式编写，兼具技术手册和应用技巧参考手册的特点，随书附带的 DVD 或 CD 多媒体教学光盘包含书中所有案例的视频教程、源文件和素材文件。希望通过本系列书能够帮助您解决学习中的难题，提高技术水平，快速成为高手。

■　自学教程。书中设计了大量案例，由浅入深、从易到难，可以让您在实战中循序渐进地学习到相应的软件知识和操作技巧，同时掌握相应的行业应用知识。

■　技术手册。一方面，书中的每一章都是一个专题，不仅可以让您充分掌握该专题中提到的知识和技巧，而且举一反三，掌握实现同样效果的更多方法。

■　应用技巧参考手册。书中把许多大的案例化整为零，让您在不知不觉中学习到专业应用案例的制作方法和流程；书中还设计了许多技巧提示，恰到好处地对您进行点拨，到了一定程度后，您就可以自己动手，自由发挥，制作出相应的专业案例效果。

■　老师讲解。每本书都附带了 CD 或 DVD 多媒体教学光盘，每个案例都有详细的语音视频讲解，就像有一位专业的老师在您旁边一样，您不仅可以通过本系列图书研究每一个操作细节，而且还可以通过多媒体教学领悟到更多的技巧。

本系列图书包括三维艺术设计、平面艺术设计和产品辅助设计三大类，近期已推出以下品种。

三维艺术设计类	
22076　3ds Max 2009 中文版效果图制作从入门到精通（附光盘）（附光盘）	30488　Maya 2013 从入门到精通（附光盘）
25980　3ds Max 2011 中文版效果图制作实战从入门到精通（附光盘）	23644　Flash CS5 动画制作实战从入门到精通（附光盘）
29394　3ds Max 2012/VRay 效果图制作实战从入门到精通（附光盘）	30092　Flash CS6 动画制作实战从入门到精通（附光盘）
29393　会声会影 X5 DV 影片制作/编辑/刻盘实战从入门到精通（附光盘）	33800　SketchUp Pro 8 从入门到精通（全彩印刷）
33845　会声会影 X6 DV 影片制作/编辑/刻盘实战从入门到精通	22902　3ds Max+VRay 效果图制作从入门到精通全彩版（附光盘）
31509　After Effects CS6 影视后期制作实战从入门到精通（附光盘）	27802　Flash CS5 动画制作实战从入门到精通（全彩超值版）（附光盘）
30495　Premiere Pro CS6 影视编辑剪辑制作实战从入门到精通	27809　3ds Max 2011 中文版/VRay 效果图制作实战从入门到精通（全彩超值版）（附光盘）
29479　3ds Max 2012 中文版从入门到精通（附光盘）	31312　3ds Max 2012+VRay 材质设计实战从入门到精通（全彩印刷）（附光盘）

平面艺术设计类	产品辅助设计类
22966 Photoshop CS5 中文版从入门到精通（附光盘）	30047 AutoCAD 2013 中文版辅助设计从入门到精通（附光盘）
29225 Photoshop CS6 中文版从入门到精通（附光盘）	21518 AutoCAD 2013 中文版机械设计实战从入门到精通（附光盘）
33545 Illustrator CS6 中文版图形设计实战从入门到精通	30760 AutoCAD 2013 中文版建筑设计实战从入门到精通（附光盘）
27807 Photoshop CS5 平面设计实战从入门到精通（全彩超值版）（附光盘）	30358 AutoCAD 2013 室内装饰设计实战从入门到精通（附光盘）
32449 Photoshop CS6 中文版平面设计实战从入门到精通（附光盘）	30544 AutoCAD 2013 园林景观设计实战从入门到精通（附光盘）
29299 Photoshop CS6 照片处理从入门到精通（全彩印刷）（附光盘）	31170 AutoCAD 2013 水暖电气设计实战从入门到精通（附光盘）
33812 RAW 格式数码照片处理技法从入门到精通	33030 UG 8.5 产品设计实战从入门到精通（附光盘）
30953 DIV+CSS 3.0 网页布局实战从入门到精通（附光盘）	29411 Creo 2.0 辅助设计从入门到精通（附光盘）
32481 Photoshop+Flash+Dreamweaver 网页与网站制作从入门到精通（附光盘）	26639 CorelDRAW 现代服装款式设计从入门到精通（附光盘）
29564 PPT 设计实战从入门到精通（附光盘）	33369 高手速成：EDIUS 专业级视频与音频制作从入门到精通
	33707 Cubase 与 Nuendo 音乐编辑与制作从入门到精通
	33639 JewelCAD Pro 珠宝设计从入门到精通

● 适合对象

本书结构清晰、语言简洁，适合作为各高等学院、高级技术学院、高等职业技术类培训学校的珠宝、首饰设计方面的教材、配套用书，还适合于从事珠宝首饰设计创意、珠宝首饰计算机辅助设计、珠宝首饰制作与工艺等工作的人。

● 作者售后

本书由楚飞编著，在成书的过程中，得到了谭贤、柏松、曾杰、罗林、罗磊、刘嫔、杨闰艳、苏高、宋金梅、罗权、张志科、田潘、黄英、徐婷、李禹龙、余小芳、朱俐、周旭阳、袁淑敏、谭俊杰、徐茜、王力建、杨端阳、谭中阳、张国文、李四华、蒋珍珍、代君、吴金蓉、陈国嘉等人，在此表示感谢。

由于编写水平有限，书中难免有错误和疏漏之处，恳请广大读者批评、指正。读者在学习的过程中，如果遇到问题，可以与我们联系（电子邮箱 itsir@qq.com），也可以与本书策划编辑郭发明联系交流（电子邮箱 guofaming@ptpress.com.cn）。

● 版权声明

本书及光盘中所采用的图片、模型、音频、视频和赠品等素材，均为所属公司、网站或个人所有，本书引用仅为说明（教学）之用，绝无侵权之意，特此声明。

编者

2013 年 10 月

目 录
Contents

软件入门篇

Rhino 珠宝首饰设计从入门到精通

Rhino
珠宝首饰设计从入门到精通

第1章 珠宝首饰设计概述

学前提示

　　提起珠宝首饰，想必大家都不陌生，它作为人们的装饰用品广泛存在于我们的生活之中。随着经济的发展，生活品质的提高，越来越多的人对珠宝首饰产生了浓厚的兴趣。本章主要向读者介绍珠宝首饰设计的概念、功能、分类及其设计方式和加工方法。

本章知识重点

- 珠宝首饰设计基础知识
- 珠宝首饰的设计方式及画法
- 珠宝首饰的加工方法

学完本章后你能掌握什么

- 掌握珠宝首饰设计基础知识，包括珠宝首饰的概念、宝石的款式和珠宝首饰的功能等
- 掌握珠宝首饰的设计与加工方法，包括首饰的画法、表面处理等

1.1 珠宝首饰设计基础知识

　　在学习珠宝首饰设计之前，首先需要对珠宝首饰的概念及其流行趋势有一个良好的认知，这是成为珠宝设计师的一个必备条件。本节主要向读者介绍珠宝首饰的概念及趋势。

1.1.1 珠宝首饰的概念

　　珠宝首饰最初的起源是远古的实用物件，目前发现最早的，被人类用于人体装饰的是人们在生产劳动过程中把劳动工具打造成简单的石质工具，并被配以树叶和树皮。

　　珠宝首饰从狭义来讲，是用各种金属材料和宝石材料制成的，制作工艺精良，且与服装相搭配的、用于装饰人体的饰物。

　　珠宝首饰从广义来讲，是用各种金属材料、宝石材料及仿制品和皮革、木材、塑料等综合材料制成的用于装饰人体及相关环境的饰物，包括狭义首饰和摆件。

1.1.2 首饰设计师的必备要素

　　一个优秀的设计师，首先要懂得首饰的加工工艺，了解首饰加工的材料。设计师要对整个生产工艺流程了如指掌，在设计中不能出现不利于制造的款式，或者根本制造不了的首饰造型和结构。

　　作为一个首饰设计师，除了应该对首饰材料的各种制作工艺有相当的了解和驾驭能力外，还要有丰富的社会、政治、经济、文化、艺术、审美，以及心理学等多层面的知识，并在具体的设计实践中锻炼，把这种内在的精神信息由内及外自然地传达出来，这种设计的自然传达能力是每一个优秀的设计师应该具有的。

　　设计师还要定期深入市场，了解市场消费行情，懂得珠宝饰品的成本核算，设计师首要的任务是为客户服务、为市场服务。合格的设计师必须要有市场意识，要有明确的设计主题，能够紧跟时尚潮流的变幻，并能引领时尚潮流。

　　设计师也要从消费者心理出发，认识到哪些款式是消费者所需要的，不能单凭主观感觉出发，因此他不能像艺术家那样异想天开、天马行空，那样会脱离社会需求、脱离市场。面对市场竞争的压力，设计师必须以客户为中心，设计出符合客户中心的作品来，不能偏离市场，偏离消费者。

　　因此，一个优秀的设计师，既要有丰富的想象力、创造力，了解市场需求，掌握消费者的消费心理，熟悉首饰制作工艺流程，又应注重自身文化素质和艺术理论修养的提高。首饰设计师不仅需要感性的创造，还要进行理性的分析和归纳，将好的创意，用精良的工艺制造出来，这是设计师的共同追求。

1.2 珠宝首饰设计基础

珠宝首饰是人人皆知的一个词语，在大家的心目中，珠宝首饰总是与美丽、精巧、珍贵相连的。本节主要向读者介绍常见宝石的款式及珠宝首饰的功能和分类。

1.2.1 常见宝石的款式

宝石被切磨加工成的形状称为宝石的琢型。目前，珠宝首饰中常见的宝石琢型有 4 类，分别是刻面型、凸面型、珠型和异型。

1．刻面型

刻面型又称棱面型和翻光面型，其基本特点是宝石造型由许多小翻面按一定规则排列组合构成，呈规则对称的几何多面体，刻面型琢型的种类很多，据统计达数百种之多，这些琢型根据其形状特点和小面组合方式的不同，可分为四大类。

（1）钻石式

钻石式琢型是目前运用最多的琢型，它起源于钻石晶体形状，也主要用于钻石的造型，不过其他彩色透明宝石也多用此琢型，如紫晶、海蓝宝石、橄榄石，紫牙乌，以及黄玉等。现代圆钻式琢型的设计思想非常明确，那就是尽可能地表现出钻石的"火彩"和"灿光"等特点。至于保存尽可能多的重量，已退为次要考虑的因素。近 20 年来，现代圆钻式琢型的发展日益完美，翻光面越来越多，而琢磨精度要求也越来越高。现代钻石式琢型除了圆钻式琢型外，还有许多其他变型，这些琢型实际上仍然沿用了圆钻式的尺寸比例和角度，只是腰形不同而已，这一方面是为了迁就原石的形状特点，另一方面也使琢型向多样化方向发展。特别是对彩色宝石的设计，目前经常采用这些变形琢型，以适应市场需求。

（2）玫瑰式

玫瑰式琢型主要用于那些不完整的钻石晶体（如板块、尖角状和一些厚度较薄的碎片）的设计。其出现时间可能稍晚于钻石式，在 18 世纪达到鼎盛，近代用得越来越少，该琢型因其正面看上去形似一朵盛开的玫瑰花，故而得名。

玫瑰式琢型的主要特点是，上部由多个小面规则组成，下部仅有一个大而平的底面，看上去像个单锥体，这样的琢型，对于"火彩"和亮度都不利，但其优美的几何形状和适用性仍有一定的吸引力，所以有时仍可以见到这种琢型。

（3）阶梯式

阶梯式琢型最大的特点是具有阶梯状的翻光面，其最典型的琢型是祖母绿式，该琢型由于常用于祖母绿宝石的琢磨而得名。由祖母绿式变化来的琢型很多，从正方形至长条形都有，这主要取决于宝石原石的形状。

在阶梯式琢型中，翻光面的数目和阶梯数不是最重要的，因为此琢型的主要目的是为了使透明有色宝石表现出浓艳鲜亮的色彩，闪耀并不重要。因此，其亭部比钻石式深，而冠部相对较浅，且台面比较大。正是因为阶梯式琢型在面角比例上不像钻石式要求那么严格，所以它在彩色透明宝石中应用很广，可以适应各种形状、大小的宝石原石的切磨，并且省料省工。目前它已成为市场上最常见的琢型之一。

（4）混合式

混合式琢型是指由前述几种琢型混合而构成的琢型。其冠部可以是钻石式，也可以是阶梯式，亭部也是如此。

混合式琢型的适用范围很广，它的优点就是兼有钻石式和阶梯式两类琢型的长处，并且造型上不拘一格，变化多样，适用性很强。因此它既可以用于钻石，以充分体现钻石的"灿光"和"火彩"，也可以用于其他彩色宝石，以体现有色宝石浓艳的色彩，有时还可兼顾宝石重量和闪耀（如巴利奥钻式）。总之，混合式琢型在使用时十分灵活，可以有利于设计师和宝石工匠们尽情发挥其想象力和创造力。不过，混合式也有一个缺点，就是琢磨的难度较大，不适于大批量生产，只适合用于一些高档宝石的设计和琢磨。

2．凸面型

凸面型又称弧面型或素身型（俗称腰圆），其特点是观赏面为一凸面（弧面）。根据凸面型宝石的腰形（腰部的外部形状），可将凸面型琢型进一步分为圆形、椭圆形、橄榄形、心形、矩形、方形、垫形、十字形、垂体形等。若根据凸面型宝石的截面形状，可将凸面型琢型分为以下五类。

（1）单凸面琢型，琢型顶部呈外凸的弧面，底部为平面。

（2）扁豆凸面琢型，该琢型上下凸面弧度一样，高度都比较低，呈扁豆状。欧泊石有时采用此琢型。

（3）双凸面琢型，这种琢型的特征与扁豆凸面琢型相似，但其上凸面比下凸面高。星光宝石、猫眼石、月光石多用此琢型。

（4）空心凸面琢型，该琢型是在单凸面琢型的基础上，从底部向上挖一凹面空心。此琢型多用于色深、透明度低的宝石，经挖洞后，使其顶部变薄，以增加透明度，颜色也变得鲜亮些。翡翠就常用于此琢型。

（5）凹面琢型，此琢型亦常用于组合宝石，其基本形状与单凸面琢型一样，只是在顶部凸面上又向下挖了一个凹面，目的是为了在凹面中再镶上一颗较贵重的宝石，如星光宝石或猫眼石等。

3．珠型

珠型也是宝石中最常用到的造型之一，通常用于中、低档宝石琢磨之中，可以用于制作不同的首饰，如项链珠、手链珠、耳坠珠、胸坠珠和其他配饰珠。

珠型以各种简单的几何体为主，适用于半透明至不透明的宝石琢磨中，它既可以表现宝石的色彩美，又可体现几何形态的规整美。由于其几何形状简单规整，且所用宝石原石量多价廉，因而可以大批量生产出规格完全一样的琢型。

珠型根据其形态特点可分为圆珠型、椭圆珠型、扁圆珠型、腰鼓珠型、圆柱珠型和棱柱珠型等。珠型的魅力并不主要表现在单粒珠子上，而是在十几个乃至上百颗同一琢型或不同琢型的珠子所串连形成的造型上，这种整体造型可简可繁，可长可短，变化万千。人们可以根据自己的爱好、服饰需要等进行选择。因此，珠型宝石是人们最常佩带的首饰石之一。

4．异型

异型宝石包括两种琢型类型，一种是自由型，另一种是随意型（简称随型）。

自由型是人们根据自己的喜爱，或者根据宝石原石形状，将原石琢磨成不对称或不规则的几何形态，也有写实的形状，如树叶、鱼、昆虫等近似形状。自由型宝石要求设计加工人员要有丰富的想象力和较高的手工琢磨技能，同时还要有一定的艺术修养，因此，琢磨自由型宝石的难度较大，产品量很少，多数情况下只适用于琢磨一些高档宝石（如钻石、欧泊、翡翠等）。

随型是最简单的宝石造型，因为它们基本上已由大自然完成了或者由原石本身形状决定了，人们要做的仅仅是把原石棱角磨圆滑并抛光，以增强光泽。由于随型宝石的形态千变万化、离奇古怪，表现出大自然的多姿多彩和神秘莫测，具有其他宝石造型所没有的特殊魅力，因而很受追求新奇的人们的追捧。

1.2.2 珠宝首饰的功能及分类

珠宝首饰是人人皆知的一个词语，在大家的心目中，珠宝首饰总是与美丽、精巧、珍贵相连的。本小节主要向读者介绍珠宝首饰的功能和分类。

1．珠宝首饰的功能

传统的首饰，常常和财富、地位联系在一起，是象征财富和地位的标志物。我们可以将首饰的功能作用粗略地分为3种：装饰功能、宗教功能和社会功能。在漫长的珠宝首饰发展史中，三者各领风骚，同时又相互影响和渗透，共同丰富和完善了一部完整的珠宝首饰文化，但在不同的历史时期，其作用不同。

在早期珠宝首饰仅作为一种人体的装饰品，发挥的仅是装饰功能，随着巫术、宗教的出现，首饰在其装饰功能之外又被赋予了一种宗教功能，而且宗教功能在一定时期某一特定文化背景中它的作用甚至超过了首饰最原始最根本的装饰功能。阶级社会的形成，又在前两种功能之后附上了一种社会功能，而且后来者居上，它在一定阶段曾领导着首饰的发展。随着人类认知的提高，物质财富的丰富，首饰的宗教功能和社会功能大大地削弱了，发展到今天，现代首饰艺术的功能已经发生了很大的改变。

首先，现代首饰抛弃了以前附加在首饰上的功利观念，获得了前所未有的自由表现空间，开始追求纯粹的主观意象的空间构形，以期引导审美主体向丰富而幽深的感觉层次回归。这种对造型单纯审美意象的表现，成为现代首饰的第一功能——装饰功能。

其次，现代首饰具有了一定的思想和文化内涵。现代首饰在一定意义上超脱了传统的装饰美化的范畴，它需要表现出设计者或佩带者一定的文化品位，表现出人们对人生的态度，这一点和现代艺术有异曲同工之处。它的表现内容是多方面的，有对大自然的向往、对传统文明的追忆、对现代文明的反思、对人精神层面的探索等，这种思想和文化内涵借助于物质媒介的功能是现代首饰艺术的一大特色。在欧美国家，首饰设计和首饰的佩带，日益成为一种文化，一种观念。设计师专注于创作的理念、意义和艺术造型的充分表达，而佩带者关注于所佩带的首饰能否显示自我的个性、精神，以及兴趣和品位。同时，设计师也关心佩带者和自己的沟通、佩带者和社会的沟通。

再次，现代首饰设计与时尚感和时代特色紧密相连。首饰艺术是时尚的艺术，它的发展与社会文化、科学技术、文化思潮等的发展和流行紧密相连。在今天的快节奏生活里，电脑、网络、生物技术、股市证券、自然环保等成为关注的焦点，回归、自然、前卫等成为审美的趋势。现代首饰紧紧顺应这些趋势，成为这些潮流的显示屏，人们追逐流行的风向标。于是，表现时尚的功能成为现代首饰的又一特点。

2．珠宝首饰的分类

珠宝首饰，是指戒指、耳坠、项链、手镯、胸锁以及手铃、脚铃、佛珠、腰佩件等。这些工艺品，尽管千千万万，总共可以分为头饰、胸饰、手饰（臂饰）、脚饰、佩戴饰等五大类。

头饰：主要指用在头发四周及耳、鼻等部位的装饰，图1-1所示为头饰。

图1-1　头饰

胸饰：主要是用在颈、胸背、肩等处的装饰，图1-2所示为胸饰。

图1-2　胸饰

手饰：主要是用在手指、手腕、手臂上的装饰，图1-3所示为手饰。

脚饰：主要是用在脚踝、大腿、小腿等处的装饰，图1-4所示为脚饰。

佩戴饰：主要是用在服装上，或随身携带的装饰，图1-5所示为佩戴饰。

若从珠宝首饰用品的材料来看，又可分为金、银、玉、木（沉香、紫檀木、黄杨木、枣木、伽南木等）、果核（山核桃核、桃核）、象牙、骨、雕漆、珐琅、珍珠、玻璃、合金、塑料等15大类。然而，从古至今，人们普遍喜爱的材质是金、银、玉（宝石、翡翠、玛瑙、猫儿眼等）、象牙。这是因为材质本身价值昂贵，迎合了人们追求财富的心理。

图 1-3　手饰

图 1-4　脚饰

图 1-5　佩戴饰

现代西方的青年消费者，一般不再过分追求首饰材质的昂贵价值，而是追求样式的美观新颖、怪异脱群和制作精良。为此，当前又出现了许多新的首饰材质和式样，如塑料、合金、仿木、仿象牙、仿玉、仿植物形态、仿动物造型等，显示了活跃的多样化的装饰趋势。

珠宝首饰，不仅可以从佩戴部位、使用材质来分类，而且可以从首饰的名称上加以区分，如钗、圈、耳坠、鼻插、胸佩、臂环、脚铃、手铃、串珠、耳环、簪子、发梳、发卡、寄名锁、项链、手镯、戒指、佛珠、腰佩件等。

装饰中还有一类不是作为独立的工艺品存在，而是与其他物品结合在一起起到装饰作用的，如在服装上点缀宝石、珍珠；在头巾、帽子上镶嵌金银饰品、宝珠，甚至用黄金制成帽子，如皇冠、凤冠等，这些制品上的装饰，也可归于首饰之列。

1.3　珠宝首饰的设计方法与画法

要想成为一名合格的设计师，首先需要熟知首饰的设计方法及宝石与金属的画法，下面将对其进行详细介绍。

1.3.1　首饰的设计方法

从广义上来讲，首饰设计方法包括如何进行设计定位，如何寻找设计主题和如何进行设计表达的全过程。这里所谈及的设计方法仅指如何进行设计表达。设计定位和设计主题的确立涉及文化和理念的东西，而设计表达是设计者要掌握的技术手段，更符合以"方法"一词来表述。它是将好的设计主题和理念以动物、植物、几何形态及反映社会历史及文化的装饰图案、美术图案等完美巧妙地表现出来。它包含以下 3 个过程。

● 选择和创造造型元素：这是一个抽象和变相的过程，也是一个个性化的过程。不同的原始造型元素直接影响首饰作品的风格。

● 造型元素如何组合创造新的造型：这是一个造型能力培养的过程。设计者要对原始造型元素进行变形和组合，要考虑形态、材质和色彩三方面的表现，这里要应用三大构成的理论。

● 设计效果图的制作：包括立体图和三视图。这是设计的最终展现。下面将介绍各种切割宝石的画法，以及不同种类的金属的画法。

1.3.2 珠宝首饰的画法

珠宝首饰作为天地之灵气、人间之美饰，自古就为人们，特别是女人所钟爱。近年来，随着人们生活水平的提高，越来越多的人拥有了享有珠宝首饰的能力。随着市场的发展，珠宝首饰设计也越来越吃香，而作为一个设计师，首先需要了解首饰的设计材料和设计工具，以及掌握首饰的画法。

1. 设计材料

首饰设计采用的材料主要考虑以下 3 种。

● 金属材料：包括贵金属，如金、铂、银、钯等及其合 K 黄、K 铂、粗银、钛金等；非贵金属，如铜、铁、铝、锡，锌及其合金。

● 非金属材料：包括无机质，如石质、玻璃、陶瓷；有机质，如木质、丝绸、塑料、有机玻璃、兽骨、果核、皮毛等。

● 宝石材料：包括高档宝石，如钻石、红蓝宝石、翡翠等及各种中低档宝石。不同的宝石其种类、颜色、透明度及颗粒大小的不同直接影响设计中的选择。常见宝石的款式有刻面型、凸面型、珠型和随型。在设计选择时要注意符合主题和形式的表达。

传统的首饰材料经常是贵重的金属材料和高档的宝石。随着社会经济的发展，首饰的保值功能逐渐减弱，装饰功能越来越强，首饰材料的选择不再局限于其价值是否高贵，而是根据设计的需要，选择最能表达设计主题和风格的材料。同时现代科学技术的发展，大量新型合金材料及人工合成材料的出现，给首饰设计提供了更多的选择。如钛金属和冷钢的出现很好地丰富了首饰金属材料的色彩，晶莹透明的人工合成材料压克力纤维的使用让现代首饰更显光彩妖娆。

2. 设计工具

首饰设计所要用到的工具并不多，常用的有以下几种。

● 设计用纸：用打字纸和描图纸均可。描图纸是一种半透明的纸，有厚的及薄的两种，描图时使用薄的即可，如需着色则使用厚的描图纸。

● 铅笔：设计图几乎都是用铅笔描绘。准备几支硬度不同的铅笔即可。一般准备 B、HB、H、2H 就够用了。

● 橡皮擦：由于珠宝设计大多是细部的描绘，可将橡皮擦切成三角形后，用其尖角擦除想擦的部分。

● 三角板：主要用来画珠宝设计图的十字定线及角分线。

● 各种规板及云形规：规板主要有圆形、椭圆形、心形、方形、祖母绿形等形状。用来画宝石或描绘金属的曲线非常方便。云形规主要用来描绘曲线。因为用手画曲线时很难画出流畅的线条，特别是较长的曲线，如大型的胸针或链坠。

● 彩色铅笔：为设计图简单着色时，可以使用彩色铅笔。为配合画各种金属和宝石的颜色，最好备好各种颜色的铅笔。也可用水性的彩色铅笔，达到与水彩着色相同的效果。

● 水彩颜料：水彩可以自由调色，最常使用，其配合使用的是调色盘。

● 水彩笔：准备几支富有弹性的细毛笔即可。珠宝设计图的画面都比较小，使用时笔上不要蘸太多的水及颜料。多余的水及颜料可用面巾纸吸掉。

3. 常见宝石的画法

珠宝首饰设计中不可避免的需要表达各种宝石的琢型特征及各种贵金属的花形，下面介绍常见宝石款式及贵金属的画法。

常见的宝石切磨款式有圆形、椭圆形、橄榄形、马眼形、长方形、祖母绿形等。具体画法见下图。

圆形切割的画法 1 如图 1-6 所示。（1）画出十字定线。（2）画出 45°角分线。（3）用圆形规板以宝石的直径画一个圆，这个圆就是圆形切割外形线。（4）连接十字定线与圆形外形线之间的交叉点，则形成一个正方形；

同样连接对角线与圆形外形线之间的交叉点，形成另一个正方形。（5）擦除辅助线，画出整个琢面阴影。

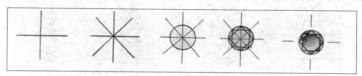

图 1-6　圆形切割的画法 1

圆形切割的画法 2 如图 1-7 所示。（1）在十字定线上画出 45°线，以圆形规板画出圆形。（2）在圆形中再画一个小圆，连接十字定线及 45°角分线与小圆之间的交叉点。（3）连接所有的交叉点后形成切割面。（4）擦除圆形内侧所有的辅助线。（5）画上阴影。

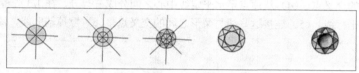

图 1-7　圆形切割的画法 2

马眼形切割的画法 1 如图 1-8 所示。（1）画出十字定线，确定宝石的长度及宽度。以十字定线之交叉点为中心点，在宝石宽度及长度的一半处画上记号。（2）将圆形规板的水平记号与水平定线相吻合，画出能通过该记号的圆弧。（3）连接十字定线与圆之间的交叉点。（4）将顶点至圆心处的长度分成三等分，在 1/3 处画出宝石的切割面。（5）擦掉辅助线，并添加阴影。

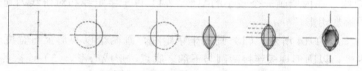

图 1-8　马眼形切割的画法 1

马眼形切割的画法 2 如图 1-9 所示。（1）以圆形规板配合水平定线，画出能通过宝石长度与宽度记号的圆。（2）画出马眼形的外切长方形，并画出对角线。（3）以圆形规板在宝石内侧画出另一个较小的类似圆形。（4）以十字定线及对角线为起点画出宝石的切割面。（5）擦掉辅助线，添加阴影。

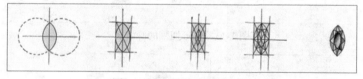

图 1-9　马眼形切割的画法 2

椭圆形切割的画法 1 如图 1-10 所示。（1）画出十字定线，在宝石宽度和长度的 1/2 处标上记号。（2）以椭圆规板画出能通过记号的椭圆。（3）连接十字定线与椭圆之间的交叉点。（4）将顶点至圆心处的长度分成三等分，在 1/3 处标上记号，画出宝石的切割面。（5）擦掉辅助线，添加阴影。

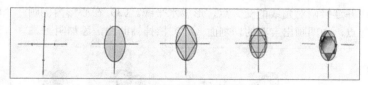

图 1-10　椭圆形切割的画法 1

椭圆形切割的画法 2 如图 1-11 所示。（1）画出十字定线及椭圆，在其外围画一外切长方形。（2）在长方形内画出对角线。（3）在椭圆内侧画出另一个较小的椭圆。（4）以十字定线及对角线为起点，如图画出宝石的切割面。（5）擦掉辅助线，添加阴影。

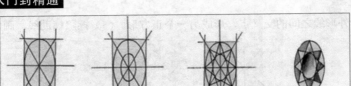

图 1-11　椭圆形切割的画法 2

　　梨形切割的画法 1 如图 1-12 所示。（1）画出十字定线，以宝石的宽度为直径画出半圆，以宝石之长度在纵轴上标上记号。（2）将圆形规板的水平记号与水平定线相合，画出能通过该记号的圆（左右两边各画一个）。（3）连接十字定线与梨形之间的交叉点。（4）从顶点至水平定线中心之间分成三等分，在 1/3 处标上记号并画出平行线；底部也以相同间隔画出平行线。（5）连接这些线与梨形之间的交叉点。（6）擦掉辅助线，添加阴影。

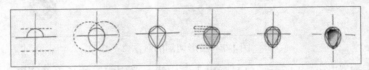

图 1-12　梨形切割的画法 1

　　梨形切割的画法 2 如图 1-13 所示。（1）画出十字定线，在中心处画一个半圆，以宝石的长度在纵轴上标上记号。（2）将圆形规板的水平记号与水平定线相应合，画出能通过记号的圆。（3）画出与梨形相连接的长方形，并画出对角线，在内侧画一个较小的梨形。（4）以十字定线和对角线为起点，画出宝石的切割面。（5）擦掉辅助线，添加阴影。

　　心形切割的画法 1 如图 1-14 所示。（1）画出十字定线，画两个以心形宝石宽度一半为直径的半圆。（2）以宝石的长度为纵轴，以圆形规板连接两圆与下部之底点，形成心形。（3）连接各个圆之中心与十字定线之间的点。（4）在顶点到水平线之间的一半处标上记号，并画处水平线，下半部也以相同的间隔尺寸画出水平线。（5）连接上下水平线与圆之交叉点。（6）擦掉辅助线，添加阴影。

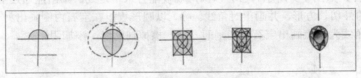

图 1-13　梨形切割的画法 2

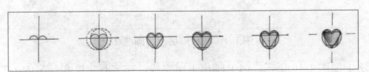

图 1-14　心形切割的画法 1

　　心形切割的画法 2 如图 1-15 所示。（1）画出十字定线，以同样方式画出心形。（2）在心形外围画一个长方形，左右画出对角线并连接两对角线的交叉点，形成水平线。（3）在心形内侧画一个较小的心形。（4）以十字定线和对角线为起点，如图画出宝石的切割面。（5）擦掉辅助线，添加阴影。

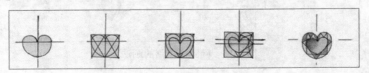

图 1-15　心形切割的画法 2

　　方形切割的画法如图 1-16 所示。（1）画出十字定线。（2）在十字定线上标出宝石长度和宽度的记号，并画出长方形。（3）将宝石宽度的一半分成三等分，画出宝石桌面的线条。（4）画出宝石桌面，连接桌面与外围方形的 4 个角。（5）擦掉辅助线，添加阴影。

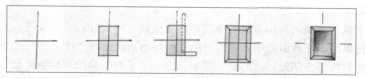

图 1-16　方形切割的画法

梯形切割的画法如图 1-17 所示。（1）画出十字定线，根据宝石的长度和宽度标上记号。（2）连接这些记号，形成梯形四边形。（3）将上半部分成三等分，1/3 处的宽度就是梯形与桌面之间的尺寸。（4）以同样的间隔尺寸画出宝石的桌面，并连接桌面与外围梯形的 4 个角。（5）擦掉辅助线，添加阴影。

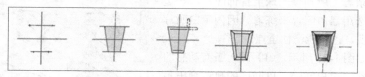

图 1-17　梯形切割的画法

祖母绿形切割的画法 1 如图 1-18 所示。（1）画出十字定线，确定宝石的长度和宽度后，画出长方形。（2）将宽度的一半三等分，在 1/3 处画出宝石的桌面。（3）以宽度一半的尺寸将宝石三等分并标上记号，连接这些点后，形成宝石的尖底面。（4）连接记号点与桌面延长线和外围长方形的交叉点。（5）使用三角板画平行线及宝石切割面，去掉 4 个角，此时注意宝石是否有歪斜现象，所切除的 4 个角必须有完全一样的角度。（6）擦掉辅助线，添加阴影。

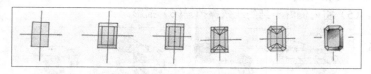

图 1-18　祖母绿形切割的画法 1

祖母绿形切割的画法 2 如图 1-19 所示。（1）在十字定线上画出宝石长度与宽度的记号，连接起来形成长方形。（2）在纵轴上把宝石的长度三等分，并与 4 个角连起来，在 4 个角上画出与斜线互相垂直的线。（3）连接三等分与垂直线和长方形的交叉点，形成三角形。（4）在内侧以双线画出较小的祖母绿形（八角形）。（5）擦掉桌面内侧的辅助线，添加阴影。

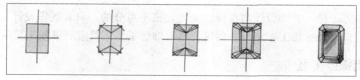

图 1-19　祖母绿形切割的画法 2

蛋面切割的画法如图 1-20 所示。对于蛋面或珍珠等没有切割面的宝石，可沿着其外形的曲线顺畅地添加阴影，晕色时加强左上和右下区域。如想表现厚的宝石，可将阴影描在靠中心处，想表现较薄的宝石可将阴影绘在靠边线处。

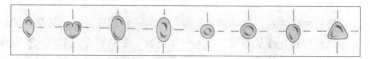

图 1-20　蛋面切割的画法

4．金属的画法

珠宝首饰中一般使用的贵金属有铂金、黄金、银及各种 K 金等。常见的金属花形有平面的、浑圆的、弯曲面的，其画法分别如下。

描绘金属时的一个重点是要表现出金属的厚度，尽可能画出与实际相近的厚度。无论多薄的金属，为了画设计图必须有最低的厚度，在画面的重点处尽可能正确画出所设定的厚度。

金属有时无法只用规板等来描绘，此时必须用手来画。手描时，画纸可朝着自己最易画的线条方向慢慢移动，且一段一段描绘，在修整线条与线条的结合处，使其像看不出来般完整如一，则可得到漂亮的线条。金属与木料或纸等材料不同，金属有反射光，表面有光泽。因此画光泽面时，亮的部分与阴影部分要以较强的对比来表现。处理阴影时，要掌握晕色的要点才能漂亮地画出光泽面的感觉。

描影是很重要的技巧，必须好好练习。可先临摹线描阴影图，再参考珠宝杂志上所刊登的珠宝首饰照片，一边参照一边描绘。最好选用黑白照片来练习。因为黑白照片较易抓住其阴影的表现，也较能记住重点。

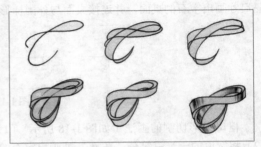

图 1-21　平面金属的画法

平面金属的画法如图 1-21 所示。（1）画一条有动感的线条。（2）沿着这条线，空出间隔，以同样的轨迹画出另一条线。（3）连接最后的部分。（4）描绘出厚度。（5）将内侧看不到部分的线条擦掉。（6）描绘阴影。

曲面金属的画法如图 1-22 所示。（1）～（3）的步骤与平面金属的画法一样。（4）将两侧画成往内侧弯曲。（5）将内侧看不到的部分线条擦掉。（6）描影。

浑圆金属的画法如图 1-23 所示。（1）～（3）的步骤与平面金属的画法一样。（4）确定其厚度后，描出金属浑圆鼓起的线条。（5）将内侧看不到的线条擦掉。（6）描影。

图 1-22　曲面金属的画法

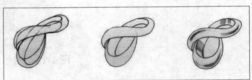

图 1-23　浑圆金属的画法

1.4　珠宝首饰的加工方法

如同宝石鉴定与加工一样，首饰设计与首饰加工也是密不可分的，只有既懂设计又懂加工的人才能成为真正的首饰工艺美术师。首饰的加工工艺可分为贵金属首饰加工工艺及宝石镶嵌工艺两大类。

1.4.1　珠宝首饰镶嵌工艺

就象钻石的品级和颜色分出许多等级范围一样，一颗优质璀璨的钻石，必须配以精良的镶嵌技术，才能相得益彰，表现出钻石最璀璨的一面，传递出最动人的情感。爪镶、包镶是传统工艺的代表，历经时代的演变，其风格含蓄稳重而又不失灵活的变化，生命力极强，流行数十年依然经久不衰。轨道镶和钉镶多用于群镶钻饰或成为豪华款的点缀。卡镶则是当前时尚工艺的代表，由设计师赋予生命，变化无穷，是时下流行的新宠。

1．爪镶

爪镶是用金属爪（柱）紧紧扣住钻石，是最常见、最经典的一种镶嵌方法。其最大的优点就是金属很少遮挡钻石，清晰呈现钻石的美态，并有利光线从不同角度入射和反射，令钻石看起来更大更璀璨，使跳动的光芒展露无遗，是市场上最受欢迎的镶嵌方式。爪镶一般可分为六爪镶、四爪镶、三爪镶，时下结婚戒指则以六爪皇冠款最为流行，这是由 6 个爪把钻石高高托起镶嵌的，光线可从四周照射钻石，使钻石显得无比晶莹剔透华丽高贵，其外形酷似皇冠而得名。公主方钻则一般采用四爪镶。爪镶要求爪的大小一致，间隔均匀，钻石台面水平不倾斜。

2．包镶

顾名思义包镶就是用金属边将钻石四周都围住的镶嵌方法，是一种最为稳固和传统的镶嵌方式，充分展现了钻石的亮光，光彩内敛，有平和端庄的气质。选购包镶钻石时需仔细观察，钻石尖底不能露出托架，否则会刮伤皮肤或对钻石造成破损。如果背部封底镶口，中央会有一小孔用以调整钻石面位置。包边与钻石之间应严密无空隙，均匀流畅，光滑平整。

3．轨道镶

轨道镶又称夹镶，是一种先在贵金属托架上车出沟槽，然后把钻石夹进沟槽之中的镶嵌方式。这种方法常常用于钻石分数较小的群镶款式，或作为豪华首饰的副石群镶。轨道镶对所镶的钻石质量要求非常高，必须要保证镶嵌钻石的直径、高低、腰厚基本一致，而公主方副石也要求它们的形状、大小、厚度一样，这样弯曲轨道镶嵌时才能够紧密吻合。这种镶嵌方法制作出来的首饰不仅外观线条流畅平滑，分布简洁美观，而且使整个首饰显得更加豪华珍贵。

4．钉镶

钉镶是利用金属的延展性，直接在金属材料上镶口的边缘用工具凿出几个小钉，用以固定钻石。在表面看不到任何固定钻石的金属爪，紧密排列的钻石其实是套在金属榫槽内。这种镶法需讲求钻石的大小和高度是否一致以及钻石的次序安排。由于没有金属的包围，钻石能透入及反射更充足的光线，突显钻饰的耀眼光芒。钉镶多用于群镶钻饰并成为豪华款的点缀。

5．卡镶

卡镶利用金属的张力固定钻石的腰部或者腰部与底尖的部份，是时下较为新潮的款式。钻石的裸露比爪镶更多，所以更利于闪烁炯炯的光辉。近一两年，卡镶和爪镶组合应用变幻出钻饰无穷的风姿。

1.4.2　贵金属首饰的表面处理

在首饰设计的过程中，设计师除了要掌握基本的镶嵌方法外，还应了解首饰用贵金属的表面处理工艺，这可以增加首饰的艺术效果。贵金属首饰表面处理的方法很多，主要包括：錾刻、包金、电镀、车花（铣花）、喷砂等。

1．錾刻工艺

錾刻工艺是一种用錾刀在贵金属表面用手工一锤一锤打造纹饰的工艺，纹饰可深可浅，凹凸起伏，光糙不一。

2．包金工艺

包金工艺是将锤打得极薄的金箔层层包裹在非黄金的饰物上，然后加温，用工具把金箔牢牢地压在饰物表面，不留接缝。包金饰品外观酷似黄金饰品，包金工艺也是常见的首饰表面处理手段。

3．电镀工艺

电镀工艺是一种对贵金属首饰进行表面镀层处理的加工方法，如白银饰品的镀金处理、铂饰品的镀铑处理等。饰品电镀加工方法的主要流程为：酸碱洗——除油磨光——电镀。电镀工艺可以对贵金属首饰的表面色泽、光亮度进行保护，使首饰有更美丽的外观效果。

4．车花（铣花）

用高速旋转的金钢石铣刀，在饰物表面刻出道道闪亮的横竖条痕并排列成花纹的工艺叫车花或铣花。由于金钢石铣刀十分坚硬，所以铣出来的条痕光洁闪烁。大家所称的闪光戒或闪光坠即是用车花工艺加工而成，很受人们青睐。

5．喷砂

用高压将细石英砂喷击在暴露的抛光金属表面上，造成朦胧柔和的表面工艺。

第 2 章　Rhino 软件入门

学前提示

　　在使用 Rhino 绘制珠宝首饰之前，首先需要了解软件的基本知识，并对软件的工作环境进行设置。本章主要向读者介绍 Rhino 5.0 的安装、启动与退出、软件工作环境的设置，以及文件的基础操作。

本章知识重点

- Rhino 5.0 的安装、启动与退出
- 文件的基础操作
- Rhino 5.0 工作环境的设置
- 导入参考图片

学完本章后你能掌握什么

- 掌握 Rhino 5.0 的基本知识，包括简介、特点、全新界面等
- 掌握工作环境的设置，包括设置文件属性和 Rhino 5.0 选项等
- 掌握文件的基础操作，包括打开文件、导入文件等

2.1　Rhino 的基础知识

　　Rhino 是美国 Robert McNeel & Associates 开发的 PC 上强大的专业 3D 造型软件，它可以广泛应用于三维动画制作、工业制造、科学研究，以及机械设计等领域。

2.1.1　Rhino 简介

　　Rhino 是由美国 Robert McNeel & Associates 公司于 1998 年推出，是一款基于 NURBS 的三维建模软件，其开发人员基本上是原 Alias（开发 Maya 的 A/W 公司）的核心代码编制成员，其 Beta 测试版即推出以来，历经一年半的测试，是有史以来态度最严谨的网上测试。它能轻易整合 3ds Max 与 Softimage 的模型功能部分，对要求精细、弹性与复杂的 3D NURBS 模型，有点石成金的效能。能输出 obj、DXF、IGES、STL、3dm 等不同格式，并适用于几乎所有 3D 软件，尤其对增加整个 3D 工作团队的模型生产力有明显效果，故使用 3ds Max、AutoCAD、Maya、Softimage、Houdini、Lightwave 等软件的 3D 设计人员经常学习。

2.1.2　Rhino 的特点

　　Rhino，又叫犀牛，是一款超强的三维建模工具，它包含了所有的 NURBS 建模功能。自从 Rhino 推出以来，无数的 3D 专业制作人员及爱好者都被其强大的建模功能深深吸引并折服。与其他软件相比，它具有以下特点。

- Rhino 的发展理念是集百家之长为一体，它拥有 NURBS 的优秀建模方式，也有网格建模插件 T-Spline，使建模方式有了更多的选择，从而能创建出更逼真、生动的造型。
- Rhino 配备有多种行业的专业插件，只要熟练地掌握好 Rhino 常用工具的操作方法、技巧和理论后，再学习这些插件就相对容易上手；然后根据自己从事的设计行业把其相应配备的专业插件加载至 Rhino 中，即可变成一个非常专业的软件，这就是 Rhino 能立足于多种行业的主要因素，非常适合从事行业设计和有意转行的设计人士使用。
- Rhino 配备有多种渲染插件，弥补了自身在演染方面的缺陷，从而制作出逼真的效果图。
- Rhino 配备有动画插件，能轻松地为模型设置动作，从而通过动态完美地展示自己的作品。
- Rhino 配备有模型参数及限制修改插件，为模型的后期修改带来巨大的便利。
- Rhino 能输入和输出几十种不同格式的文件，其中包括有二维、三维软件的文件格式，还包括有成

形加工和图像类文件格式。

● Rhino 对建模数据的控制精度非常高，因此能通过各种数控成型机器加工或直接制造出来，这就是它在精工行业中的巨大优势。

● Rhino 是一个"平民化"的高端软件，相对其他的同类软件而言，它对计算机的操作系统没有特殊选择，对硬件配置要求也并不高，在安装上更不像其他软件那样动辄几百兆磁盘，而 Rhino 只区区占用二十几兆即可，在操作上更是易学易懂。

2.1.3　Rhino 5.0 的新增功能

Rhino 5.0 相对于 Rhino 4.0 来说，新增了许多功能，下面将向读者进行详细介绍。

1．显示效果增强

由于 Rhino 5.0 内存使用最大化，显示速度和效果有了明显的提升。而且新版本把抗锯齿的设置直接放到 Rhino 的视图设置里，无需调试显卡属性即可实现，如图 2-1 所示。

2．兼容性更好

Rhino 5.0 的兼容性十分好，尤其针对第三方插件。无论是 McNeel 公司自己开发的，还是第三方协作厂商开发的，如 Brazil、Vray、T-Splines 等，都可以直接在 Rhino 5.0 里面使用。

3．命令执行人性化

在命令执行过程中，会出现很多提示性的语言或图标。另外，有些 UI 界面也做了改进，如在执行"混接曲面"命令时，弹出的对话框具有调节杆，更便于操作。

4．延续 Rhino 4.0 的新增功能选项卡

和 Rhino 4.0 一样，Rhino 5.0 把所有的新加的概念集中于一个选项卡中，打开软件时就会弹出来。其中"5.0 的新功能"选项卡如图 2-2 所示。

图 2-1　新增显示设置

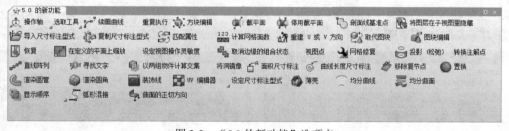

图 2-2　"5.0 的新功能"选项卡

2.2　Rhino 5.0 的安装、启动与退出

在使用 Rhino 5.0 程序之前，需要先安装 Rhino 5.0，并正确启动和退出 Rhino 5.0 程序。本节主要向读者介绍 Rhino 5.0 的安装、启动与退出。

2.2.1　安装 Rhino 5.0

在使用 Rhino 5.0 之前，首先需要对软件进行安装。

	素材文件	无
	效果文件	无
	视频文件	光盘\视频\第 2 章\2.2.1 安装 Rhino 5.0.mp4

步骤 ① 双击系统安装目录下的安装程序，等待片刻后，弹出"Rhinoceros 5 设置工作"对话框，如图 2-3 所示，单击"下一步"按钮。

步骤 ② 进入"软件使用授权合同"界面，选中"我接受授权合同中的条款"复选框，单击"下一步"按钮，如图 2-4 所示。

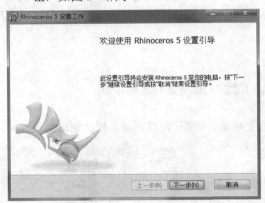

图 2-3　弹出对话框

图 2-4　单击"下一步"按钮

步骤 ③ 进入"用户资讯"界面，输入相应的 CD-Key，单击"下一步"按钮，如图 2-5 所示。

步骤 ④ 进入"自订安装"界面，单击"浏览"按钮，如图 2-6 所示。

专家提醒

Rhino5.0 软件需要的系统配置如下。

- 操作系统：推荐使用 Windows7 或 8、Windows Vista、Windows XP（32 位）、Service Pack 3。
- CPU：不支持超过 63 核的 CPU。
- 显卡：支持 OpenGL2 的显卡。
- 内存：1GB 内存，推荐 8GB 或更大内存。
- 硬盘：600MB 磁盘空间。

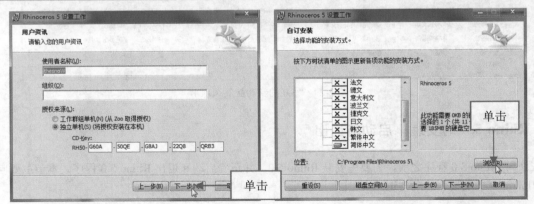

图 2-5　单击"下一步"按钮

图 2-6　单击"浏览"按钮

步骤 ⑤ 进入"更新目的文件夹"界面，在"文件夹名称"文本框中更改文件夹名称，单击"确定"按钮，如图 2-7 所示。

步骤 ⑥ 返回"自订安装"界面，单击"下一步"按钮，如图 2-8 所示。

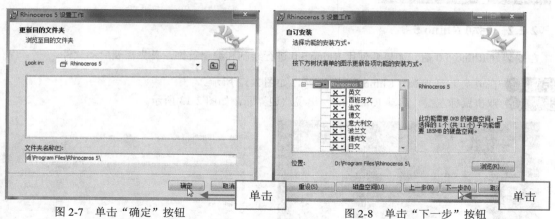

图 2-7 单击"确定"按钮   图 2-8 单击"下一步"按钮

步骤 7 进入"准备开始安装 Rhinoceros 5"界面，单击"安装"按钮，如图 2-9 所示。

步骤 8 进入"正在安装 Rhinoceros 5"界面，显示安装进度条，如图 2-10 所示。

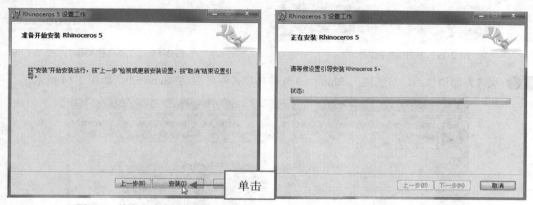

图 2-9 单击"安装"按钮   图 2-10 显示进度条

步骤 9 稍等片刻后，进入"Rhinoceros 5 设置引导已完成"界面，单击"完成"按钮，如图 2-11 所示，此时即可完成 Rhino 5.0 的安装。

图 2-11 单击"完成"按钮

专家提醒

　用户可以从相应的网站上下载 Rhino 5.0（90 天试用版）。另外，请支持正版。

2.2.2　启动 Rhino 5.0

在安装好 Rhino 5.0 后，如果要使用 Rhino 5.0 进行绘制和编辑首饰，首先需要启动软件。

步骤 ① 在电脑桌面上单击 Rhino 5.0 图标，如图 2-12 所示。

步骤 ② 双击鼠标左键，启动 Rhino 5.0，出现欢迎界面，如图 2-13 所示。

图 2-12　单击相应图标

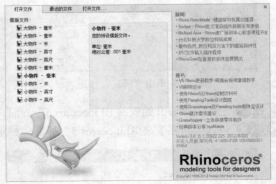

图 2-13　出现欢迎界面

步骤 ③ 欢迎界面消失后，系统进入 Rhino 5.0 软件环境，即可启动 Rhino 5.0，如图 2-14 所示。

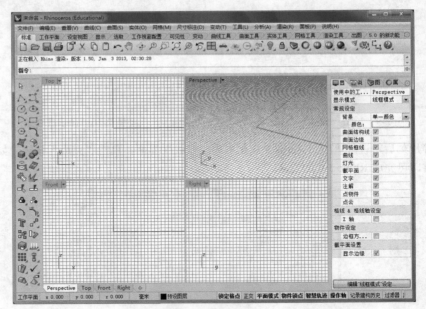

图 2-14　启动 Rhino 5.0

专家提醒

还有以下 3 种方法可以启动 Rhino 5.0。

● 在 Rhino 5.0 应用程序图标上单击鼠标右键，在弹出的快捷菜单中选择"打开"选项。

● 单击"开始"｜"所有程序"｜Rhinoceros 5.0｜Rhinoceros 5.0 命令。

● 双击格式为 .3dm 的文件。

2.2.3　退出 Rhino 5.0

如果用户完成了工作，可以退出 Rhino 5.0 应用程序。Rhino 5.0 与退出其他大多数应用程序的方法大致相同，单击"标题栏"右上角的"关闭"按钮 ▨ 即可。若在绘图区中进行了部分操作，之前也未保存，在退出该软件时，将弹出"保存文件"对话框，如图 2-15 所示，提示用户保存文件。

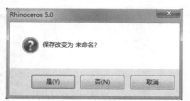

图 2-15　弹出"保存文件"对话框

专家提醒

还有以下 4 种方法可以退出 Rhino 5.0。
● 按【Alt + F4】组合键。
● 在标题栏上单击鼠标右键，在弹出的快捷菜单中选择"关闭"选项。
● 单击"文件"｜"结束"命令。
● 按【Ctrl + Q】组合键。

2.3　Rhino 5.0 全新界面

Rhino 5.0 的工作界面清晰、功能强大、操作简便。启动软件后便可以看到一个工作界面，如图 2-16 所示。

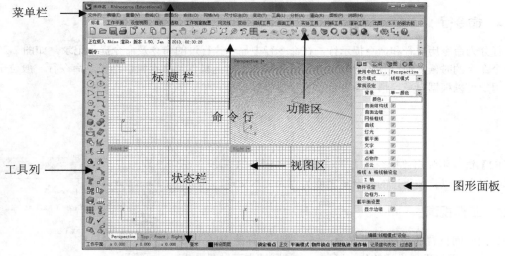

图 2-16　Rhino 5.0 的工作界面

2.3.1　标题栏

标题栏位于工作界面的最上方，用于显示所打开文件的名称及正在编辑的文件名称，标题栏右侧是 Windows 标准应用程序的控制按钮，分别是"最小化"按钮、"向下还原"/"最大化"按钮与"关闭"按钮，如图 2-17 所示。

图 2-17　标题栏

2.3.2　菜单栏

菜单栏位于标题栏的下方，其中囊括了 Rhino 5.0 的所有功能和命令，它是根据命令功能来分组的，包括"文件""编辑""查看""曲线""曲面""实体""网格""尺寸标注""变动""工具""分析""渲染""面板"和"说明"命令，如图 2-18 所示。

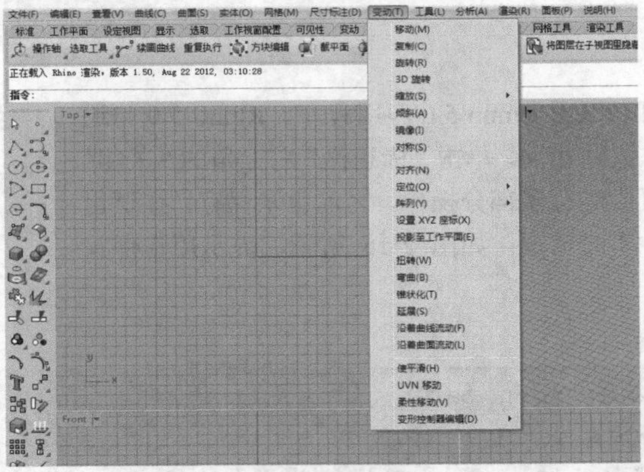

图 2-18　菜单栏

2.3.3　功能区

功能区提供了软件操作中常用的基本工具，一般位于菜单栏下方，如图 2-19 所示。

图 2-19　功能区

2.3.4　命令行

命令行分为命令历史行和命令提示行，在命令行中显示执行过的命令及命令提示记录，如图 2-20 所示。当执行一个命令的时候，命令行中会以文本形式提示下一步的操作，直至操作结束。命令行一般位于工作视窗顶部，用户可以根据自身习惯将命令行移至合适位置。

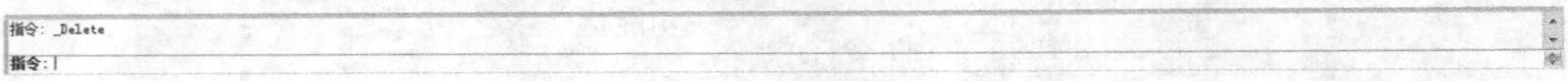

图 2-20　命令行

按【F2】键，将弹出“指令历史”对话框，如图 2-21 所示。在该对话框中用户可以将使用过的命令复制或另存为文本文件。

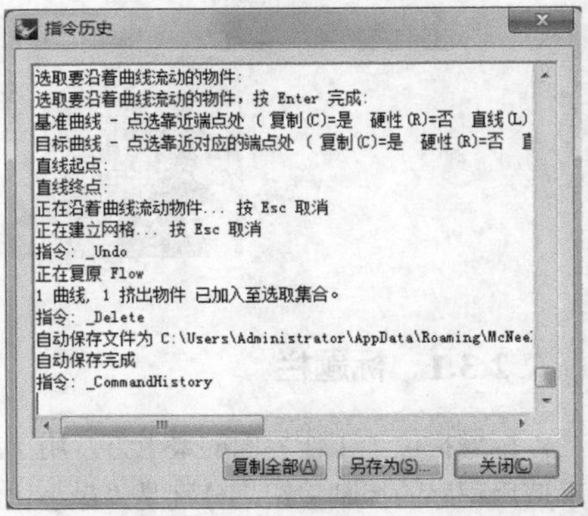

图 2-21　“指令历史”对话框

2.3.5　工作视窗

软件界面中间位置的空白区域称为工作视窗，也称绘图区，如图 2-22 所示。是用户进行设计的焦点区域，在该区域中可以观看或修改相关的模型。系统默认由 Top 视图、Front 视图、Perspective 视图，以及 Right 视图等 4 个窗口组成。在各视窗左上角的视图名上双击鼠标左键，能够将该视窗最大化显示，再次双击鼠标左键即可恢复。操作视窗的大小可根据用户的需要灵活调节，只需将光标靠近视窗边框，按住鼠标左键并拖曳即可调节。

2.3.6　工具列

工具列位于整个工作界面的左侧，系统默认设置下会有一个浮动工具列，在该工具列中提供了常用的绘图和编辑命令，可以任意移动和改变排列方式，也可以关闭或最小化，当在功能区中切换至不同的选项卡时，其工具列也随之改变，如图 2-23 所示。

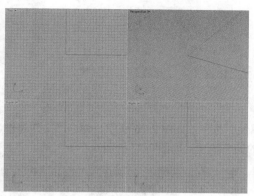

图 2-22　工作视窗

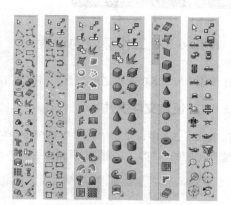

图 2-23　工具列

2.3.7　图形面板

图形面板位于软件窗口的最右端，主要用来设置参数、图层，以及查看帮助说明等，其包含了 4 个选项卡，即"属性"选项卡、"图层"选项卡、"显示"选项卡和"说明"选项卡，如图 2-24 所示。

图 2-24　图形面板

2.3.8　状态栏

状态栏位于窗口的底端，主要起到提示的作用，提示用户当前应进行的操作，并显示物体的坐标及当前命令等，如图 2-25 所示。

图 2-25　状态栏

Rhino
珠宝首饰设计从入门到精通

2.4 Rhino 5.0 工作环境的设置

在使用 Rhino 5.0 建模之前，首先需要对工作环境进行优化设计，以此提高工作效率。

2.4.1 设置文件属性

在 Rhino 5.0 中，单击"标准"选项卡中的"文件属性"按钮，如图 2-26 所示，弹出"文件属性"对话框，选择左侧的名称，右侧即出现相应的具体属性参数的调节选项，如图 2-27 所示。

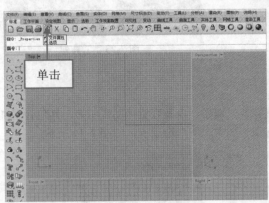
图 2-26 单击"文件属性"按钮

图 2-27 "文件属性"对话框

专家提醒

在 Rhino 5.0 中，可以通过以下 4 种方法弹出"文件属性"对话框。
- 在命令行中输入 DocumentProperties 命令。
- 单击"文件"｜"文件属性"命令。
- 单击"渲染"｜"渲染属性"命令。
- 单击"网格"｜"渲染网格属性"。

1. Rhino 渲染

在"文件属性"对话框中，选择左侧的"Rhino 渲染"选项，即可切换至相应的界面，如图 2-28 所示，在该界面中用户可以根据需要进行相应设置。其中在"抗锯齿"下拉列表中，通常在制作精度比较高的模型时会选择为"高（10x）"来检测模型，如图 2-29 所示。Rhino 自带的渲染器速度很快，因此即使设置为较高，速度也不慢。

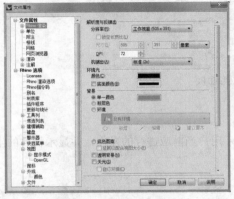
图 2-28 "Rhino 渲染"界面

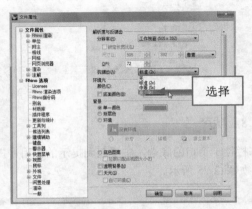
图 2-29 选择相应选项

在"Rhino 渲染"选项区中，各主要选项的含义如下。

- 锁定长宽比：渲染影像的长度与宽度的比例，长度变更时宽度也会做同样比例的变更。
- 尺寸：以解析度或 DPI 数值设定渲染影像的大小，这个选项可以用来决定渲染影像印列到纸上的大小。
- DPI：每英寸的点数。
- 抗锯齿：使渲染影像中的物件边缘平滑，抗锯齿是以对像素做超取样的方式消除渲染影像的锯齿。渲染影像的锯齿是因为显示解析度的限制而产生，斜线、曲线都会产生阶梯状的锯齿。
- 颜色：设定场景中最暗的点在渲染影像中的颜色，场景中照明度较低的部分在渲染影像中会显示为物件及环境光颜色的混合色。
- 底面颜色：设定来自地面的环境光颜色。
- 渐层色：以两个颜色的渐层色作为背景的颜色。
- 环境：以环境作为渲染的背景，具有反射性质的材质可以反射环境贴图。
- 透明背景：将背景渲染为透明的 Alpha 通道，存储渲染影像时必须设置为支持 Alpha 通道的格式（png、tga、tif）。
- 使用隐藏的灯光：使关闭图层中的灯光或以 Hide 指令隐藏的灯光在渲染时可以对场景产生照明作用。
- 渲染曲线：在渲染影像中显示曲线。
- 渲染曲面边缘与结构线：在渲染影像中显示曲面的边缘与结构线。
- 渲染尺寸标注与文字：在渲染影像中显示尺寸标注与文字。

图 2-30　"文件属性"对话框

2．设置单位

在"文件属性"对话框中，通过"单位"选项的参数设置能够定义整个产品的数量单位，如图 2-30 所示。在"模型单位"下拉列表中，用户可以根据模型尺寸，选择合适的单位。在下方的文本框中还可以输入绝对公差与相对公差，保证模型精度。

专家提醒

在 Rhino 5.0 中进行操作时，需要注意以下 5 点。

- 最好在开始建立模型的时候就设定好模型使用的公差，然后就不再改变。
- 导入含有单位或公差设定的文件并不会改变 Rhino 的单位或公差，如果导入的文件使用的单位与 Rhino 的单位不同，会弹出警告。
- Rhino 可以使用任何单位系统与公差设定运行，预设的单位为毫米，预设的绝对公差为 0.001 毫米。用户可以在模板文件里设定单位与公差，如果您常常需要以不同的单位建立模型，可以建立数个不同单位的模板文件。
- 通常，Rhino 适于在绝对公差为 0.01 至 0.001 左右的环境中运行，模型上小特征（小圆角或曲线的微小偏移距离）的"大小" >= 10x 绝对公差，而且模型的大小 <= 100000。
- 使用小于 0.0001 的绝对公差可能会使计算交集与圆角的速度明显变慢。

在"单位与公差"选项区中，各选项的含义如下。

- 模型单位：控制模型使用的单位，变更单位时 Rhino 会询问您是否要缩放几何图形，使几何图形符合单位变更。
- 绝对公差：在建立无法做到绝对精确的集合图形时容许的误差值，如修剪曲面、偏移或布尔运算。
- 相对公差：设置某些指令使用的相对公差，如果在指令中相对公差小于绝对公差的设置，会以相对公差取代绝对公差。
- 角度公差：设置某些指令使用的角度公差，Rhino 在建立或修改物件时，角度误差值会小于角度公差。
- 名称：单位名称。
- 每米单位数：设定多少单位等于一米。

● 距离显示：设定状态列和与距离及长度有关的指令如何显示距离。

● 显示精确度：距离显示的小数位数。

3．设置格线

格线是位于工作视窗工作平面上相互交织的直线阵列，工作平面是一个无限延伸的平面，格线只会显示在设定的范围内。格线设定控制格线间距及格线、格线轴、世界座标轴图示的可见性。

在"文件属性"对话框中选择"单位"选项，进入相应的界面，在"格线属性"选项区中，取消选中"显示格线"和"显示格线轴"复选框，如图 2-31 所示，此时工作视窗如图 2-32 所示。

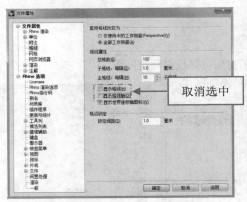

图 2-31　取消选中相应复选框　　　　　　图 2-32　工作视窗

在"格线"界面中，各主要选项的含义如下。

● 仅使用中的工作视窗：只变更使用中工作视窗的工作平面格线。

● 全部工作视窗：套用格线变更至所有工作视窗。

● 总格数：设定副格线格的数量，最大可设为 1000 格，这个数值是一个方向的副格线格总数的二分之一。

● 子格线，每隔：以 Rhino 单位设定副格线之间的间距。

● 主格线，每隔：设定主格线的间隔。

● 显示格线：切换工作平面格线的可见性。

● 显示格线轴：切换工作平面 XY 轴的可见性。

● 显示世界坐标轴图标：切换工作视窗左下角世界坐标轴图标的可见性。

● 锁定间距：模型单位的锁定间距。

4．设置网格

着色或渲染 NURBS 曲面时，曲面会先转换为网格。一般为了加快刷新速度，系统默认为"粗糙、较快"，如果不追求刷新速度，可以设置显示方式为"平滑、较慢"或者自己定义的显示精度，这样可以避免一些常见的显示问题。

在"文件属性"对话框中选择"网格"选项，进入"网格"界面，如图 2-33 所示，在"渲染网格品质"选项区中选中"自订"单选按钮，并单击"进阶设定"按钮，如图 2-34 所示，将进入进阶设定，如图 2-35 所示，此时用户可以根据需要自定义参数。

▌专家提醒

　　"网格"界面中的各参数仅仅影响模型在视图中显示的精度，以及渲染的精度，并不影响模型本身的精度，模型本身的精度主要由系统公差确定。

在"网格"界面的"自订选项"选项区中，各主要选项的含义如下。

● 密度：以一个程序控制网格边缘与原来的曲面之间的距离，数值介于 0 和 1 之间，数值越大建立的渲染网格的网格面越多。

● 最大角度：两个网格面的法线方向允许的最大差异角度。

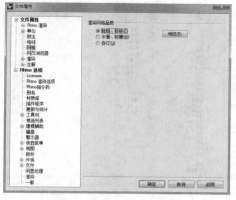

图 2-33　"资料夹"选项卡

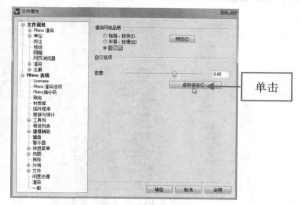

图 2-34　单击"进阶设定"按钮

● 最大长宽比：曲面一开始会以四角形网格面转换，然后进一步细分。起始四角网格面大小较平均，长宽比会小于最大长宽比的设置值。

● 最小边缘长度：当网格边缘的长度小于最小边缘长度的设置值时，不会再进一步细分网格。

● 最大边缘长度：当网格边缘的长度大于这个设置值时，网格会进一步细分，直到所有的网格边缘长度都小于设置值。

● 边缘至曲面的最大距离：网格会一直细分，直到网格边缘的中点与 NURBS 曲面之间的距离小于这个设置值。这个设置值大约是起始四角网格面边缘中点和 NUBRS 曲面之间的距离。

● 起始四角网格面的最小数目：网格转换开始时每一个曲面的四角网格面数。也就是说，每一个曲面转换的网格面数至少会是这个设置值。

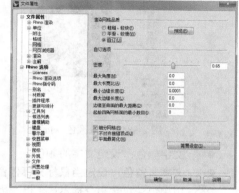

图 2-35　进入进阶设定

● 细分网格：网格转换开始后，网格会不断细分，直到网格符合最大角度、最小边缘长度、最大边缘长度及边缘到曲面的最大距离的设置值，直到相邻网格面法线方向之间的角度小于最大角度的设置值。

● 不对齐接缝顶点：所有曲面独立转换网格，转换后的网格在每个曲面的组合边缘处会产生缝隙。

● 平面最简化：转换网格时先分割边缘，然后以三角形网格面填满边缘内的区域。

2.4.2　Rhino 5.0 选项的设置

在 Rhino 5.0 中，除了可以对文件属性进行设置外，用户还可以设置 Rhino 5.0 选项，如定制工作界面、编辑工具列等。

1．定制工作界面

在"文件属性"对话框中，选择左侧的"外观"选项，即可切换至"外观"界面，如图 2-36 所示，在其中用户可以进行相应设置。单击"外观"前的"＋"按钮，打开二级下拉菜单，选择"颜色"选项，将进入"颜色"界面，如图 2-37 所示，在其中可以设置工作视窗的颜色。在任意选项后的颜色色块上单击鼠标左键，将弹出"选取颜色"对话框，如图 2-38 所示，在该对话框中用户可任意选择自己喜好的颜色。

在"外观"界面中，各主要选项的含义如下。

● 显示语言：设定 Rhino 界面使用的语言，用户可以从下拉菜单中选择已安装的语言。由于本书安装的软件只安装了一种语言，所以该下拉列表框中只有一种语言，如图 2-39 所示。

● 指令提示：这些设定会影响指令提示与指令历史视窗的外观。

● 文字大小：设定字型的大小。

● 背景颜色：设定指令视窗的背景颜色。

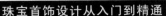

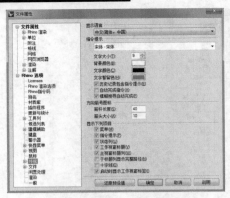

图 2-36 "外观"界面

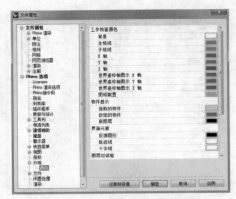

图 2-37 "颜色"界面

图 2-38 "选取颜色"对话框

图 2-39 显示语言下拉列表框

- 文字颜色：设定文字的颜色。
- 文字暂留色：设定当鼠标光标停留在指令行选项上时选项的显示颜色。
- 历史记录包含指令提示：在指令历史视窗中记录指令的所有提示，取消这选项时指令历史视窗只会记录执行过的指令名称。
- 自动完成指令：在指令行输入指令时弹出自动完成清单。
- 模糊搜寻自动完成：启用这个选项时，在指令行输入指令时会自动选择您最可能想要执行的指令，例如：当用户输入 LI 时会列出所有名称含有 LI 的指令。列出的指令分为两个群组，第一个群组是以 LI 开头的指令，第二个群组是非以 LI 开头的指令，再依据这些指令的使用次数多少自动选择最常使用的指令。停用这个选项时，自动完成功能只会依照字母顺序列出以 LI 开头的指令。
- 箭杆长度：设定 Dir 指令显示的箭号的箭杆长度。
- 箭头大小：设定 Dir 指令显示的箭号的箭头大小。
- 指令提示：切换指令视窗的可见性。
- 状态列：切换状态列的可见性。
- 工作视窗标题：切换工作视窗标题的可见性。
- 主视窗标题列：切换 Rhino 主视窗标题列的可见性。
- 于标题列显示完整路径：在标题列显示模型文件的完整路径。
- 十字线：切换跨越整个工作视窗的十字线。
- 启动时显示工作视窗标签：Rhino 启动时自动打开工作视窗标签。

2．编辑工具列

在 Rhino 5.0 中，软件为用户提供了定制自己的工具列的功能，用户可以把自己编辑好的工具列保存起来。也可以制作多个适合不同对象类型的工具列。

在"文件属性"对话框中，选择左侧的"工具列"选项，即可切换至"工具列"界面，如图 2-40 所示，在"工具列"下拉列表框

图 2-40 "工具列"面板

选中各复选框，则会在工作界面中显示该工具列，若取消选中，则该工具列隐藏。

在"工具列"界面中包含了 3 个菜单，即"文件""编辑"和"工具"菜单，其中"文件"下拉菜单如图 2-41 所示，"编辑"下拉菜单如图 2-42 所示，"工具"下拉菜单如图 2-43 所示。

在"文件"下拉菜单中，各选项的含义如下。
- 新建文件：建立新的工具列文件。
- 打开文件：打开现有的工具列文件。
- 关闭：关闭选取的工具列。
- 全部关闭：关闭全部的工具列。
- 保存文件：存储选取的工具列。

图 2-41　"文件"下拉菜单

- 另存文件：将选取的工具列存储为不同的文件。
- 全部保存：存储全部的工具列。
- 属性：打开工具列的属性对话框。
- 导入工具列：从其他的工具列导入工具列。
- 导出群组：从选取的工具列导出选取的工具列群组。

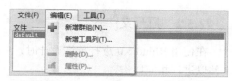

图 2-42　"编辑"下拉菜单

在"编辑"下拉菜单中，各选项的含义如下。
- 新增群组：建立新的工具列群组。
- 新增工具列：建立新的工具列。
- 删除：删除选取的工具列。
- 属性：打开工具列的属性对话框。

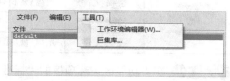

在"工具"下拉菜单中，各选项的含义如下。
- 工作环境编辑器：打开工作环境编辑器对话框。
- 巨集库：打开巨集库对话框。

图 2-43　"工具"下拉菜单

2.5　文件的基础操作

在 Rhino 5.0 中，用户可以进行一系列的基础操作，如新建文件、打开文件、另存文件、导入文件等。

2.5.1　新建文件

在 Rhino 5.0 中，用户可以根据需要新建图形文件，以完成相应的操作。

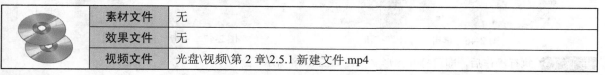

	素材文件	无
	效果文件	无
	视频文件	光盘\视频\第 2 章\2.5.1 新建文件.mp4

步骤 ① 在"功能区"选项板的"标准"选项卡中单击"新建"按钮，如图 2-44 所示。
步骤 ② 弹出"打开模板文件"对话框，在其中选择相应的选项，单击"打开"按钮，如图 2-45 所示。
步骤 ③ 执行操作后，即可新建文件。

专家提醒

还有以下 3 种方法可以新建文件。
- 在命令行中输入 NEW 命令。
- 单击"文件"｜"新建"命令。
- 按【Ctrl + N】组合键。

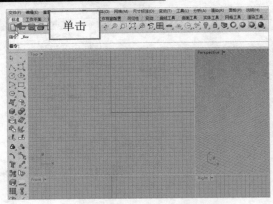

图 2-44　单击"新建"按钮

图 2-45　单击"打开"按钮

2.5.2　打开文件

在使用 Rhino 5.0 进行首饰设计时，常常需要对首饰进行编辑或者重新设计，这时就需要打开相应的模型文件以进行相应操作。

	素材文件	光盘\素材\第 2 章\2-47.3dm
	效果文件	无
	视频文件	光盘\视频\第 2 章\2.5.2 打开文件.mp4

步骤① 在"功能区"选项板的"标准"选项卡中单击"打开"按钮 📁，如图 2-46 所示。

步骤② 弹出"打开"对话框，在其中选择合适的文件，单击"打开"按钮，如图 2-47 所示。

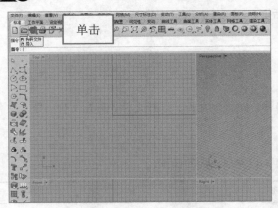

图 2-46　单击"打开"按钮

图 2-47　单击"打开"按钮

步骤③ 执行操作后，即可打开图形文件，如图 2-48 所示。

图 2-48　打开图形文件

专家提醒

还有以下 5 种方法可以打开文件。

● 在命令行中输入 OPEN 命令。

● 单击"文件"｜"打开"命令。

● 按【Ctrl＋O】组合键。

● 直接将文件拖进软件中，将弹出"文件"选项对话框，选中"打开文件"单选按钮。

● 在格式为.3dm 的文件上双击鼠标左键。

2.5.3　另存文件

在 Rhino 5.0 中，用户可以根据需要将图形文件保存至别的磁盘中。

素材文件	光盘\素材\第 2 章\2-49.3dm
效果文件	无
视频文件	光盘\视频\第 2 章\2.5.3 另存文件.mp4

步骤 ❶　按【Ctrl＋O】组合键，打开图形文件，如图 2-49 所示。

步骤 ❷　在"标准"选项卡中单击"储存文件"右侧的下拉按钮，在弹出的面板中单击"另存文件"按钮，如图 2-50 所示。

图 2-49　打开图形文件

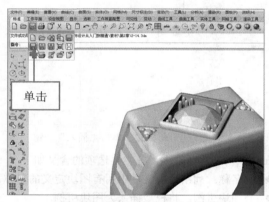

图 2-50　单击"另存文件"按钮

步骤 ❸　执行操作后，弹出"保存"对话框，设置文件名和保存路径，单击"保存"按钮，如图 2-51 所示，执行操作后，即可另存图形文件。

图 2-51　单击"保存"按钮

2.5.4 插入文件

在 Rhino 5.0 中，使用"插入"命令可以插入存储在模型里的图块或导入外部文件。

	素材文件	光盘\素材\第 2 章\2-52.stl
	效果文件	无
	视频文件	光盘\视频\第 2 章\2.5.4 插入文件.mp4

步骤 ① 在"功能区"选项板的"标准"选项卡中单击"储存文件"右侧的下拉按钮，在弹出的面板中单击"插入"按钮，如图 2-52 所示。

步骤 ② 弹出"插入"对话框，单击"打开"按钮，如图 2-53 所示。

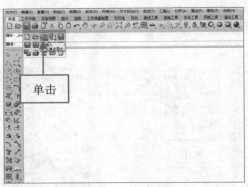

图 2-52　单击"插入"按钮

图 2-53　单击"打开"按钮

在"插入"对话框中，各主要选项的含义如下。
● 名称：列出目前文件中所有图块定义的名称。
● 图块引例：将模型插入为图块引例。
● 群组：将模型插入为群组。
● 个别物件：将模型插入为一般的物件。
● 提示：提示指定插入点。
● 缩放比：缩放插入的物件。
● 旋转：旋转插入的物件。

步骤 ③ 弹出"选取要插入的文件"对话框，在其中选择合适的文件，单击"打开"按钮，如图 2-54 所示。

步骤 ④ 返回到"插入"对话框，接受默认的参数，单击"确定"按钮，弹出"插入文件选项"对话框，接受默认的参数，单击"确定"按钮，如图 2-55 所示。

在"插入文件选项"对话框中，各主要选项的含义如下。
● 图块定义名称：文件名称与预览缩图。
● 从这个文件读取连结的图块：如果连结的外部文件中有连结其他文件的图块，这些图块会一并插入到目前的模型中。
● 置入：插入几何图形至目前的文件，插入后的图块定义无法随着外部文件更新。
● 置入并连结：插入几何图形至目前的文件并保留图块定义与外部文件的连结，外部文件改变时与它连结的图块定义可以随着更新，当找不到外部连结的文件时，该图块定义仍然存在模型中。

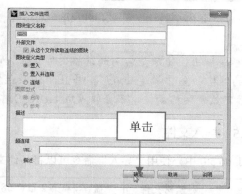

图 2-54 单击"打开"按钮　　　　　　　　图 2-55 单击"确定"按钮

● 连结：插入的图块引例只连结到外部文件，当外部文件改变时与它连结的图块引例可以随着更新。当找不到外部连结的文件时，该图块引例便无法出现在目前的文件中。

● 图层型式：当图块定义类型为连结时，可以设定两种图层插入方式。

● 启用：将外部连结的图块里的图层套入目前文件里相同名称的图层，没有相同的图层名称时会建立新图层，所有的图层属性都可以修改。

● 参考：将外部连结的图块里的图层插入为参考图层，图层以原有的结构置于以文件名称命名的父图层下，参考图层只有打开/关闭、锁定/未锁定状态及颜色可以修改。

● 描述：附加至图块定义的描述资讯。

专家提醒

还有以下 4 种方法可以插入文件。

● 在命令行中输入 Insert 命令。

● 单击"文件"｜"插入"命令。

● 按【Ctrl + I】组合键。

● 直接将文件拖进软件中，将弹出"文件"选项对话框，选中"插入文件"单选按钮。

步骤 5 弹出"STL 导入选项"对话框，接受默认的参数，单击"确定"按钮，如图 2-56 所示。

步骤 6 根据命令行提示，在绘图区中任意指定一点作为插入点，执行操作后，即可插入文件，如图 2-57 所示。

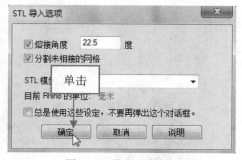

图 2-56 单击"确定"按钮　　　　　　　　图 2-57 插入文件

在"STL 导入选项"对话框中，各主要选项的含义如下。

● 熔接角度：用于设置熔接角度，熔接法线夹角小于这个角度值的网格面。

● 分割未相接的网格：决定导入网格时是否将未相接但组合在一起的网格分开。

● STL 模型单位：如果 STL 文件有内含单位资讯，使用的单位会显示在这里。

● 目前 Rhino 的单位：导入与插入文件的对话框会显示目前 Rhino 的单位，打开文件时目前 Rhino 的单位会显示为无。

● 　总是使用这些设定，不要再弹出这个对话框：存储目前的设定，以后不用弹出设定对话框直接导出文件。

专家提醒

　　STL 是输出快速原型常用的网格文件格式，它的网格没有颜色、没有贴图座标或其他任何属性资料，它的网格面全部都是三角形，并且网格顶点全部解除熔接。STL 文件只能包含网格物件，导入 Rhino 后仍然是网格物件，不会转换成 NURBS。

2.5.5　导入文件

在 Rhino 5.0 中，使用"导入"命令可以将其他文件里的物件合并至目前的文件。

素材文件	光盘\素材\第 2 章\2-58.obj
效果文件	光盘\效果\第 2 章\2-61.3dm
视频文件	光盘\视频\第 2 章\2.5.5 导入文件.mp4

步骤 ❶ 单击"文件"｜"导入"命令，如图 2-58 所示。

步骤 ❷ 弹出"导入"对话框，在其中选择合适的文件，单击"打开"按钮，如图 2-59 所示。

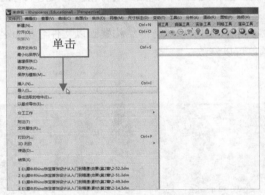

图 2-58　打开图形文件

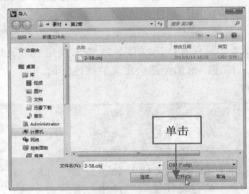

图 2-59　单击"打开"按钮

步骤 ❸ 执行操作后，弹出"OBJ 导入选项"对话框，接受默认的参数，单击"确定"按钮，如图 2-60 所示。

步骤 ❹ 执行操作后，即可导入文件，如图 2-61 所示。

图 2-60　单击"确定"按钮

图 2-61　导入文件

专家提醒

　　还有以下两种方法可以导入文件。

● 　在命令行中输入 Import 命令。

● 　直接将文件拖进软件中，将弹出"文件"选项对话框，选中"导入文件"单选按钮。

2.5.6 导出选取的物件

在 Rhino 5.0 中，使用"导出选取的物件"命令可以存储选取的物件至新的 Rhino 文件或其他支持的文件格式。

	素材文件	光盘\素材\第 2 章\2-62.3dm
	效果文件	光盘\效果\第 2 章\2-64.3dm
	视频文件	光盘\视频\第 2 章\2.5.6 导出选取的物件.mp4

步骤① 按【Ctrl＋O】组合键，打开图形文件，如图 2-62 所示。

步骤② 在绘图区中选择相应的模型，单击"文件"｜"导出选取的物件"命令，如图 2-63 所示。

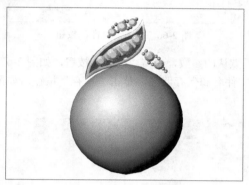

图 2-62 打开图形文件

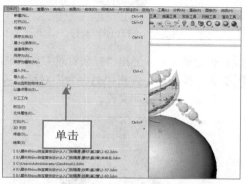

图 2-63 单击"导出选取的物件"命令

步骤③ 弹出"导出"对话框，设置文件名和保存路径，单击"保存"按钮，如图 2-64 所示，执行操作后，即可导出选取的物件。

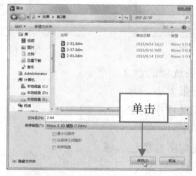

图 2-64 单击"保存"按钮

专家提醒

用户还可以通过在命令行中输入 Export 命令来导出选取的物件。

2.5.7 打印文件

在 Rhino 5.0 中，使用"打印"命令可以打印工作视窗里的物件。

	素材文件	光盘\素材\第 2 章\2-65.3dm
	效果文件	光盘\效果\第 2 章\2-68.mdi
	视频文件	光盘\视频\第 2 章\2.5.7 打印文件.mp4

步骤① 按【Ctrl＋O】组合键，打开图形文件，如图 2-65 所示。

步骤 **2** 在"功能区"选项板的"标准"选项卡中单击"打印"按钮 🖶，如图 2-66 所示。

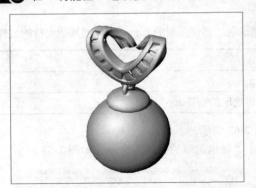

图 2-65　打开图形文件

图 2-66　单击"打印"按钮

步骤 **3** 执行操作后，弹出"打印设置"对话框，接受默认的参数，单击"打印"按钮，如图 2-67 所示。

步骤 **4** 执行操作后，弹出"另存为"对话框，设置文件名和保存路径，单击"保存"按钮，如图 2-68 所示，即可打印文件。

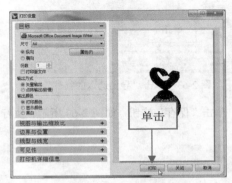

图 2-67　单击"打印"按钮

图 2-68　单击"保存"按钮

在"打印设置"对话框中，各主要选项的含义如下。

- 尺寸：选取的打印支持的纸张大小。
- 属性：Windows 打印机的驱动程序设定。
- 纵向/横向：纸张的打印方向。
- 矢量输出：打印直线、曲线与所有填色区域。
- 点阵输出：以点阵影像打印。
- 打印颜色：使用图层或属性对话框里设定的打印颜色打印曲线与框线。
- 显示颜色：以工作视窗中曲线与框线的显示颜色打印。
- 黑白：以灰阶打印。
- 视图与输出缩放比：可用的工作视窗与图纸配置清单。
- 工作视窗：打印使用中工作视窗的画面。
- 最大范围：缩放至可以显示模型中所有的物件。
- 框选范围：打印框选的区域。
- 设定：框选新的打印范围，框选后的矩形方框边缘上的掣点可以移动。
- 数个图面：一次打印数个图纸配置页面，输入以逗点分隔的页码或页面范围，例如：1，2，4-8。

所有选取的页面是当成一个打印工作，打印至 PDF 时是打印至单一文件里的数个页面。

- 所有图面：打印所有的图纸配置。
- 缩放比：设定模型尺寸与打印影像的缩放比例，从下拉列表框中选择想要使用的比例。

- 纸上尺寸=模型尺寸：设定纸上尺寸与模型尺寸单位的对应关系。
- 边界与位置：设定纸张边缘不打印的区域宽度。以不同的方式设定纸张的边界、宽度、高度。
- 匹配样式定义：以线型定义文件的数值打印线型样式。
- 符合工作视窗显示：以工作视窗中线型显示的比例打印线型样式。
- 缩放比：线宽的全域缩放比例。
- 预设线宽：设定不同的打印线宽，从发线到一般图稿的线宽（毫米）及不打印。
- 点物件：点物件打印至纸上的尺寸。
- 箭头尺寸：箭头打印至纸上的尺寸。
- 文字注解点字型大小：文字注解点字型打印至纸上的尺寸。
- 可见性：设定是否打印的项目。
- 背景颜色：打印工作视窗的背景颜色。
- 背景图：打印工作视窗的背景图。
- 底色图案：打印工作视窗的底色图案。
- 灯光：打印灯光物件。
- 截平面：打印截平面物件。
- 仅选取的物件：只打印选取的物件。
- 锁定的物件：打印锁定的物件，不想让锁定的物件打印出来请取消这个选项。
- 格线：打印工作平面格线。
- 格线轴：打印工作平面格线轴。
- 边界：将打印区域的边界以虚线打印。
- 附注：打印附注的属性。
- 文件名称：打印文件的名称及路径。
- 打印机详细信息：显示由选取的打印机的驱动程序与组态设定回报的详细信息。
- X 缩放比/Y 缩放比：当打印出来的尺寸有误差时可以在这里设定缩放比做校正。

专家提醒

还有以下 4 种方法可以打印文件。
- 在命令行中输入 Print 命令。
- 单击"文件" | "打印"命令。
- 按【Ctrl + P】组合键。
- 在"功能区"选项板的"标准"选项卡中单击"存储文件"右侧的下拉按钮，在弹出的面板中单击"打印"按钮 。

2.6　导入参考图片

建模中导入参考图片作为参照是一种很常用的辅助建模方法，其优点在于制作出来的模型精确度高。

2.6.1　导入背景图

导入背景图是在指 Rhino 的各个视图中放置互相对齐的背景图。在 Rhino 5.0 中，提供了精确放置背景图片和对齐背景图片的工具。

	素材文件	光盘\素材\第 2 章\1.jpg、2.jpg、3.jpg
	效果文件	光盘\效果\第 2 章\2-76.3dm
	视频文件	光盘\视频\第 2 章\2.6.1 导入背景图.mp4

步骤① 单击"查看"|"背景图"|"放置"命令，如图 2-69 所示。

步骤② 弹出"打开位图"对话框，在其中选择相应的文件，单击"打开"按钮，如图 2-70 所示。

图 2-69 单击"放置"命令

图 2-70 单击"打开"按钮

步骤③ 执行操作后，将鼠标指针移至 Front 视图，根据命令行提示，依次输入（0,0,0）和 15，并按【Enter】键确认，在命令行中选择"灰阶（G）＝是"选项，如图 2-71 所示。

步骤④ 执行操作后，即可放置背景图，如图 2-72 所示。

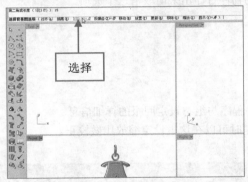

图 2-71 选择相应选项

图 2-72 放置背景图

> **专家提醒**
>
> 在导入背景图时需要注意以下 3 点。
> ● 背景图通常会和工作平面的 x 轴对齐，如果用户想旋转背景图使其对齐工作平面，必须在其他绘图软体中打开该图档做旋转，也可以旋转工作平面，使工作平面对齐背景图。
> ● 一个工作视窗只能放置一个背景图，放置第二个背景图时，先前放置的背景图会被删除。
> ● 背景图可以作为建模辅助，但不属于场景的一部分，所以无法渲染。

步骤⑤ 将鼠标指针移至 Right 视图，并按空格键，弹出"打开位图"对话框，在其中选择合适的文件，单击"打开"按钮，如图 2-73 所示。

步骤⑥ 执行操作后，用与上同样的方法放置背景图，如图 2-74 所示。

执行"背景图"命令后，命令行中各主要选项的含义如下。

● 对齐：将背景图与两个点对齐。

● 抽离：将背景图存储为图档。

● 反锯齿：让背景图看起来会较细致平滑。

● 移动：移动背景图。

● 放置：在使用中的工作视窗放置背景图。

● 更新：外部的图档变更时可用来更新置入模型内的背景图。

图 2-73　单击"打开"按钮

图 2-74　放置背景图

- 移除：移除使用中的工作视窗的背景图。
- 缩放：缩放使用中的工作视窗的背景图。

步骤 7　将鼠标指针移至 Top 视图，并按空格键，弹出"打开位图"对话框，在其中选择合适的文件，单击"打开"按钮，如图 2-75 所示。

步骤 8　执行操作后，用与上同样的方法放置背景图，如图 2-76 所示。

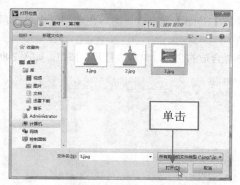

图 2-75　单击"打开"按钮

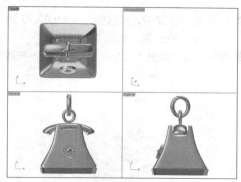

图 2-76　放置背景图

专家提醒

还有以下 3 种方法可以导入背景图。
- 在命令行中输入 backgroundBitmap 命令。
- 在"标准"选项卡中单击"四个工作视窗"右侧的下拉按钮，在弹出的面板中单击"背景图"按钮 📷 。
- 在"工作视窗配置"选项卡中单击"背景图"按钮 📷 。

2.6.2　导入平面图

在 Rhino 5.0 中，用户还可以导入平面图来辅助建模。

	素材文件	光盘\素材\第 2 章\2.jpg、3.jpg
💿	效果文件	光盘\效果\第 2 章\2-81.3dm
	视频文件	光盘\视频\第 2 章\2.6.2 导入平面图.mp4

步骤 1　在"标准"工具栏中单击"四个工作视窗"右侧的下拉按钮，在弹出的面板中单击"帧平面"按钮 📷 ，如图 2-77 所示。

步骤 2　弹出"打开位图"对话框，在其中选择合适的文件，单击"打开"按钮，如图 2-78 所示。

还有以下两种方法可以导入平面图。
- 在命令行中输入 PictureFrame 命令。
- 在"工作视窗配置"选项卡中单击"帧平面"按钮 ▣。

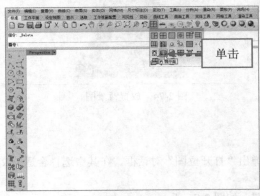

图 2-77 单击"帧平面"按钮

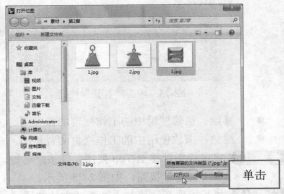

图 2-78 单击"打开"按钮

步骤 ③ 根据命令行提示，依次输入（0,0,0）和 15，并按【Enter】键确认，然后在绘图区中单击鼠标左键，即可导入平面图，如图 2-79 所示。

步骤 ④ 按空格键，弹出"打开位图"对话框，在其中选择合适的文件，单击"打开"按钮，如图 2-80 所示。

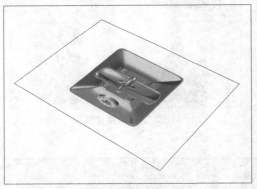

图 2-79 导入平面图

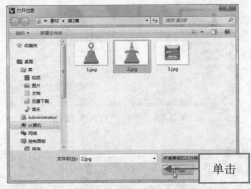

图 2-80 单击"打开"按钮

步骤 ⑤ 将视图切换至 Front 视图，根据命令行提示，依次输入（0,0,0）和 15，并按【Enter】键确认，然后在绘图区中的合适位置单击鼠标左键，执行操作后，即可导入平面图，如图 2-81 所示。

执行"帧平面"命令后，命令行中各主要选项的含义如下。
- 垂直：建立与工作平面垂直的帧平面。
- 自发光：帧平面的材质永远以全亮度显示，不受灯光照明影响，也不会被其他物件的阴影遮蔽。
- 置入图片：将图片存储在 3dm 文件里，这样做会使文件变大，但可以保证帧平面使用的贴图不会遗失。
- 自动命名：将图片的文件名称填入帧平面的物件属性的名称栏。

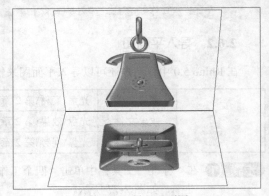

图 2-81 导入平面图

第3章 软件的基本操作

学前提示

在使用 Rhino 5.0 进行珠宝设计之前，首先需要对软件有一个良好的认知，掌握软件的基本操作。本章主要向读者介绍珠宝首饰的选取和可见性、视图的平移与缩放、珠宝首饰的显示，以及图层、群组和图块的基本知识。

本章知识重点

- 珠宝首饰的选取与可见性
- 平移与缩放视图
- 珠宝首饰的显示
- 图层、群组和图块

学完本章后你能掌握什么

- 掌握珠宝首饰的选取与可见性，包括显示物件、锁定物件等
- 掌握视图的平移与缩放及珠宝首饰的显示，包括线框模式显示等
- 掌握图层、群组和图块，包括创建群组、建立图块定义等

3.1 珠宝首饰的选取与可见性

在 Rhino 5.0 中，当要对视图中的物件进行操作时，首先需要选择该物体。另外，也可以设置珠宝首饰的可见性，如隐藏物件、锁定物件等。

3.1.1 珠宝首饰的选取

当要对视图中的珠宝首饰进行操作时，首先需要选择该珠宝首饰。虽然物件的选取看似很简单，但如何正确选择想要的物件，特别是当物件过于复杂的时候，这将是用户面临的一个重要问题。

1. 用选取命令选取

在 Rhino 5.0 中，提供了许多选取命令，在功能区选项板的"选取"选项卡上单击鼠标左键，并将其拖曳至合适位置，将弹出"选取"面板，如图 3-1 所示，该面板集合了各种选取命令。

（1）单一选取

打开一个文件，如图 3-2 所示，在需要选择的物件上单击鼠标左键，则被选择的物件将高亮显示，如图 3-3 所示。在其他部位单击鼠标左键，则其他部位高亮显示，如图 3-4 所示。在绘图区的空白位置单击鼠标左键，则取消物件的选择。

图 3-1　"选取"面板

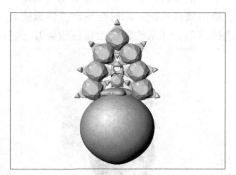

图 3-2　打开图形文件

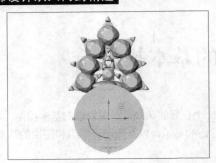
图 3-3　高亮显示被选择的物件

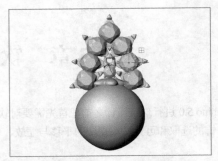
图 3-4　高亮显示其他部位

专家提醒

　　为了使选择部分更清楚，可以单击菜单栏中的"查看" | "仅着色选取的物件"命令。

（2）多重选取

　　在 Rhino 5.0 中，如果想同时选择多个物体进行操作，则需要进行多重选择。

　　在绘图区中左上角的位置单击鼠标左键，并向右下角拖曳鼠标时，将出现一个矩形框，如图 3-5 所示，至合适位置后释放鼠标，则完全框选的部分被选取，如图 3-6 所示。

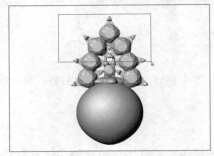
图 3-5　框选图形

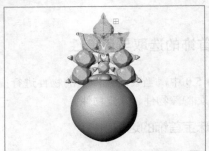
图 3-6　选取图形

专家提醒

　　除了运用上述的方法进行多重选取外，用户还可以在选择一个物件后，按住【Shift】键的同时，继续选择其他物件。如果发现某部分选错，可以按住【Ctrl】键，在选错的部分上单击鼠标左键，即可取消选择。

（3）精细选取

　　当用户遇到大而复杂的场景时，往往需要从许多已经重叠在一起的物体中挑选出需要的物体，这时的选择难度就加大了。很多软件会采取先隐藏无关物体、再做选择的方法。而在 Rhino 中，则可以直接在视图某个重叠的部位单击鼠标左键，此时会弹出"候选列表"对话框，如图 3-7 所示，选择相应的选项，则视图中将特别显示选择的部分（系统默认为粉色线条），执行操作后，即可完成选择，如图 3-8 所示。

图 3-7　弹出"候选列表"对话框

图 3-8　选取物件

（4）类型选取

在建模的过程中，一般会出现多种不同类型的物体，如曲线、曲面、实体等，当需要一次性选择所有同一类型的物体时，用户可以直接在"选取"选项卡中单击相应的按钮，则与按钮相关的部分都会被选取。

2．通过图层选取

当建立比较复杂的模型场景时，需要用不同的图层来管理不同的曲线、曲面等。单击"选取"选项卡中的"以图层选取"按钮 ，弹出"要选取的图层"对话框，在其中选择"图层 01"选项，如图 3-9 所示，执行操作后，单击"确定"按钮，即可将该图层中的所有物体选中，如图 3-10 所示。

3．通过颜色选取

在 Rhino 5.0 中，用户还可以通过颜色来选取物件。单击"选取"选项卡中的"以颜色选取"按钮 ，在绘图区中选取物件，并按【Enter】键确认，则与该物件颜色相同的物件都将被选中。此外，用户也可以先选取某一物件，然后单击"以颜色选取"按钮 ，这两种方法的效果相同。

图 3-9　选择"图层 01"选项

3.1.2　珠宝首饰的可见性

在复杂场景中进行物件的编辑时，隐藏命令可以方便地把其他物件先隐藏起来，不在视觉上造成混乱，起到简化绘图环境的效果。此外，用户也可以锁定某些特定的物件，物件被锁定后就不能对其实施任何操作，这样也大大降低了用户误操作的概率。

1．隐藏物件

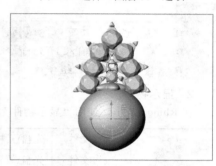

图 3-10　通过图层选取物件

在 Rhino 5.0 中，使用"隐藏物件"命令可以将绘图区中需要隐藏的物件隐藏，物件隐藏后，其依旧存在于绘图区中。

素材文件	光盘\素材\第 3 章\3-11.3dm
效果文件	光盘\效果\第 3 章\3-14.3dm
视频文件	光盘\视频\第 3 章\1．隐藏物件.mp4

步骤 ① 按【Ctrl＋O】组合键，打开图形文件，如图 3-11 所示。

步骤 ② 单击"编辑"｜"可见性"｜"隐藏"命令，如图 3-12 所示。

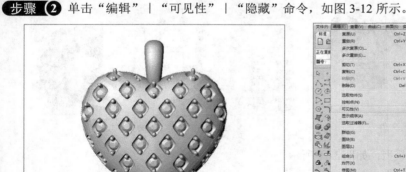

图 3-11　打开图形文件

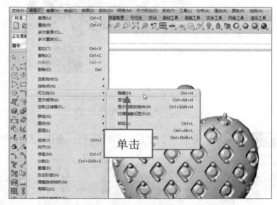

图 3-12　单击"隐藏"按钮

步骤 ③ 根据命令行提示，在绘图区中选择需要隐藏的物件，如图 3-13 所示。

步骤 ④ 按【Enter】键确认，执行操作后，即可隐藏物件，如图 3-14 所示。

图 3-13 选择需要隐藏的物件

图 3-14 隐藏物件

还有以下两种方法可以隐藏物件。
- 在命令行中输入 Hide 命令。
- 按【Ctrl + H】组合键。

2. 显示物件

在 Rhino 5.0 中，使用"显示物件"命令可以将绘图区中隐藏的物件重新显示。

	素材文件	光盘\素材\第 3 章\3-15.3dm
	效果文件	光盘\效果\第 3 章\3-17.3dm
	视频文件	光盘\视频\第 3 章\2. 显示物件.mp4

步骤 ① 按【Ctrl＋O】组合键打开图形文件，如图 3-15 所示。

步骤 ② 单击"编辑"｜"可见性"｜"显示"命令，如图 3-16 所示。

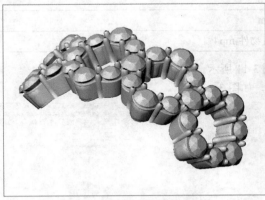

图 3-15 打开图形文件

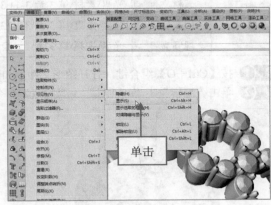

图 3-16 单击"显示"命令

步骤 ③ 执行操作后，即可显示模型，如图 3-17 所示。

还有以下两种方法可以显示模型。
- 在命令行中输入 Show 命令。
- 按【Ctrl + Alt + H】键。

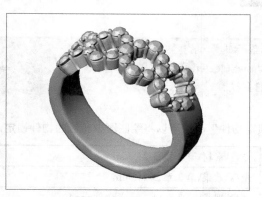

图 3-17　显示模型

3.显示选取的物件

在 Rhino 5.0 中，使用"显示选取的物件"命令可以在绘图区中隐藏的物件上选择相应的物件使其显示。

素材文件	光盘\素材\第 3 章\3-18.3dm
效果文件	光盘\效果\第 3 章\3-21.3dm
视频文件	光盘\视频\第 3 章\3.显示选取的物件.mp4

步骤 ① 按【Ctrl＋O】组合键，打开图形文件，如图 3-18 所示。

步骤 ② 单击"编辑"丨"可见性"丨"显示选取的物件"命令，如图 3-19 所示。

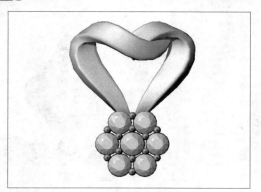

图 3-18　打开图形文件

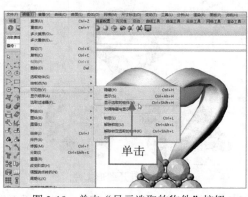

图 3-19　单击"显示选取的物件"按钮

步骤 ③ 根据命令行提示，在绘图区中选择相应的隐藏物件，如图 3-20 所示。

步骤 ④ 执行操作后，按【Enter】键确认，即可显示选取的物件，如图 3-21 所示。

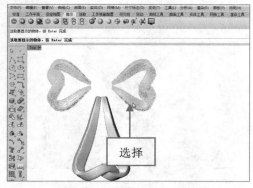

图 3-20　选择相应的隐藏物件

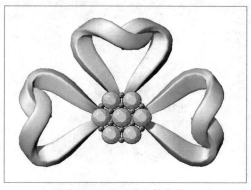

图 3-21　显示选取的物件

4. 锁定物件

在 Rhino 5.0 中，使用"锁定物件"命令可以将绘图区中相应的物件锁定，锁定后，物件仍可见。

	素材文件	光盘\素材\第 3 章\3-22.3dm
	效果文件	光盘\效果\第 3 章\3-25.3dm
	视频文件	光盘\视频\第 3 章\4. 锁定物件.mp4

步骤 ① 按【Ctrl＋O】组合键，打开图形文件，如图 3-22 所示。

步骤 ② 单击"编辑"｜"可见性"｜"锁定"命令，如图 3-23 所示。

图 3-22　打开图形文件

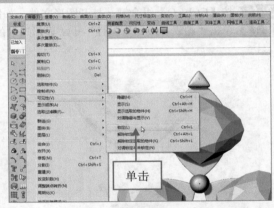
图 3-23　单击"锁定"按钮

步骤 ③ 根据命令行提示，在绘图区中选择需要锁定的物件，如图 3-24 所示。

步骤 ④ 执行操作后，按【Enter】键确认，即可锁定物件，在绘图区中框选所有模型，查看锁定效果，如图 3-25 所示。

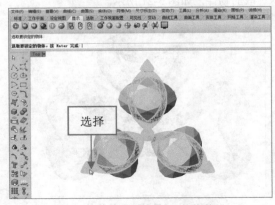
图 3-24　选择需要锁定的物件

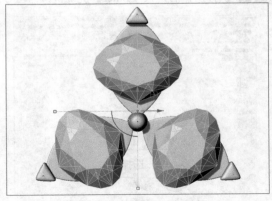
图 3-25　锁定效果

5. 解除物件的锁定

在 Rhino 5.0 中，使用"解除锁定"命令可以将绘图区中锁定的物件解锁。

专家提醒

有以下 3 种方法可以解除物件的锁定。

● 在命令行中输入 Unlock 命令。

● 按【Ctrl + Alt + L】键。

● 单击"编辑" | "可见性" | "解除锁定"命令。

6. 解除锁定选取的物件

在 Rhino 5.0 中，使用"解除锁定选取的物件"命令可以在绘图区中锁定的物件上选择相应的物件使其解除锁定。

专家提醒

有以下 3 种方法可以解除锁定选取的物件。

● 在命令行中输入 UnlockSelected 命令。

● 按【Ctrl + Shift + L】键。

● 单击"编辑" | "可见性" | "解除锁定选取的物件"命令。

3.2 平移与缩放视图

平移视图可以重新定位图形，以便用户看清图形的其他部分；缩放视图可以更准确详细地绘制、编辑和查看图形中某一部分图形对象。本节主要介绍视图的平移与缩放。

3.2.1 平移视图

在 Rhino 5.0 中，使用"平移视图"命令可以重新定位图形，通过改变图形对象的显示区域，以便查看图形相应部分。

	素材文件	光盘\素材\第 3 章\3-26.3dm
	效果文件	无
	视频文件	光盘\视频\第 2 章\3.2.1 平移视图.mp4

步骤 ① 按【Ctrl＋O】组合键，打开图形文件，如图 3-26 所示。

步骤 ② 在"功能区"选项板的"设定视图"选项卡中，单击"平移视图"按钮，如图 3-27 所示。

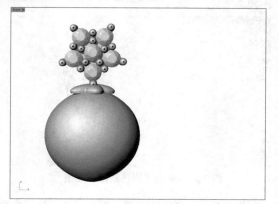

图 3-26　打开图形文件

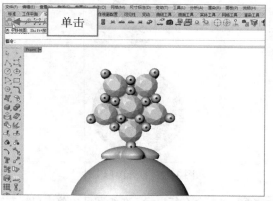

图 3-27　单击"平移"按钮

专家提醒

有以下 4 种方法可以平移视图。

● 在命令行中输入 Pan 命令。

● 【Shift】键 + 鼠标右键。

● 单击"查看" | "平移"命令。

● 在"标准"选项卡中单击"平移"按钮 🖐。

步骤 3 根据命令行提示，在绘图区中选择模型，并向右拖曳鼠标，至合适位置后释放鼠标，执行操作后，即可平移视图，如图 3-28 所示。

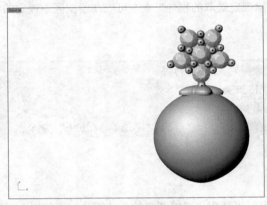

图 3-28 平移视图

3.2.2 旋转视图

在 Rhino 5.0 中，使用"旋转视图"命令可以将视图任意旋转。

素材文件	光盘\素材\第 3 章\3-29.3dm	
效果文件	无	
视频文件	光盘\视频\第 3 章\3.2.2 旋转视图.mp4	

步骤 1 按【Ctrl+O】组合键，打开图形文件，如图 3-29 所示。

步骤 2 在"功能区"选项板的"设定视图"选项卡中，单击"旋转视图"按钮 🔃，如图 3-30 所示。

图 3-29 打开图形文件

图 3-30 单击"旋转视图"按钮

步骤 3 根据命令行提示，在绘图区中单击鼠标左键，并拖曳鼠标，至合适位置后释放鼠标，执行操作后，即可旋转视图，如图 3-31 所示。

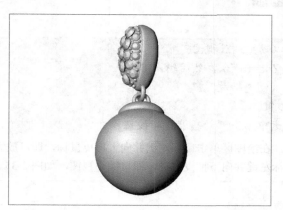

图 3-31 旋转视图

有以下 5 种方法可以旋转视图。

● 在命令行中输入 RotateView 命令。

● 【Ctrl】＋【Shift】键＋鼠标右键。

● 单击"查看" | "旋转"命令。

● 在绘图区中单击鼠标右键的同时并拖曳鼠标。

● 在"标准"选项卡中单击"旋转"按钮 。

3.2.3 缩放视图

在 Rhino 5.0 中，使用缩放命令可以改变物件在视图中显示的大小，但物件的尺寸不会发生变化。

1．动态缩放

动态缩放是指以拖曳鼠标的方式缩放视图。在 Rhino 5.0 中，使用"动态缩放"命令可以动态缩放视图。

	素材文件	光盘\素材\第 3 章\3-32.3dm
	效果文件	无
	视频文件	光盘\视频\第 3 章\1．动态缩放.mp4

步骤 ❶ 按【Ctrl＋O】组合键，打开图形文件，如图 3-32 所示。

步骤 ❷ 在功能区选项板的"设定视图"选项卡中，单击"动态缩放"按钮 ，如图 3-33 所示。

图 3-32 打开图形文件

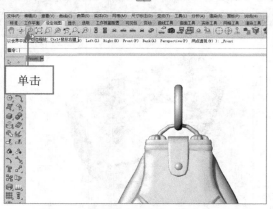

单击

图 3-33 单击"动态缩放"按钮

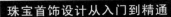
专家提醒

还有以下 4 种方法可以动态缩放视图。
- 在命令行中输入 Zoom 命令，然后输入 D。
- 单击"缩放"｜"动态缩放"。
- 【Ctrl】＋鼠标右键。
- 在"标准"选项卡中单击"动态缩放"按钮。

步骤 ③ 根据命令行提示，在绘图区单击鼠标左键并向上拖曳鼠标，即可放大视图，如图 3-34 所示。

步骤 ④ 在绘图区单击鼠标左键并向下拖曳鼠标，即可缩小视图，如图 3-35 所示。

图 3-34　放大视图

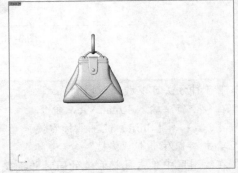

图 3-35　缩小视图

2. 框选缩放

框选缩放指用户在绘图区选择一个范围来进行缩放。

	素材文件	光盘\素材\第 3 章\3-36.3dm
	效果文件	无
	视频文件	光盘\视频\第 3 章\2. 框选缩放.mp4

步骤 ① 按【Ctrl＋O】组合键，打开图形文件，如图 3-36 所示。

步骤 ② 在"标准"选项卡中单击"框选缩放"按钮，如图 3-37 所示。

专家提醒

还有以下 3 种方法可以框选缩放视图。
- 按【Ctrl＋W】组合键。
- 单击"查看"｜"缩放"｜"框选缩放"命令。
- 在"设定视图"选项卡中单击"框选缩放"按钮。

图 3-36　打开图形文件

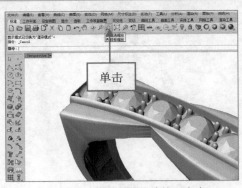

图 3-37　单击"框选缩放"命令

步骤 **3**　根据命令行提示，在绘图区中的相应位置单击鼠标左键，并向右下角拖曳鼠标，如图 3-38 所示。

步骤 **4**　至合适位置后释放鼠标，执行操作后，即可框选缩放视图，如图 3-39 所示。

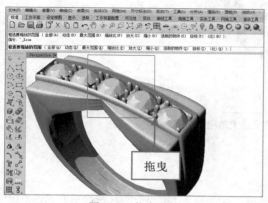

图 3-38　拖曳鼠标

图 3-39　框选缩放视图

3. 缩放至最大范围

在 Rhino 5.0 中，使用"缩放至最大范围"命令可以使所有图形在屏幕上尽可能大地显示出来。

素材文件	光盘\素材\第 3 章\3-40.3dm
效果文件	无
视频文件	光盘\视频\第 3 章\3．缩放至最大范围.mp4

步骤 **1**　按【Ctrl＋O】组合键，打开图形文件，如图 3-40 所示。

步骤 **2**　在"标准"选项卡中单击"缩放至最大范围"按钮，如图 3-41 所示。

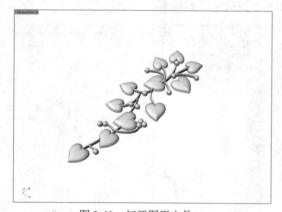

图 3-40　打开图形文件

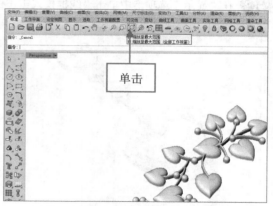

图 3-41　单击"缩放至最大范围"按钮

专家提醒

还有以下 3 种方法可以将视图缩放至最大范围。

● 在命令行中输入 Zoom 命令，然后输入 E。

● 按【Shift＋Ctrl＋E】键。

● 在"设定视图"选项卡中单击"缩放至最大范围"按钮。

步骤 **3**　执行操作后，即可将视图缩放至最大范围，如图 3-42 所示。

图 3-42　缩放至最大范围

3.3　珠宝首饰的显示

在 Rhino 5.0 中，用户可以将模型以不同的模式显示。本节主要介绍模型的几种显示方式，如线框模式显示、着色模式显示、渲染模式显示、工程图模式显示等。

3.3.1　线框模式显示

在 Rhino 5.0 中，用户可以将模型以线框模式显示。

素材文件	光盘\素材\第 3 章\3-43.3dm
效果文件	无
视频文件	光盘\视频\第 3 章\3.3.1 线框模式显示.mp4

步骤 ① 按【Ctrl＋O】组合键，打开图形文件，如图 3-43 所示。

步骤 ② 在"显示"选项卡中单击"线框模式工作视窗"按钮⊕，如图 3-44 所示。

图 3-43　单击"新建"按钮

图 3-44　单击"线框模式工作视窗"按钮

步骤 ③ 执行操作后，即可以线框模式显示模型，如图 3-45 所示。

专家提醒

还有以下 3 种方法线框模式显示模型。

- 在命令行中输入 SetDisplayMode 命令，在命令行中选择"模式（M）"选项，然后输入 W。
- 单击"查看"｜"线框模式"命令。
- 在"标准"选项卡中单击"着色模式工作视窗"右侧的下拉按钮，在弹出的列表框中单击"线框模式工作视窗"按钮⊕。

图 3-45　以线框模式显示模型

3.3.2　着色模式显示

在 Rhino 5.0 中，用户可以将模型以着色模式显示。

素材文件	光盘\素材\第 3 章\3-46.3dm
效果文件	无
视频文件	光盘\视频\第 3 章\3.3.2 着色模式显示.mp4

步骤 ① 按【Ctrl＋O】组合键，打开图形文件，如图 3-46 所示。

步骤 ② 在"显示"选项卡中单击"着色模式工作视窗"按钮 ，如图 3-47 所示。

图 3-46　打开图形文件

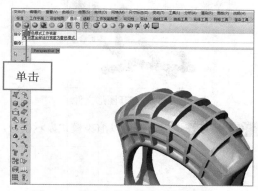

图 3-47　单击"着色模式工作视窗"按钮

步骤 ③ 执行操作后，即可以着色模式显示模型，如图 3-48 所示。

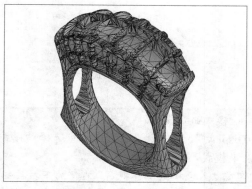

图 3-48　着色模式显示

3.3.3 渲染模式显示

在 Rhino 5.0 中，使用"渲染模式显示工作视窗"命令设定工作视窗以模拟渲染影像的方式显示物件。

	素材文件	光盘\素材\第 3 章\3-49.3dm
	效果文件	无
	视频文件	光盘\视频\第 3 章\3.3.3 渲染模式显示.mp4

步骤 ① 按【Ctrl＋O】组合键，打开图形文件，如图 3-49 所示。

步骤 ② 在"显示"选项卡中单击"渲染模式工作视窗"按钮 ，如图 3-50 所示。

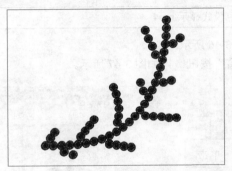

图 3-49　打开图形文件

图 3-50　单击"渲染模式工作视窗"按钮

步骤 ③ 执行操作后，即可以渲染模式显示模型，如图 3-51 所示。

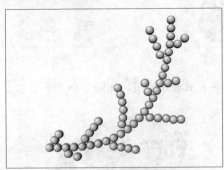

图 3-51　渲染模式显示

3.3.4　半透明模式显示

在 Rhino 5.0 中，使用"半透明模式显示工作视窗"命令可以设定工作视窗以半透明着色曲面与网格。

	素材文件	光盘\素材\第 3 章\3-52.3dm
	效果文件	无
	视频文件	光盘\视频\第 3 章\3.3.4 半透明模式显示.mp4

步骤 ①　按【Ctrl＋O】组合键，打开图形文件，如图 3-52 所示。

步骤 ②　在"显示"选项卡中单击"半透明模式工作视窗"按钮◉，如图 3-53 所示。

图 3-52　打开图形文件

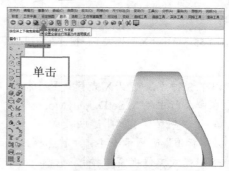

图 3-53　单击"半透明模式工作视窗"按钮

步骤 ③　执行操作后，即可以半透明模式显示模型，如图 3-54 所示。

图 3-54　半透明模式显示

专家提醒

还有以下 3 种方法可以半透明模式显示模型。

● 在命令行中输入 SetDisplayMode 命令，在命令行中选择"模式（M）"选项，然后输入 G。

● 单击"查看"｜"半透明模式"命令。

● 在"标准"选项卡中单击"着色模式工作视窗"右侧的下拉按钮，在弹出的列表框中单击"半透明模式工作视窗"按钮◉。

3.3.5　X 光模式显示

在 Rhino 5.0 中，使用"X 光模式工作视窗"命令可以着色物件，但位于前方的物件不会阻挡后面的物件。

	素材文件	光盘\素材\第 3 章\3-55.3dm
	效果文件	无
	视频文件	光盘\视频\第 3 章\3.3.5X 光模式工作视窗.mp4

步骤 ❶ 以上例素材为例，在"显示"选项卡中单击"X光模式工作视窗"按钮 ⊙，如图3-55所示。

步骤 ❷ 执行操作后，即可以X光模式显示模型，如图3-56所示。

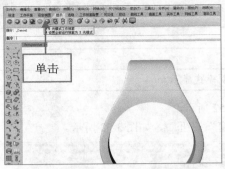

图3-55 单击"X光模式工作视窗"按钮

图3-56 X光模式显示

专家提醒

还有以下3种方法可以X光模式显示模型。

● 在命令行中输入SetDisplayMode命令，在命令行中选择"模式（M）"选项，然后输入G。

● 单击"查看" | "半透明模式"命令。

● 在"标准"选项卡中单击"着色模式工作视窗"右侧的下拉按钮，在弹出的列表框中单击"半透明模式工作视窗"按钮 ⊙。

3.3.6 工程图模式显示

在Rhino 5.0中，使用"工程图模式运行视窗"命令可以设定工作视窗以即时轮廓线与交线显示物件。

素材文件	光盘\素材\第3章\3-57.3dm
效果文件	无
视频文件	光盘\视频\第3章\3.3.6 工程图模式显示.mp4

步骤 ❶ 按【Ctrl＋O】组合键，打开图形文件，如图3-57所示。

步骤 ❷ 在"显示"选项卡中单击"工程图模式运行视窗"按钮 ⊘，如图3-58所示。

图3-57 打开图形文件

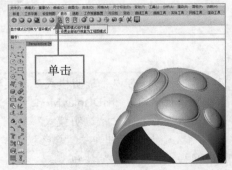

图3-58 单击"工程图模式运行视窗"按钮

专家提醒

还有以下3种方法可以工程图模式显示模型。

● 在命令行中输入SetDisplayMode命令，在命令行中选择"模式（M）"选项，然后输入T。

● 单击"查看" | "工程图模式"命令。

● 在"标准"选项卡中单击"着色模式工作视窗"右侧的下拉按钮，在弹出的列表框中单击"工程图模式运行视窗"按钮 ⊕。

步骤 ③ 执行操作后，即可以工程图模式显示模型，如图 3-59 所示。

图 3-59　工程图模式显示

3.3.7　钢笔模式显示

在 Rhino 5.0 中，使用"钢笔模式运行视窗"命令可以设定工作视窗以黑色线条与纸张纹理背景显示。

素材文件	光盘\素材\第 3 章\3-123.3dm
效果文件	无
视频文件	光盘\视频\第 3 章\3.3.7 钢笔模式显示.mp4

步骤 ① 以上例素材为例，在"显示"选项卡中单击"钢笔模式运行视窗"按钮，如图 3-60 所示。

步骤 ② 执行操作后，即可以钢笔模式显示模型，如图 3-61 所示。

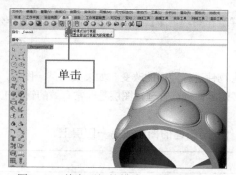

图 3-60　单击"钢笔模式运行视窗"按钮

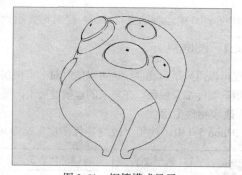

图 3-61　钢笔模式显示

专家提醒

还有以下 3 种方法可以钢笔模式显示模型。

● 在命令行中输入 SetDisplayMode 命令，在命令行中选择"模式（M）"选项，然后输入 P。

● 单击"查看" | "钢笔模式"命令。

● 在"标准"选项卡中单击"着色模式工作视窗"右侧的下拉按钮，在弹出的列表框中单击"钢笔模式运行视窗"按钮。

3.3.8　艺术风格模式显示

在 Rhino 5.0 中，使用"艺术风格模式运行视窗"命令可以设定工作视窗以铅笔线条与纸张纹理背景显示。

素材文件	光盘\素材\第 3 章\3-123.3dm
效果文件	无
视频文件	光盘\视频\第 3 章\3.3.8 艺术风格模式显示.mp4

步骤 ① 以 3.3.6 的素材为例，在"显示"选项卡中单击"艺术风格模式运行视窗"按钮，如图 3-62 所示。

步骤 ② 执行操作后，即可以艺术风格模式显示模型，如图 3-63 所示。

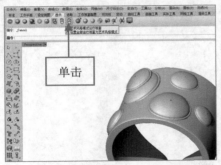

图 3-62　单击"艺术风格模式运行视窗"按钮

图 3-63　艺术风格模式显示

专家提醒

还有以下 3 种方法可以艺术风格模式显示模型。

● 在命令行中输入 SetDisplayMode 命令，在命令行中选择"模式（M）"选项，然后输入 A。

● 单击"查看"｜"艺术风格模式"命令。

● 在"标准"选项卡中单击"着色模式工作视窗"右侧的下拉按钮，在弹出的列表框中单击"艺术风格模式工作视窗"按钮。

3.4　图层、群组和图块

在 Rhino 5.0 中绘制珠宝首饰时，经常需要用到图层、群组和图块，掌握这些知识，可以提高工作效率。

3.4.1　图层

图层可以用来组织物件，也可以同时对一个图层中的所有物件进行同样的改变。如果关闭某一图层，则该图层中的所有物件都会隐藏。在复杂的建模过程中，需要对众多的零件进行管理，图层是非常有效的管理工具。

1．改变物件图层

在 Rhino 5.0 中，使用"改变物件图层"命令可以将物件移至新建的图层或另一图层上。

素材文件	光盘\素材\第 3 章\3-64.3dm	
效果文件	光盘\效果\第 3 章\3-68.3dm	
视频文件	光盘\视频\第 3 章\1．改变物件图层.mp4	

步骤 ① 按【Ctrl＋O】组合键，打开图形文件，如图 3-64 所示。

步骤 ② 单击"编辑"｜"图层"｜"改变物件图层"命令，如图 3-65 所示。

图 3-64　打开图形文件

图 3-65　单击"改变物件图层"命令

专家提醒

还有以下 3 种方法可以改变物件的图层。

● 在命令行中输入 ChangeLayer 命令。
● 选择需要改变图层的物件，在"图形面板"中"图层"选项卡的某一图层上单击鼠标右键，在弹出的快捷菜单中选择"改变物件图层"选项。
● 在"标准"选项卡中单击"编辑图层"右侧的下拉按钮，在弹出的列表框中单击"更改物件图层"按钮。

步骤 ③ 根据命令行提示，在绘图区中选择钻石，如图 3-66 所示。

步骤 ④ 按【Enter】键确认，弹出"物体的图层"对话框，在其中选择"图层 01"，单击"确定"按钮，如图 3-67 所示，执行操作后，即可改变物件的图层。

图 3-66　选择钻石

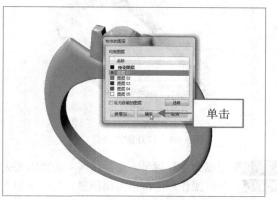

图 3-67　单击"确定"按钮

在"图形面板"的"图层"选项卡中，各主要按钮的含义如下。

● "新图层"按钮：新图层以递增的尾数自动命名，单击图层名称，可以输入新的图层名称。
● "新子图层"按钮：在选取的图层的下一级建立子图层，建立子图层可以更加细致地控制建模过程中的物体。
● "删除"按钮：删除图层同时会删除图层中的物体。
● "上移"按钮：将选取的图层列表向上移动。
● "下移"按钮：将选取的图层列表向下移动。
● "过滤器"按钮：当文件中图层很多时，图层过滤器可以进行图层的管理，在"图层"选项卡中显示需要的图层。

2．关闭物件图层

在 Rhino 5.0 中，使用"关闭物件图层"命令可以将该图层上的物件关闭，使其隐藏起来，但其仍然存在。

	素材文件	光盘\素材\第 3 章\3-68.3dm
	效果文件	光盘\效果\第 3 章\3-71.3dm
	视频文件	光盘\视频\第 3 章\2．关闭物件图层.mp4

步骤 ① 按【Ctrl＋O】组合键，打开图形文件，如图 3-68 所示。

步骤 ② 单击"编辑"｜"图层"｜"只关闭一个图层"命令，如图 3-69 所示。

Rhino
珠宝首饰设计从入门到精通

还有以下 4 种方法可以关闭物件图层。

● 在命令行中输入 OneLayerOff 命令。
● 在"图形面板"的"图层"选项卡中需要关闭的图层上单击鼠标右键，在弹出的快捷菜单中选择"设置属性"｜"关闭"选项。
● 在"标准"选项卡中单击"编辑图层"右侧的下拉按钮，在弹出的列表框中单击"只关闭一个图层"按钮。
● 在"图形面板"的"图层"选项卡中选择需要关闭的图层，并单击"打开"按钮。

图 3-68　打开图形文件

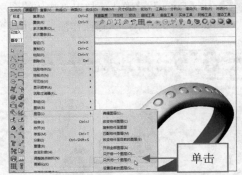

图 3-69　单击"只关闭一个图层"按钮

步骤 ③ 根据命令行提示，在绘图区中选择需要关闭的图层，如图 3-70 所示。
步骤 ④ 执行操作后，即可关闭图层，如图 3-71 所示。

图 3-70　选择需要关闭的图层

图 3-71　关闭图层

在 Rhino 5.0 中，图层的管理非常重要。一般来说，可以将刚开始绘制的线条单独放置在一个图层中，使用完成后可以将此图层隐藏，需要时再将图层显示出来。也可以将模型的不同部分放置在不同的图层中，以便管理。

3.4.2　群组

在使用 Rhino 5.0 建模的过程中，有些物体需要同时进行移动、缩放、复制等操作，为了方便操作，可以使用群组工具可以把相关的对象组合到一起，作为一个整体来操作。

1．创建群组

在 Rhino 5.0 中，使用"群组"命令可以将选定的物件合并为群组。

	素材文件	光盘\素材\第 3 章\3-72.3dm
	效果文件	光盘\效果\第 3 章\3-75.3dm
	视频文件	光盘\视频\第 3 章\1．创建群组.mp4

步骤 ❶ 按【Ctrl＋O】组合键，打开图形文件，如图 3-72 所示。
步骤 ❷ 单击"编辑"｜"群组"｜"群组"命令，如图 3-73 所示。

图 3-72　打开图形文件

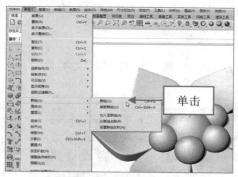

图 3-73　单击"群组"命令

专家提醒

还有以下 3 种方法可以创建群组。

● 在命令行中输入 Group 命令。

● 按【Ctrl + G】组合键。

● 在工具列中单击"群组"按钮 ▣。

步骤 ❸ 根据命令行提示，在绘图区中选择要群组的物体，如图 3-74 所示。
步骤 ❹ 执行操作后，按【Enter】键确认，即可创建群组，在创建的群组上单击鼠标左键，查看群组效果，如图 3-75 所示。

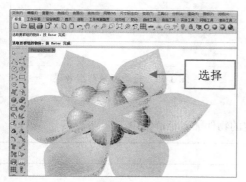

图 3-74　选择要群组的物体

图 3-75　查看群组效果

2．解散群组

在 Rhino 5.0 中，使用"解散群组"命令可以将组成群组的物体解散。

	素材文件	光盘\素材\第 3 章\3-76.3dm
	效果文件	光盘\效果\第 3 章\3-79.3dm
	视频文件	光盘\视频\第 3 章\2．解散群组.mp4

步骤 ❶ 按【Ctrl＋O】组合键，打开图形文件，如图 3-76 所示。
步骤 ❷ 单击"编辑"｜"群组"｜"解散群组"命令，如图 3-77 所示。

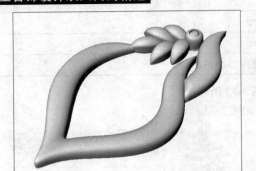

图 3-76　打开图形文件

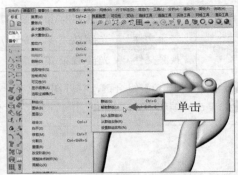

图 3-77　单击"解散群组"命令

还有以下 3 种方法可以解散群组。

● 　在命令行中输入 UnGroup 命令。

● 　按【Ctrl + Shift + G】组合键。

● 　在工具列中单击"解散群组"按钮 ．

步骤 ③ 根据命令行提示，在绘图区中选择要解散群组的物体，如图 3-78 所示。

步骤 ④ 执行操作后，按【Enter】键确认，即可解散群组，在任意物体上单击鼠标左键，查看解散群组效果，如图 3-79 所示。

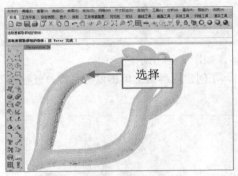

图 3-78　选择要解散群组的物体

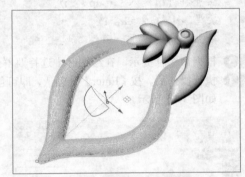

图 3-79　查看解散群组效果

3．加入至群组

在 Rhino 5.0 中，使用"加入至群组"命令可以将选定的物件加入至群组中。

	素材文件	光盘\素材\第 3 章\3-80.3dm
	效果文件	光盘\效果\第 3 章\3-83.3dm
	视频文件	光盘\视频\第 3 章\3．加入至群组.mp4

步骤 ① 按【Ctrl＋O】组合键，打开图形文件，如图 3-80 所示。

步骤 ② 单击"编辑"｜"群组"｜"加入至群组"命令，如图 3-81 所示。

还有以下两种方法可以将物件加入至群组。

● 　在命令行中输入 AddToGroup 命令。

● 　在工具列中单击"群组"右侧的下拉按钮，在弹出的面板中单击"加入至群组"按钮 ．

步骤 ③ 根据命令行提示，在绘图区中选择要加入的物体，如图 3-82 所示。

图 3-80　打开图形文件

图 3-81　单击"加入至群组"命令

步骤 ④ 执行操作后，按【Enter】键确认，即可将其加入至群组，在群组上单击鼠标左键，查看群组效果，如图 3-83 所示。

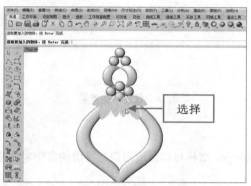

图 3-82　选择要加入的物体

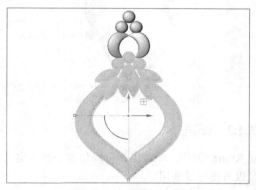

图 3-83　查看群组效果

4．从群组去除

在 Rhino 5.0 中，使用"从群组去除"命令可以将选取的物体移出所属的群组。

	素材文件	光盘\素材\第 3 章\3-84.3dm
	效果文件	光盘\效果\第 3 章\3-87.3dm
	视频文件	光盘\视频\第 3 章\4．从群组去除.mp4

步骤 ① 按【Ctrl＋O】组合键，打开图形文件，如图 3-84 所示。

步骤 ② 单击"编辑"｜"群组"｜"从群组去除"命令，如图 3-85 所示。

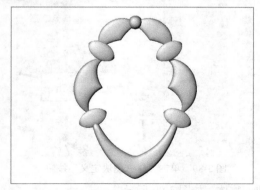

图 3-84　打开图形文件

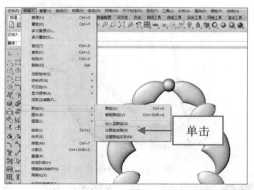

图 3-85　单击"从群组去除"命令

专家提醒

还有以下两种方法可以将物件从群组中去除。

● 在命令行中输入 RemoveFromGroup 命令。

● 在工具列中单击"群组"右侧的下拉按钮，在弹出的面板中单击"从群组去除"按钮 。

步骤 ③ 根据命令行提示，在绘图区中选择要去除的物件，如图 3-86 所示。

步骤 ④ 执行操作后，按【Enter】键确认，即可将其从群组中去除，在群组上单击鼠标左键，查看去除效果，如图 3-87 所示。

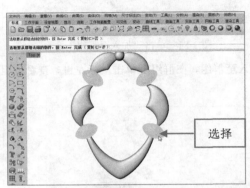

图 3-86　选择要去除的物体

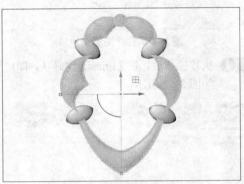

图 3-87　查看去除效果

3.4.3　图块

在 Rhino 5.0 中，图块操作可以将多个物件定义为单独物件，这样可以方便用户将常用的多个零件定义为图块，以方便重复使用。

1. 建立图块定义

在 Rhino 5.0 中，使用"建立图块定义"命令可将一个或多个物体定义为一个图块。

	素材文件	光盘\素材\第 3 章\3-88.3dm
	效果文件	光盘\效果\第 3 章\3-91.3dm
	视频文件	光盘\视频\第 3 章\1. 建立图块定义.mp4

步骤 ① 按【Ctrl＋O】组合键，打开图形文件，如图 3-88 所示。

步骤 ② 单击"编辑"｜"图块"｜"建立图块定义"命令，如图 3-89 所示。

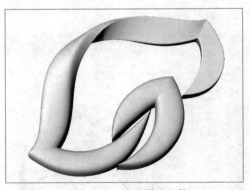

图 3-88　打开图形文件

图 3-89　单击"建立图块定义"按钮

步骤 ③ 根据命令行提示，在绘图区中选取要定义图块的物体，如图 3-90 所示。

步骤 ❹ 执行操作后，按【Enter】键确认，输入（0,0,0），指定图块基准点，按【Enter】键确认，弹出"图块定义属性"对话框，接受默认的选项，单击"确定"按钮，如图 3-91 所示，执行操作后，即可建立图块定义。

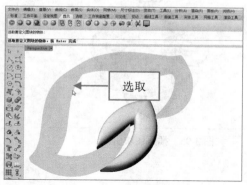

图 3-90　选取要定义图块的物体

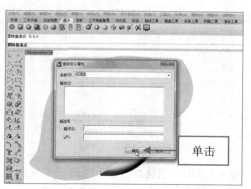

图 3-91　单击"确定"按钮

专家提醒

还有以下 3 种方法可以建立图块定义。

● 在命令行中输入 Block 命令。
● 在工具列中单击"图块定义"按钮。
● 按【Ctrl + B】组合键。

2. 插入图块引例

在 Rhino 5.0 中，使用"插入图块引例"命令可插入图块参考。

	素材文件	光盘\素材\第 3 章\3-92.3dm
	效果文件	光盘\效果\第 3 章\3-95.3dm
	视频文件	光盘\视频\第 3 章\2. 插入图块引例.mp4

步骤 ❶ 按【Ctrl＋O】组合键，打开图形文件，如图 3-92 所示。

步骤 ❷ 单击"编辑"｜"图块"｜"插入图块引例"命令，如图 3-93 所示。

图 3-92　打开图形文件

图 3-93　单击"插入图块引例"命令

步骤 ❸ 弹出"插入"对话框，接受默认的参数，单击"确定"按钮，如图 3-94 所示。

步骤 ❹ 执行操作后，在绘图区中的合适位置单击鼠标左键，指定插入点，执行操作后，即可插入图块引例，如图 3-95 所示。

图 3-94　单击"确定"按钮

图 3-95　插入图块引例

在 Rhino 5.0 中，图块具有以下用途。

● 建立零件资料库。

● 更新图块定义可以同时更新所有该图块的引例。

● 复制一般物件会使文件变大，先将物件定义为图块再复制可避免文件变大。

● 使用 BlockManager 命令可以检视模型中的图块定义。

● 使用 Insert 命令可以将图块定义插入到模型空间中成为图块引例，插入图块引例时用户可以设定缩放比及旋转角度。

专家提醒

还有以下 3 种方法可以插入图块引例。

● 在命令行中输入 Insert 命令。

● 在工具列中单击"图块定义"右侧的下拉按钮，在弹出的面板中单击"输入"按钮 🔯 。

● 按【Ctrl + I】组合键。

3．原地编辑图块

在 Rhino 5.0 中，使用"原地编辑图块"命令可在原地编辑图块。

素材文件	光盘\素材\第 3 章\3-96.3dm
效果文件	光盘\效果\第 3 章\3-99.3dm
视频文件	光盘\视频\第 3 章\3．原地编辑图块.mp4

步骤 ① 按【Ctrl+O】组合键，打开图形文件，如图 3-96 所示。

步骤 ② 单击"编辑"｜"图块"｜"原地编辑图块"命令，如图 3-97 所示。

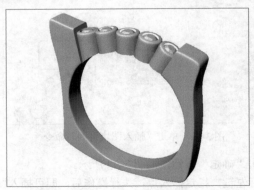

图 3-96　打开图形文件

图 3-97　单击"原地编辑图块"命令

还有以下两种方法可以原地编辑图块。

● 在命令行中输入 BlockEdit 命令。

● 在工具列中单击"图块定义"右侧的下拉按钮，在弹出的面板中单击"编辑图块定义"按钮。

步骤 3 根据命令行提示，在绘图区中选择图块，弹出"图块编辑"对话框，单击"加入物件"按钮，如图 3-98 所示。

步骤 4 在绘图区中选择需要加入的图块，如图 3-99 所示，根据命令行提示，按【Enter】键确认，单击"确定"按钮，即可原地编辑图块。

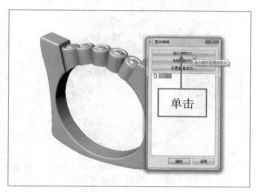

图 3-98　单击"加入物件"按钮

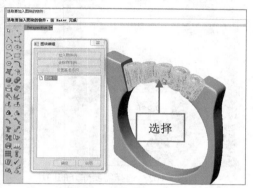

图 3-99　选择需要加入的图块

在"图块编辑"对话框中，各主要选项的含义如下。

● 加入物件：添加物件至图块中。

● 去除物件：从图块中去除物件。

● 设置基准点：重新定义图块的基准点。

4．炸开图块

在 Rhino 5.0 中，使用"炸开图块"命令可以将已经定义为图块的物件炸开，使其呈定义图块前的初始状态。

	素材文件	光盘\素材\第 3 章\3-100.3dm
	效果文件	光盘\效果\第 3 章\3-103.3dm
	视频文件	光盘\视频\第 3 章\4．炸开图块.mp4

步骤 1 按【Ctrl＋O】组合键，打开图形文件，如图 3-100 所示。

步骤 2 单击"编辑"｜"图块"｜"炸开图块"命令，如图 3-101 所示。

图 3-100　打开图形文件

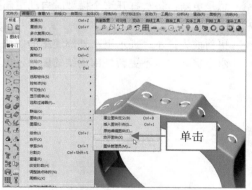

图 3-101　单击"炸开图块"命令

还有以下两种方法可以炸开图块。

- 在命令行中输入 ExplodeBlock 命令。
- 在工具列中单击"图块定义"右侧的下拉按钮，在弹出的面板中单击"炸开图块"按钮。

步骤 ③ 根据命令行提示，在绘图区中选择需要炸开的图块，如图 3-102 所示。

步骤 ④ 执行操作后，按【Enter】键确认，即可炸开图块，并在炸开的图块上单击鼠标左键，查看炸开效果，如图 3-103 所示。

图 3-102 选择需要炸开的图块

图 3-103 炸开图块效果

5．图块管理员

在 Rhino 5.0 中，执行"图块管理员"命令后将弹出"图块管理员"对话框，如图 3-104 所示，在其中用户可以对图块进行相应操作。

在"图块管理员"对话框中，各主要选项的含义如下。

- 属性：打开图块定义的属性对话框。
- 导出：将选取的图块定义导出至文件。
- 删除：删除选取的图块定义的所有引例。
- 更新：重新定义图块以匹配原来导入的文件。
- 被引用于：列出所有内含选取的图块的图块定义。
- 数目：计算选取的图块定义在模型中的引例数目。
- 选取：选取图块定义在模型中的引例。
- 重新整理：重新整理图块定义清单，并更新连结的图块的定义。
- 总是更新：每次打开这个模型时自动更新外部连结的图块。
- 更新前先提示：提示更新外部连结的图块。
- 永不更新：永不更新外部连结的图块，也不提示更新。

图 3-104 "图块管理员"对话框

第4章　珠宝首饰二维图形的应用

学前提示

在 Rhino 5.0 中，二维图形是设计的基础，任何模型的设计都是由二维图形开始的。本章主要向读者介绍珠宝首饰点、直线、曲线的绘制与编辑。

本章知识重点

- 珠宝首饰点的绘制
- 珠宝首饰直线类图形的绘制
- 珠宝首饰曲线类图形的绘制
- 珠宝首饰的曲线编辑

学完本章后你能掌握什么

- 掌握珠宝首饰点的绘制，包括绘制单点、多点、点云等
- 掌握珠宝首饰直线类图形的绘制，包括绘制直线、绘制矩形等
- 掌握珠宝首饰曲线图形的绘制与编辑，包括绘制圆、圆角曲线等

4.1　珠宝首饰点的绘制

点不仅是组成图形最基本的元素，还经常用来标识某些特殊的部分，如绘制直线时需要确定端点、绘制圆或圆弧时需要确定相应的圆心等。

4.1.1　绘制单点

在 Rhino 5.0 中，使用"单点"命令可以绘制单点图形，绘制单点就是执行一次命令后只能指定一个点。

	素材文件	光盘\素材\第 4 章\4-1.3dm
	效果文件	光盘\效果\第 4 章\4-4.3dm
	视频文件	光盘\视频\第 4 章\4.1.1 绘制单点.mp4

步骤 ① 按【Ctrl＋O】组合键，打开图形文件，如图 4-1 所示。

步骤 ② 在工具列中单击"单点"按钮 ⊙，如图 4-2 所示。

步骤 ③ 根据命令行提示，在绘图区中的合适位置单击鼠标左键，此时即可完成单点的绘制，如图 4-3 所示。

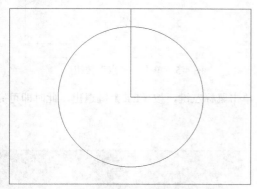

图 4-1　打开图形文件

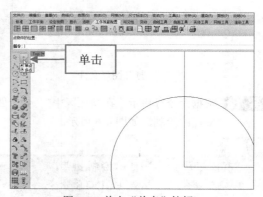

图 4-2　单击"单点"按钮

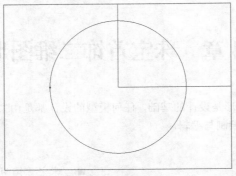

图 4-3　绘制单点

还有以下两种方法可以绘制单点。
- 在命令行中输入 POINT 命令。
- 单击"曲线"｜"点物件"｜"单点"命令。

4.1.2　绘制多点

绘制多点就是指输入绘制命令后可以一次指定多个点，而不需要再输入命令，直到按【Esc】键退出，即可结束多点的绘制状态。

	素材文件	光盘\素材\第 4 章\4-4.3dm
	效果文件	光盘\效果\第 4 章\4-6.3dm
	视频文件	光盘\视频\第 4 章\4.1.2 绘制多点.mp4

步骤 ① 按【Ctrl＋O】组合键，打开图形文件，如图 4-4 所示。

步骤 ② 在工具列中单击"单点"右侧的下拉按钮，在弹出的面板中单击"多点"按钮，如图 4-5 所示。

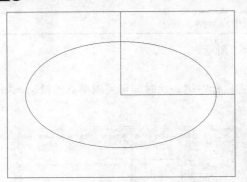

图 4-4　打开图形文件

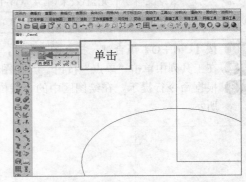

图 4-5　单击"多点"按钮

步骤 ③ 根据命令行提示，在绘图区中的 4 个四分点上单击鼠标左键，按【Esc】键退出，此时即可完成多点的绘制，如图 4-6 所示。

还有以下两种方法可以绘制多点。
- 在命令行中输入 POINTS 命令。
- 单击"曲线"｜"点物件"｜"多点"命令。

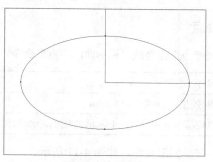

图 4-6　绘制多点

4.1.3　绘制点格

在 Rhino 5.0 中，使用"点格"命令可以绘制矩形阵列的点云。

	素材文件	光盘\素材\第 4 章\4-7.3dm
	效果文件	光盘\效果\第 4 章\4-10.3dm
	视频文件	光盘\视频\第 4 章\4.1.3 绘制点格.mp4

步骤 ❶ 按【Ctrl＋O】组合键，打开图形文件，如图 4-7 所示。

步骤 ❷ 在工具列中单击"单点"右侧的下拉按钮，在弹出的面板中单击"点格"按钮▦，如图 4-8 所示。

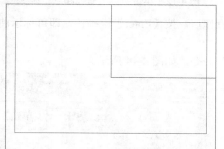

图 4-7　打开图形文件

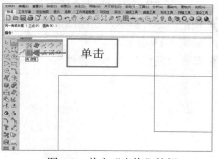

图 4-8　单击"点格"按钮

步骤 ❸ 根据命令行提示，输入"X 方向的点数"为 10，按【Enter】键确认，输入"Y 方向的点数"为 10，如图 4-9 所示，按【Enter】键确认。

步骤 ❹ 执行操作后，在绘图区中矩形的左上方端点和右下方端点上依次单击鼠标左键，此时即可完成点格的绘制，如图 4-10 所示。

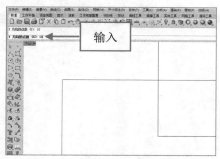

图 4-9　输入参数

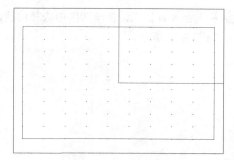

图 4-10　绘制点格

专家提醒

用户还可以通过在命令行中输入 PointGrid 命令来绘制点格。

4.1.4 标示曲线的起点和终点

在 Rhino 5.0 中，使用"标示曲线起点"命令或"标示曲线终点"命令可以在曲线的起点或终点放置一个点。

	素材文件	光盘\素材\第 4 章\4-11.3dm
	效果文件	光盘\效果\第 4 章\4-15.3dm
	视频文件	光盘\视频\第 4 章\4.1.4 标示曲线的起点和终点.mp4

步骤 ① 按【Ctrl＋O】组合键，打开图形文件，如图 4-11 所示。

步骤 ② 单击"曲线"｜"点物件"｜"标示曲线起点"命令，如图 4-12 所示。

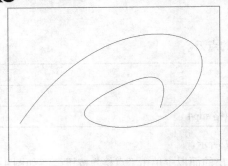

图 4-11 打开图形文件

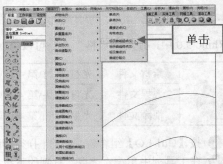

图 4-12 单击"标示曲线起点"命令

步骤 ③ 根据命令行提示，在绘图区中选择曲线，执行操作后，按【Enter】键确认，即可标示曲线起点，如图 4-13 所示。

步骤 ④ 单击"曲线"｜"点物件"｜"标示曲线终点"命令，如图 4-14 所示。

图 4-13 标示曲线起点

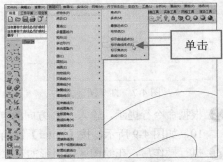

图 4-14 单击"标示曲线终点"命令

步骤 ⑤ 根据命令行提示，在绘图区中选择曲线，执行操作后，按【Enter】键确认，即可标示曲线终点，如图 4-15 所示。

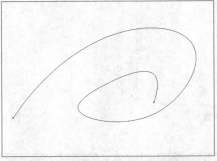

图 4-15 标示曲线终点

用户还可以通过在命令行中输入 CrvStart 或 CrvEnd 命令来标示曲线起点或终点。

4.1.5　绘制点云

在 JewelCAD Pro 中，用户可以根据需要从数据库中调用合适的模型。

	素材文件	光盘\素材\第 4 章\4-16.3dm
	效果文件	光盘\效果\第 4 章\4-18.3dm
	视频文件	光盘\视频\第 4 章\4.1.5 绘制点云.mp4

步骤 ① 按【Ctrl+O】组合键，打开图形文件，如图 4-16 所示。

步骤 ② 在工具列中单击"单点"右侧的下拉按钮，在弹出的面板中单击"点云"按钮 ，如图 4-17 所示。

图 4-16　打开图形文件

图 4-17　单击"点云"按钮

还有以下两种方法可以绘制点云。

● 在命令行中输入 PointCloud 命令。

● 单击"曲线"｜"点云"｜"建立点云"命令。

步骤 ③ 根据命令行提示，在绘图区中框选所有的点对象，按【Enter】键确认，即可绘制点云，如图 4-18 所示。

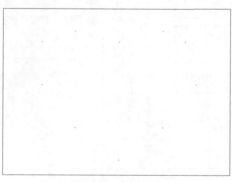

图 4-18　绘制点云

4.2　珠宝首饰直线类图形的绘制

直线类图形是所有图形的基础，在 Rhino 5.0 中，直线型包括"直线""矩形"和"多边形"等。各类直线型图形具有不同的特征，用户应根据实际绘制需要选择线型。

4.2.1 绘制直线

直线是各种绘图中最常用、最简单的一类图形对象，只要指定了起点和终点即可绘制一条直线。

素材文件	光盘\素材\第 4 章\4-19.3dm
效果文件	光盘\效果\第 4 章\4-4.3dm
视频文件	光盘\视频\第 4 章\4.2.1 绘制直线.mp4

步骤 1 按【Ctrl＋O】组合键，打开图形文件，如图 4-19 所示。

步骤 2 在工具列中单击"多重直线"右侧的下拉按钮，在弹出的面板中单击"直线"按钮，如图 4-20 所示。

图 4-19　打开图形文件

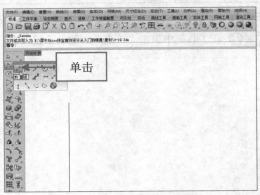

图 4-20　单击"直线"按钮

专家提醒

还有以下两种方法可以绘制直线。

● 在命令行中输入 Line 命令。

● 单击"曲线"｜"直线"｜"单一直线"命令。

步骤 3 在绘图区中图形左上方的端点上单击鼠标左键，向右拖曳鼠标，如图 4-21 所示。

步骤 4 执行操作后，在绘图区中图形的右上方端点上单击鼠标左键，此时即可完成直线的绘制，如图 4-22 所示。

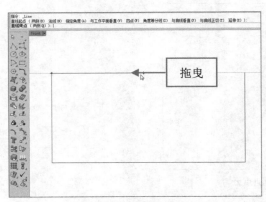

图 4-21　拖曳鼠标

图 4-22　绘制直线

专家提醒

直线是绘图中最常用的实体对象，在一条由多条线段连接而成的简单直线中，每条线段都是一个单独的直线对象。

4.2.2　绘制多重直线

多重直线是由数条端点相接并组合在一起的直线线段所组成。

素材文件	光盘\素材\第 4 章\4-24.3dm
效果文件	光盘\效果\第 4 章\4-26.3dm
视频文件	光盘\视频\第 4 章\4.2.2 绘制多重直线.mp4

步骤❶　按【Ctrl＋O】组合键，打开图形文件，如图 4-23 所示。

步骤❷　在工具列中单击"多重直线"按钮 ，如图 4-24 所示。

执行"多重直线"命令后，在命令行中各选项的含义如下。

● 持续封闭：建立曲线时指定了两个点以后曲线会自动封闭，可以继续指定更多的点，曲线会持续维持封闭状态。

● 封闭：封闭曲线，这个选项只有在指定了 3 个点以后才会出现。

● 模式：设定下一个画出的线段为直线或圆弧。

● 直线：下一个画出的是直线线段。

● 导线：打开动态的正切或正交轨迹线，在创建圆弧与直线混合的多重曲线时更方便。

● 长度：设定下一条线段的长度，这个选项只有在模式为直线时才会出现。

● 复原：复原上一个动作。

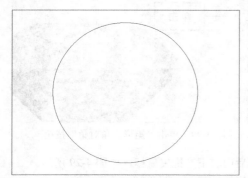

图 4-23　打开图形文件

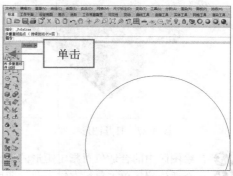

图 4-24　单击"多重直线"按钮

步骤❸　在绘图区中图形的合适位置单击鼠标左键，向上拖曳鼠标，至合适位置后单击鼠标左键，确定第二点，如图 4-25 所示。

步骤❹　执行操作后，在绘图区中的其他位置依次单击鼠标左键，并按【Enter】键确认，即可绘制多重直线，如图 4-26 所示。

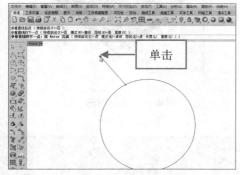

图 4-25　单击鼠标左键

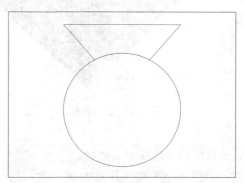

图 4-26　绘制多重直线

专家提醒

还有以下两种方法可以绘制多重直线。

- 在命令行中输入 Polyline 命令。
- 单击"曲线"|"多重直线"|"多重直线"命令。

4.2.3 绘制矩形

矩形是绘制珠宝平面图形时常用的简单图形，也是构成复杂图形的基本图形元素，在各种图形中都可作为组成元素。

	素材文件	光盘\素材\第 4 章\4-27.3dm
	效果文件	光盘\效果\第 4 章\4-10.3dm
	视频文件	光盘\视频\第 4 章\4.2.3 绘制矩形.mp4

步骤 ① 按【Ctrl+O】组合键，打开图形文件，如图 4-27 所示。

步骤 ② 在工具列中单击"矩形：角对角"按钮⬜，如图 4-28 所示。

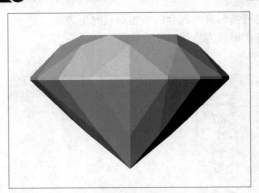

图 4-27 打开图形文件

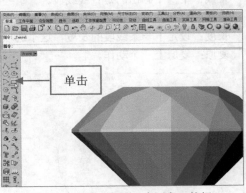

图 4-28 单击"矩形：角对角"按钮

步骤 ③ 在绘图区中的合适位置指定矩形的第一点，然后向右下方拖曳鼠标，如图 4-29 所示。

步骤 ④ 至合适位置后单击鼠标左键，此时即可完成矩形的绘制，如图 4-30 所示。

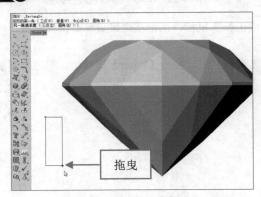

图 4-29 拖曳鼠标

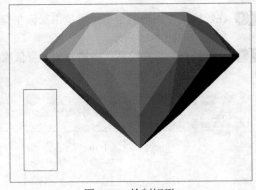

图 4-30 绘制矩形

专家提醒

还有以下两种方法可以绘制矩形。

- 在命令行中输入 Rectangle 命令。
- 单击"曲线"|"矩形"|"角对角"命令。

4.2.4　绘制多边形

在 Rhino 5.0 中，使用"多边形"命令可以以设定的边数绘制多边形曲线。

	素材文件	光盘\素材\第 4 章\4-31.3dm
	效果文件	光盘\效果\第 4 章\4-34.3dm
	视频文件	光盘\视频\第 4 章\4.2.4 绘制多边形.mp4

步骤 ① 按【Ctrl＋O】组合键，打开图形文件，如图 4-31 所示。

步骤 ② 在工具列中单击"多边形：中心点、半径"按钮 ⊙，如图 4-32 所示。

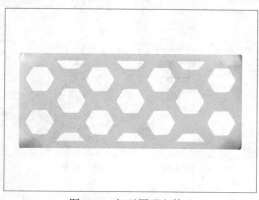

图 4-31　打开图形文件

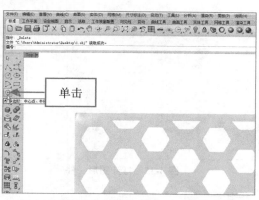

图 4-32　单击"多边形：中心点、半径"按钮

步骤 ③ 在绘图区中的合适位置单击鼠标左键，指定多边形的中心点，如图 4-33 所示。

步骤 ④ 执行操作后，在绘图区中合适的位置单击鼠标左键，指定多边形的角，此时即可完成多边形的绘制，如图 4-34 所示。

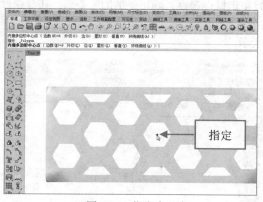

图 4-33　指定中心点

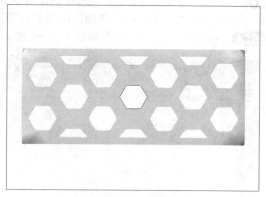

图 4-34　绘制多边形

专家提醒

还有以下两种方法可以绘制多边形。

● 在命令行中输入 Polygon 命令。

● 单击"曲线"｜"多边形"｜"中心点、半径"命令。

4.2.5　绘制星形

星形是一种特殊的多边形，在 Rhino 5.0 中，使用"星形"命令可以绘制一个星形的多边形。

	素材文件	光盘\素材\第 4 章\4-35.3dm
	效果文件	光盘\效果\第 4 章\4-41.3dm
	视频文件	光盘\视频\第 4 章\4.2.5 绘制星形.mp4

步骤 ① 按【Ctrl＋O】组合键，打开图形文件，如图 4-35 所示。

步骤 ② 在工具列中单击"多边形：中心点、半径"右侧的下拉按钮，在弹出的面板中单击"星形"按钮 🔯，如图 4-36 所示。

图 4-35　打开图形文件

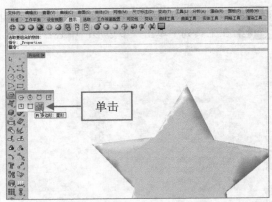

图 4-36　单击"星形"按钮

专家提醒

还有以下两种方法可以绘制星形。

● 在命令行中输入 Polygon 命令，然后输入 S。
● 单击"曲线" | "多边形" | "星形"命令。

步骤 ③ 根据命令行提示，在绘图区中图形的合适位置单击鼠标左键，确定星形的中心点，在命令行中选择"边数（N）＝6"选项，如图 4-37 所示。

步骤 ④ 执行操作后，在命令行中输入 5，如图 4-38 所示。

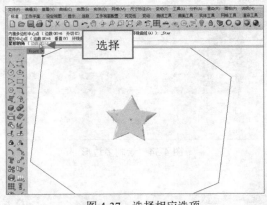

图 4-37　选择相应选项

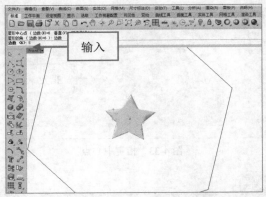

图 4-38　输入 5

步骤 ⑤ 按【Enter】键确认，根据命令行提示，在绘图区中的合适位置依次单击鼠标左键，确定星形的两个半径，如图 4-39 所示。

步骤 ⑥ 执行操作后，即可绘制星形，在绘图区中选择合适的模型，单击"编辑" | "可见性" | "隐藏"命令，如图 4-40 所示。

执行"星形"命令后，命令行中各主要选项的含义如下。

- 边数：指定多边形边的数目。
- 外切：指定半径画一个不可见的圆，建立边的中点与圆正切的多边形。
- 星形：建立星形的多边形。
- 垂直：画出一个与工作平面垂直的多边形。
- 环绕曲线：画出一个与曲线垂直的多边形。

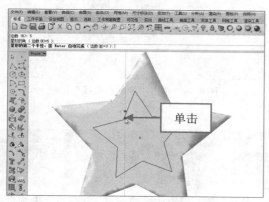

图 4-39　确定星形的半径

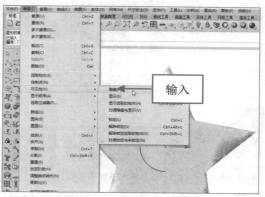

图 4-40　单击"隐藏"命令

步骤 7 执行操作后，即可隐藏模型，此时即可查看绘制的星形，效果如图 4-41 所示。

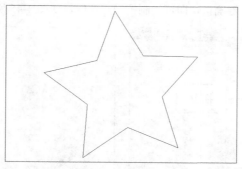

图 4-41　星形效果

4.3　珠宝首饰曲线类图形的绘制

曲线是设计的基础，任何模型都是由曲线组成的。在 Rhino 5.0 中，曲线类图形包括控制点曲线、圆、圆弧、椭圆、螺旋线，以及弹簧线。

4.3.1　绘制控制点曲线

控制点曲线是指以放置控制点的方式来建立曲线。在 Rhino 5.0 中，用户可以根据需要绘制控制点曲线。

	素材文件	光盘\素材\第 4 章\4-42.3dm
	效果文件	光盘\效果\第 4 章\4-45.3dm
	视频文件	光盘\视频\第 4 章\4.3.1 绘制控制点曲线.mp4

步骤 1 按【Ctrl＋O】组合键，打开图形文件，如图 4-42 所示。

步骤 2 在工具列中单击"控制点曲线"按钮，如图 4-43 所示。

图 4-42　打开图形文件

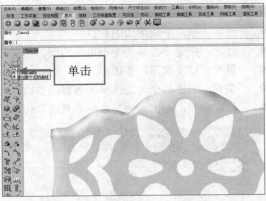

图 4-43　单击"控制点曲线"按钮

还有以下两种方法可以绘制控制点曲线。

● 单击"曲线"｜"自由造型"｜"控制点"命令。
● 在命令行中输入 Curve 命令。

步骤 ③ 根据命令行提示，在绘图区中的合适位置单击鼠标左键，指定曲线的起点，并向右上方拖曳鼠标，如图 4-44 所示。

步骤 ④ 至合适位置后单击鼠标左键，确定曲线的第二点，然后依次在合适位置单击鼠标左键，确定曲线其他点，按【Enter】键确认，即可绘制控制点曲线，如图 4-45 所示。

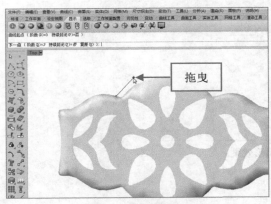

图 4-44　拖曳鼠标

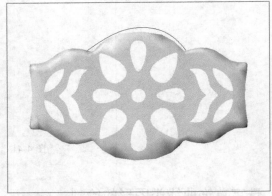

图 4-45　绘制控制点曲线

以 Curve 命令建立曲线时，只要放置的控制点数目小于或等于设定的曲线阶数，建立的曲线的阶数为−1。

执行"控制点曲线"命令后，命令行中各选项的含义如下。

● 阶数：设定曲线或曲面的阶数。建立阶数较高的曲线时，控制点的数目必须比阶数大 1 或以上，得到的曲线的阶数才会是用户设定的阶数。

● 持续封闭：建立曲线时指定了两个点以后曲线会自动封闭，用户可以继续指定更多的点，曲线会继续维持封闭状态。

● 封闭：使曲线平滑地封闭，建立周期曲线。

● 尖锐封闭：使曲线头尾相接形成锐角，建立非周期曲线。

● 复原：复原上一个动作。

4.3.2　绘制圆

圆是简单的二维图形，圆在 Rhino 5.0 中的使用非常频繁，可以通过它来创建戒圈、珍珠等。在绘图过程中，圆是使用最多的基本图形元素之一。

	素材文件	光盘\素材\第 4 章\4-46.3dm
	效果文件	光盘\效果\第 4 章\4-49.3dm
	视频文件	光盘\视频\第 4 章\4.3.2 绘制圆.mp4

步骤 ❶　按【Ctrl＋O】组合键，打开图形文件，如图 4-46 所示。

步骤 ❷　在分页工具栏中单击"圆：中心点、半径"按钮⊘，如图 4-47 所示。

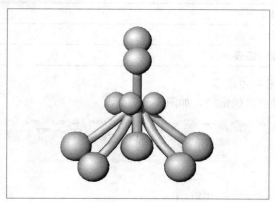

图 4-46　打开图形文件

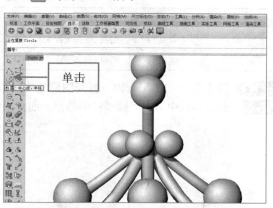

图 4-47　单击"圆：中心点、半径"按钮

专家提醒

还有以下两种方法可以绘制圆。

● 单击"曲线"｜"圆"｜"中心点、半径"命令。

● 在命令行中输入 Circle 命令。

步骤 ❸　根据命令行提示，在命令行中输入（0,-8,0），按【Enter】键确认，指定圆心，再输入 6，指定圆的半径，如图 4-48 所示。

步骤 ❹　按【Enter】键确认，此时即可完成圆的绘制，如图 4-49 所示。

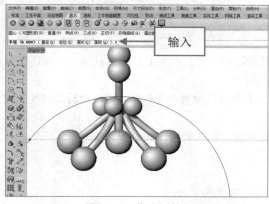

图 4-48　指定圆的半径

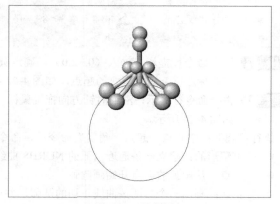

图 4-49　绘制圆

执行"圆：中心点、半径"命令后，命令行中各主要选项的含义如下。

● 可塑形的：以指定的阶数与控制点数建立形状近似的 NURBS 曲线。

- 垂直：画一个与工作平面垂直的圆。
- 两点：以直径的两个端点画圆。
- 三点：以圆周上的 3 个点画圆。
- 正切：画出与曲线正切的圆。
- 环绕曲线：画出一个与曲线垂直的圆。
- 逼近数个点：画出逼近选取的点物件、曲线/曲面控制点或网格顶点的圆。

4.3.3 绘制圆弧

圆弧是圆的一部分，它也是一种简单图形。绘制圆弧与绘制圆相比，相对要困难一些，除了圆心和半径外，圆弧还需要指定起始角和终止角。

素材文件	光盘\素材\第 4 章\4-50.3dm
效果文件	光盘\效果\第 4 章\4-50.3dm
视频文件	光盘\视频\第 4 章\4.3.3 绘制圆弧.mp4

步骤 ① 按【Ctrl＋O】组合键，打开图形文件，如图 4-50 所示。

步骤 ② 在工具列中单击"圆弧：中心点、起点、角度"按钮 ，如图 4-51 所示。

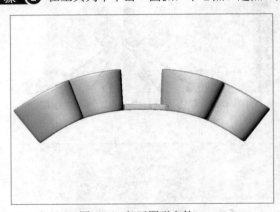

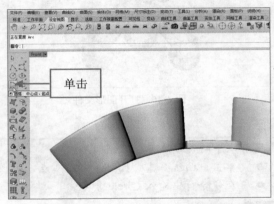

图 4-50 打开图形文件　　　　　图 4-51　单击"圆弧：中心点、起点、角度"按钮

专家提醒

还有以下两种方法可以绘制圆弧。
- 单击"视图"｜"全部缩放"命令。
- 在命令行中输入 Arc 命令。

步骤 ③ 根据命令行提示，输入（0,–2,0），确定圆弧的圆心，然后向左上方拖曳鼠标，至合适位置后单击鼠标左键，确定圆弧的起点，如图 4-52 所示。

步骤 ④ 根据命令行提示，沿逆时针方向拖曳鼠标，至右侧合适位置单击鼠标左键，此时即可绘制圆弧，如图 4-53 所示。

执行"圆弧：中心点、起点、角度"命令后，命令行中各主要选项的含义如下。
- 可塑形的：建立一条逼近圆弧的 NURBS 曲线。
- 起点：从圆弧的起点开始画圆弧。
- 正切：画出一个与两条曲线正切的圆弧，并可设定圆弧的半径。
- 延伸：以指定圆弧终点的方式将曲线以圆弧延伸。
- 倾斜：在其他工作视窗或使用垂直模式指定倾斜圆弧起点，再指定圆弧的定位。
- 长度：输入正或负的数值，或指定两点设定圆弧的长度。

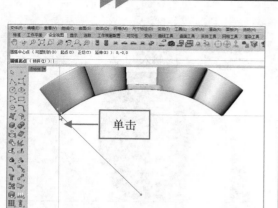

图 4-52　确定圆弧起点

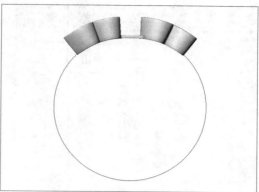

图 4-53　绘制圆弧

专家提醒

在延伸圆弧时，需要注意以下 4 点。

● 延伸出来的圆弧不会与原来的曲线组合。

● Extend 指令可以单一步骤画出与原来的曲线组合的延伸圆弧。

● 延伸圆弧的中心点会被限制在与曲线端点垂直的平面上。

● 打开正交模式或按住 Shift 键时，延伸圆弧的终点会被限制在几个方向上。

4.3.4　绘制椭圆

椭圆由定义其长度和宽度的两条轴决定，较长的轴称长轴，较短的轴称短轴。在 Rhino 5.0 中，圆弧可以根据需要绘制椭圆。

素材文件	光盘\素材\第 4 章\4-54.3dm	
效果文件	光盘\效果\第 4 章\4-57.3dm	
视频文件	光盘\视频\第 4 章\4.3.4 绘制椭圆.mp4	

步骤 ① 按【Ctrl＋O】组合键，打开图形文件，如图 4-54 所示。

步骤 ② 在工具列中单击"椭圆：从中心点"按钮 ，如图 4-55 所示。

步骤 ③ 根据命令行提示输入（0,0,0），按【Enter】键确认，并向上拖曳鼠标，至合适位置后单击鼠标左键，如图 4-56 所示，指定第一轴终点。

步骤 ④ 执行操作后，根据命令行提示，输入（4.1,0,0），如图 4-57 所示。

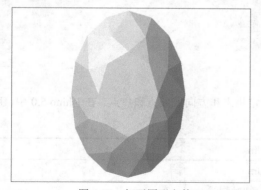

图 4-54　打开图形文件

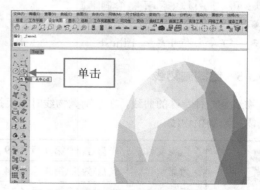

图 4-55　单击"椭圆：从中心点"按钮

步骤 ⑤ 按【Enter】键确认，即可绘制椭圆，如图 4-58 所示。

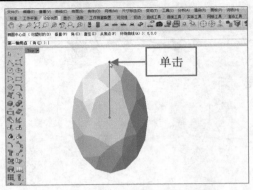

图 4-56　单击鼠标左键

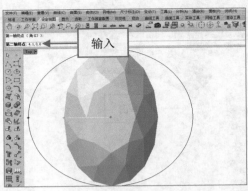

图 4-57　输入坐标

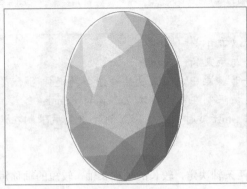

图 4-58　绘制椭圆

执行"椭圆"命令后，命令行中各选项的含义如下。

● 可塑形的：以指定的阶数与控制点数建立形状近似的 NURBS 曲线。

● 垂直：以中心点及两个轴画出一个与工作平面垂直的椭圆。

● 角：以一个矩形的对角画出椭圆。

● 直径：以轴线的端点画出椭圆。

● 从焦点：以椭圆的两个焦点及通过点画出椭圆。

● 环绕曲线：画出一个环绕曲线的椭圆。

专家提醒

还有以下两种方法可以绘制椭圆。

● 单击"曲线"｜"椭圆"｜"从中心点"命令。

● 在命令行中输入 Ellipse。

4.3.5　绘制抛物线

抛物线是一种特殊的曲线，在绘制抛物线时需要指定焦点和方向或顶点和焦点。在 Rhino 5.0 中，用户可以根据需要绘制抛物线。

	素材文件	光盘\素材\第 4 章\4-59.3dm
	效果文件	光盘\效果\第 4 章\4-64.3dm
	视频文件	光盘\视频\第 4 章\4.3.5 绘制抛物线.mp4

步骤 ❶　按【Ctrl＋O】组合键，打开图形文件，如图 4-59 所示。

步骤 ❷　单击"曲线"｜"抛物线"｜"焦点、方向"命令，如图 4-60 所示。

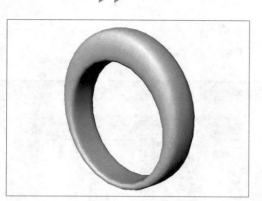

图 4-59　打开图形文件

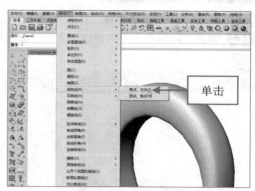

图 4-60　单击"焦点、方向"命令

专家提醒

用户还可以通过在命令行中输入 Parabola 来绘制抛物线。

步骤 3 将视图切换至 Right 视图，根据命令行提示，输入（0,6,0），如图 4-61 所示。

步骤 4 按【Enter】键确认，根据命令行提示，拖曳鼠标至上方合适位置，单击鼠标左键，确定抛物线的方向，然后向左上方拖曳鼠标，如图 4-62 所示。

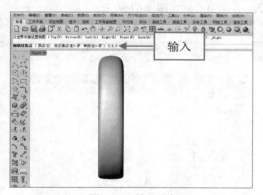

图 4-61　输入坐标

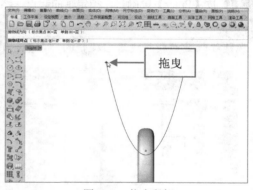

图 4-62　拖曳鼠标

步骤 5 至合适位置后单击鼠标左键，此时即可绘制抛物线，将视图切换至 Perspective 视图，并旋转视图，查看效果，如图 4-63 所示。

执行"抛物线"命令后，命令行中各选项的含义如下。

● 顶点：指定顶点、焦点与端点的位置。

● 标示焦点：在焦点的位置放置点物件。

● 单侧：只画出一半的抛物线。

4.3.6　绘制螺旋线

螺旋线是一种特殊的曲线，它是点沿圆柱或圆锥表面做螺旋运动的轨迹。在 Rhino 5.0 中，用户可以根据需要绘制螺旋线。

图 4-63　抛物线效果

	素材文件	光盘\素材\第 4 章\4-64.3dm
	效果文件	光盘\效果\第 4 章\4-70.3dm
	视频文件	光盘\视频\第 4 章\4.3.6 绘制螺旋线.mp4

步骤① 按【Ctrl＋O】组合键，打开图形文件，如图 4-64 所示。

步骤② 单击"曲线"｜"螺旋线"命令，如图 4-65 所示。

专家提醒

用户还可以通过在命令行中输入 Spiral 来绘制螺旋线。

图 4-64 打开图形文件

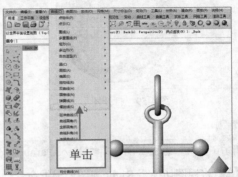

图 4-65 单击"螺旋线"命令

步骤③ 根据命令行提示，输入（0,2,0），如图 4-66 所示。

步骤④ 按【Enter】键确认，指定轴的起点，然后输入（0,–2,0），如图 4-67 所示。

专家提醒

螺旋线轴是螺旋线绕着它旋转的一条假想的直线。

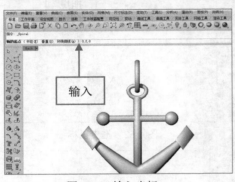

图 4-66 输入坐标

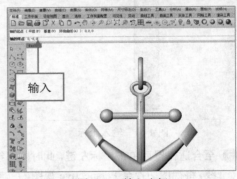

图 4-67 输入坐标

步骤⑤ 按【Enter】键确认，指定轴的终点，根据命令行提示，然后输入 0.3，如图 4-68 所示。

步骤⑥ 按【Enter】键确认，指定第一半径，并在绘图区图形的左侧单击鼠标左键，指定起点，然后输入
0.4，如图 4-69 所示。

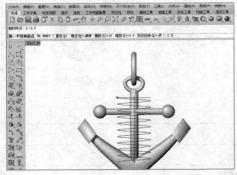

图 4-68 输入 0.3

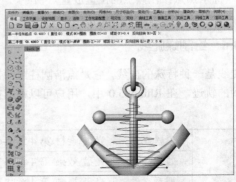

图 4-69 输入 0.4

步骤 7　按【Enter】键确认，指定第二半径，此时即可完成螺旋线的绘制，将视图切换至 Perspective 视图，并旋转视图，查看效果，如图 4-70 所示。

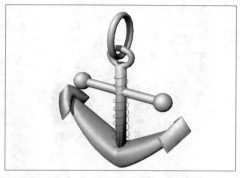

图 4-70　绘制螺旋线

执行"螺旋线"命令后，命令行中各主要选项的含义如下。

● 平坦：画出一条平面的螺旋线。
● 垂直：画出一条轴线与工作平面垂直的螺旋线。
● 环绕曲线：画出一条环绕另一条曲线的螺旋线。
● 直径/半径：选择这个选项可以切换使用半径或直径。
● 模式：显示目前为主的模式。
● 圈数：输入圈数，螺距会自动调整，变更设定可以即时预览。
● 螺距：输入螺距（每一圈的距离），圈数会自动调整，变更设定可以即时预览。
● 反转扭向：反转扭转方向为逆时钟方向，变更设定可以即时预览。

4.3.7　绘制弹簧线

弹簧线是螺旋线的一种，在 Rhino 5.0 中，用户可以根据需要绘制弹簧线。

素材文件	光盘\素材\第 4 章\4-71.3dm	
效果文件	光盘\效果\第 4 章\4-76.3dm	
视频文件	光盘\视频\第 4 章\4.3.7 绘制弹簧线.mp4	

步骤 1　按【Ctrl＋O】组合键，打开图形文件，如图 4-71 所示。
步骤 2　单击"曲线"｜"弹簧线"命令，如图 4-72 所示。

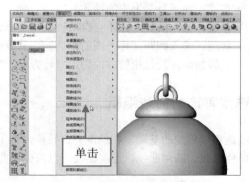

图 4-71　打开图形文件　　　　　　　　图 4-72　单击"弹簧线"命令

步骤 3　根据命令行提示，输入（0,3,0），如图 4-73 所示。
步骤 4　按【Enter】键确认，指定轴的起点，然后输入（0,-3,0），如图 4-74 所示。

图 4-73　输入坐标

图 4-74　输入坐标

专家提醒

用户还可以通过在命令行中输入 Helix 来绘制弹簧线。

步骤 ⑤ 按【Enter】键确认，指定轴的终点，根据命令行提示，然后输入 1，按【Enter】键确认，指定半径，如图 4-75 所示。

步骤 ⑥ 在绘图区图形的左侧单击鼠标左键，指定起点，此时即可绘制弹簧线，如图 4-76 所示。

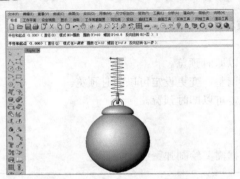

图 4-75　指定半径

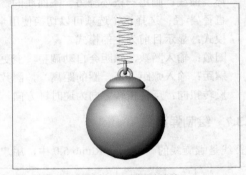

图 4-76　绘制弹簧线

执行"弹簧线"命令后，命令行中各主要选项的含义如下。

- 垂直：画出一条轴线与工作平面垂直的弹簧线。
- 环绕曲线：画出一条环绕曲线的弹簧线。
- 半径/直径：切换使用半径或直径。
- 模式：显示目前为主的模式。
- 圈数：输入圈数，螺距会自动调整，变更设定可以即时预览。
- 螺距：输入螺距（每一圈的距离），圈数会自动调整，变更设定可以即时预览。
- 反转扭向：反转扭转方向为逆时针方向，变更设定可以即时预览。

4.4　珠宝首饰的曲线编辑

曲线是构建模型的基础，在绘制完曲线后，为了得到更完美的曲线，需要通过曲线高级编辑工具进行调整，如延伸曲线、圆角曲线、连接曲线，以及偏移曲线等。

4.4.1　延伸曲线

在 Rhino 5.0 中，使用"延伸曲线"命令可以让曲线无限地延伸下去，延伸的曲线可以是直线、曲线、圆弧等。

	素材文件	光盘\素材\第 4 章\4-77.3dm
	效果文件	光盘\效果\第 4 章\4-81.3dm
	视频文件	光盘\视频\第 4 章\4.4.1 延伸曲线.mp4

步骤 ❶ 按【Ctrl＋O】组合键，打开图形文件，如图 4-77 所示。

步骤 ❷ 单击"曲线"|"延伸曲线"|"以圆弧"命令，如图 4-78 所示。

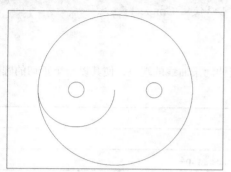

图 4-77　打开图形文件

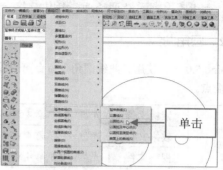

图 4-78　单击"以圆弧"命令

专家提醒

用户还可以通过在命令行中输入 Extend 命令来延伸曲线。

步骤 ❸ 根据命令行提示，在绘图区中选择要延伸的曲线，如图 4-79 所示。

步骤 ❹ 根据命令行提示，输入 C，并按【Enter】键确认，然后在绘图区中合适的圆心点上单击鼠标左键，确定延伸圆弧的中心点，如图 4-80 所示。

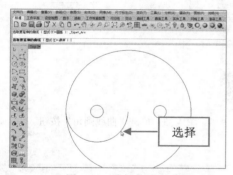

图 4-79　选择曲线

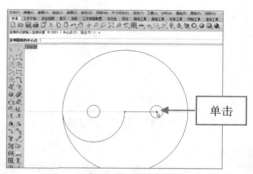

图 4-80　单击鼠标左键

执行"延伸曲线"命令后，命令行中各主要选项的含义如下。

● 原本的：直线、多重直线与末端为直线的多重曲线会以直线延伸。圆弧与末端为圆弧的多重曲线会以同样半径的圆弧延伸。其他类型的曲线会平滑地延伸。

● 圆弧：以正切的圆弧延伸原来的曲线。

● 中心点：以指定圆弧中心点与终点的方式将曲线以圆弧延伸。

● 至点：以指定圆弧终点的方式将曲线以圆弧延伸。

● 直线：以正切的直线延伸原来的曲线。

● 平滑：以曲率连续延伸原来的曲线。

● 延伸长度：正数值将曲线延长，负数值将曲线缩短。

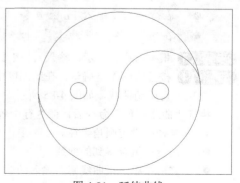

图 4-81　延伸曲线

步骤 ❺ 在绘图区中拖曳鼠标，至合适位置后单击鼠标左键，并按【Enter】键，即可延伸曲线，如图 4-81 所示。

Rhino
珠宝首饰设计从入门到精通

专家提醒

在延伸曲线时，需要注意以下 4 点。

- 延伸的部分会与原来的曲线组合在一起或属于同一条曲线。
- 可以选取数个边界物件，可以连续延伸一条或数条曲线至不同的边界物件。
- 用户可以使用任何曲线、曲面、实体为延伸的边界。
- 如果用户想要让两条曲线延伸后端点相接，可以使用 Connect 命令。

4.4.2 圆角曲线

在 Rhino 5.0 中，使用"曲线圆角"命令可以修剪或延伸两条曲线的端点，使其以一个正切的圆弧连接两条曲线的端点。

素材文件	光盘\素材\第 4 章\4-82.3dm
效果文件	光盘\效果\第 4 章\4-86.3dm
视频文件	光盘\视频\第 4 章\4.4.2 圆角曲线.mp4

步骤 ① 按【Ctrl＋O】组合键，打开图形文件，如图 4-82 所示。
步骤 ② 在工具列中单击"曲线圆角"按钮，如图 4-83 所示。

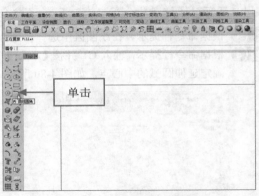

图 4-82 打开图形文件　　　　图 4-83 单击"曲线圆角"按钮

专家提醒

还有以下 3 种方法可以圆角曲线。

- 单击"曲线"｜"曲线圆角"命令。
- 在命令行中输入 Fillet 命令。
- 在功能区的"曲线工具"选项卡中单击"曲线圆角"按钮。

步骤 ③ 根据命令行提示，输入 r，按【Enter】键确认，再输入 2，确定圆角半径，如图 4-84 所示。
步骤 ④ 按【Enter】键确认，在绘图区中左上方的水平和竖直直线上依次单击鼠标左键，执行操作后，即可圆角曲线，如图 4-85 所示。

执行"曲线圆角"命令后，命令行中各主要选项的含义如下。

- 半径：设定圆角半径。
- 组合：组合得到的曲线。
- 修剪：以结果曲线修剪输入的曲线。
- 圆弧延伸方式：当用来建立圆角或斜角的曲线是圆弧，而且无法与圆角或斜角曲线相接时，以直线或圆弧延伸原来的曲线。

96

Rhino

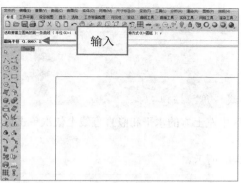

输入

图 4-84　确定圆角半径

图 4-85　圆角曲线

步骤 5　用与上同样的方法，圆角其他的曲线，如图 4-86 所示。

图 4-86　圆角其他的曲线

4.4.3　斜角曲线

在 Rhino 5.0 中，使用"曲线斜角"命令可以修剪或延伸两条曲线的端点，使其以一条直线连接两条曲线的端点。

素材文件	光盘\素材\第 4 章\4-87.3dm
效果文件	光盘\效果\第 4 章\4-50.3dm
视频文件	光盘\视频\第 4 章\4.4.3 斜角曲线.mp4

步骤 1　按【Ctrl＋O】组合键，打开图形文件，如图 4-87 所示。

步骤 2　在工具列中单击"曲线圆角"右侧的下拉按钮，在弹出的面板中单击"曲线斜角"按钮，如图 4-88 所示。

图 4-87　打开图形文件

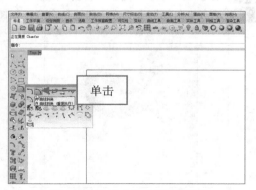

单击

图 4-88　单击"曲线斜角"按钮

专家提醒

还有以下 3 种方法可以斜角曲线。

● 单击 "曲线" | "斜角曲线" 命令。

● 在命令行中输入 Chamfer 命令。

● 在功能区的 "曲线工具" 选项卡中单击 "曲线斜角" 按钮。

步骤 ③ 根据命令行提示，设置斜角距离为 1，在绘图区中左上方的水平和竖直直线上依次单击鼠标左键，执行操作后，即可斜角曲线，如图 4-89 所示。

步骤 ④ 用与上同样的方法，斜角其他的曲线，如图 4-90 所示。

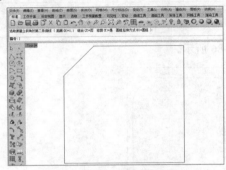

图 4-89　斜角曲线

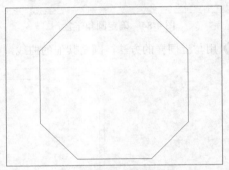

图 4-90　斜角其他曲线

执行 "曲线斜角" 命令后，命令行中各主要选项的含义如下。

● 距离：两条曲线交点至修剪点的距离。

● 组合：组合得到的曲线。

● 修剪：以结果曲线修剪输入的曲线。

● 圆弧延伸方式：当用来建立圆角或斜角的曲线是圆弧，而且无法与圆角或斜角曲线相接时，以直线或圆弧延伸原来的曲线。

4.4.4　连接曲线

在 Rhino5.0 中，使用 "连接曲线" 命令可以延伸或修剪两条曲线，使两条曲线的端点相接。

素材文件	光盘\素材\第 4 章\4-91.3dm
效果文件	光盘\效果\第 4 章\4-94.3dm
视频文件	光盘\视频\第 4 章\4.4.4 连接曲线.mp4

步骤 ① 按【Ctrl＋O】组合键，打开图形文件，如图 4-91 所示。

步骤 ② 单击 "曲线" | "连接曲线" 命令，如图 4-92 所示。

图 4-91　打开图形文件

图 4-92　单击 "连接曲线" 命令

步骤 ③ 接受默认的参数，根据命令行提示，在绘图区中左上方的水平和竖直直线的内侧依次单击鼠标左键，执行操作后，即可连接曲线，如图 4-93 所示。

步骤 ④ 用与上同样的方法，连接其他曲线，如图 4-94 所示。

图 4-93　连接曲线

图 4-94　连接其他曲线

执行"连接曲线"命令后，命令行中各主要选项的含义如下。

● 组合：组合得到的曲线。

● 圆弧延伸方式：提供了两种延伸的方式，即圆弧和直线。其中，圆弧是以正切的圆弧延伸输入的曲线；直线是以正切的直线延伸输入的曲线。

专家提醒

用户还可以通过在命令行中输入 Connect 命令来连接曲线。

4.4.5　偏移曲线

在 Rhino 5.0 中，使用"偏移曲线"命令可以通过指定点或者距离的方式来进行偏移操作，从而创建新的图形对象。

	素材文件	光盘\素材\第 4 章\4-95.3dm
	效果文件	光盘\效果\第 4 章\4-57.3dm
	视频文件	光盘\视频\第 4 章\4.4.5 偏移曲线.mp4

步骤 ① 按【Ctrl＋O】组合键，打开图形文件，如图 4-95 所示。

步骤 ② 在工具列中单击"曲线圆角"右侧的下拉按钮，在弹出的面板中单击"偏移曲线"按钮，如图 4-96 所示。

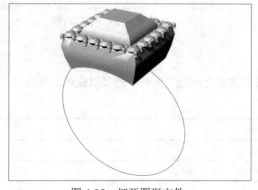
图 4-95　打开图形文件

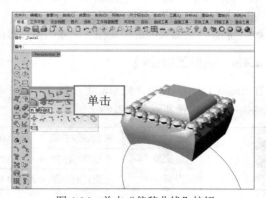
图 4-96　单击"偏移曲线"按钮

还有以下 3 种方法可以偏移曲线。

● 单击 "曲线" | "偏移" | "偏移曲线" 命令。

● 在命令行中输入 Offset 命令。

● 在功能区的 "曲线工具" 选项卡中单击 "偏移曲线" 按钮。

步骤 ③ 根据命令行提示，输入 d，按【Enter】键确认，然后输入 2，如图 4-97 所示。

步骤 ④ 按【Enter】键确认，根据命令行提示，在绘图区中选择要偏移的曲线，并将鼠标指针移至曲线外侧，使其向外偏移，如图 4-98 所示。

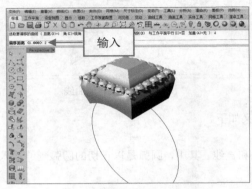

图 4-97　输入 2

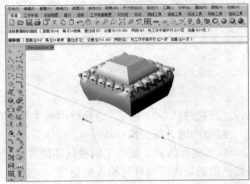

图 4-98　调整偏移侧

曲线的偏移距离必需适当，偏移距离过大时，偏移曲线可能会有自交的情形。

步骤 ⑤ 执行操作后，单击鼠标左键，即可偏移曲线，如图 4-99 所示。

执行 "偏移曲线" 命令后，命令行中各选项的含义如下。

● 距离：设定偏移距离。

● 角：设定角的连续性的处理方式。

● 通过点：指定偏移曲线的通过点，而不使用输入数值
的方式设定偏移距离。

● 公差：设定曲线偏移的公差。

● 两侧：将曲线往两侧偏移。

● 与工作平面平行：其中包含了 "是" 与 "否" 两个选
项。"否" 指的是在曲线平面上偏移曲线（仅适用于平面曲线）；
"是" 指的是往与工作平面平行的方向偏移。

● 加盖：将原来的曲线与偏移曲线的两端封闭。

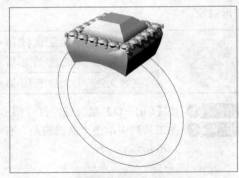

图 4-99　偏移曲线

4.4.6　弧形混接曲线

在 Rhino 5.0 中，使用 "弧形混接" 命令可以在两个曲线端点之间建立由两个圆弧组成的混接曲线，可以
调整混接端点的位置及两个圆弧的比例。

	素材文件	光盘\素材\第 4 章\4-100.3dm
	效果文件	光盘\效果\第 4 章\4-104.3dm
	视频文件	光盘\视频\第 4 章\4.4.6 弧形混接曲线.mp4

步骤 ① 按【Ctrl＋O】组合键，打开图形文件，如图 4-100 所示。

步骤 ② 在工具列中单击"曲线圆角"右侧的下拉按钮，在弹出的面板中单击"弧形混接"按钮 ，如
图 4-101 所示。

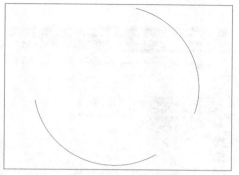

图 4-100　打开图形文件

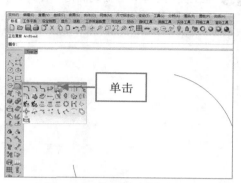

图 4-101　单击"弧形混接"按钮

专家提醒

还有以下 3 种方法可以弧形混接曲线。

● 单击"曲线"｜"混接曲线"｜"弧形混接"命令。

● 在命令行中输入 ArcBlend 命令。

● 在功能区的"曲线工具"选项卡中单击"弧形混接"按钮 。

步骤 ③ 根据命令行提示，依次在两条曲线的端点处单击鼠标左键，如图 4-102 所示。

步骤 ④ 执行操作后，按【Enter】键确认，即可弧形混接曲线，如图 4-103 所示。

图 4-102　单击曲线端点

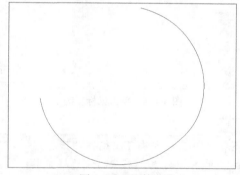

图 4-103　混接曲线

执行"弧形混接"命令后，命令行中各主要选项的含义如下。

● 距离：两条曲线交点至修剪点的距离。

● 组合：组合得到的曲线。

● 修剪：以结果曲线修剪输入的曲线。

● 圆弧延伸方式：当用来建立圆角或斜角的曲线是圆弧，而且无法与圆角或斜角曲线相接时，以直线
或圆弧延伸原来的曲线。

4.4.7　衔接曲线

在 Rhino 5.0 中，使用"衔接曲线"命令可以将一条曲线的端点移至另一条曲线或曲面边缘的端点，并以
设定的连续性与它连接。

	素材文件	光盘\素材\第 4 章\4-104.3dm
	效果文件	光盘\效果\第 4 章\4-109.3dm
	视频文件	光盘\视频\第 4 章\4.4.7 衔接曲线.mp4

步骤 ① 按【Ctrl＋O】组合键，打开图形文件，如图 4-104 所示。

步骤 ② 在工具列中单击"曲线圆角"右侧的下拉按钮，在弹出的面板中单击"衔接曲线"按钮，如图 4-105 所示。

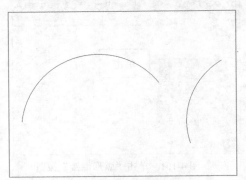

图 4-104　打开图形文件

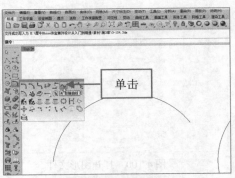

图 4-105　单击"衔接曲线"按钮

步骤 ③ 根据命令行提示，在绘图区中右方曲线的合适位置单击鼠标左键，如图 4-106 所示。

步骤 ④ 执行操作后，根据命令行提示，在绘图区中左方曲线的合适位置单击鼠标左键，如图 4-107 所示。

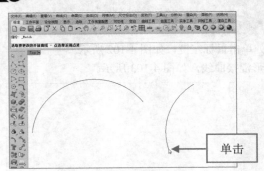

图 4-106　单击鼠标左键 1

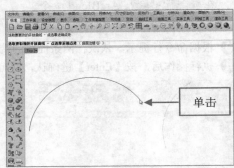

图 4-107　单击鼠标左键 2

专家提醒

还有以下 3 种方法可以衔接曲线。

● 单击"曲线"｜"曲线编辑工具"｜"衔接"命令。

● 在命令行中输入 Match 命令。

● 在功能区的"曲线工具"选项卡中单击"衔接曲线"按钮。

步骤 ⑤ 执行操作后，弹出"衔接曲线"对话框，接受默认的选项，单击"确定"按钮，如图 4-108 所示。

步骤 ⑥ 执行操作后，即可衔接曲线，如图 4-109 所示。

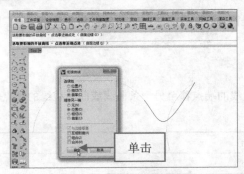

图 4-108　单击"确定"按钮

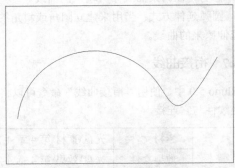

图 4-109　衔接曲线

在"衔接曲线"对话框中，各主要选项的含义如下。

● 连续性：设定衔接的连续性。

● 维持另一端：避免曲线衔接后破坏了另一端与其他曲线之间的连续性。

● 无：不受限制。

● 位置：仅位置相同。

● 相切：位置与方向相同。

● 曲率：位置、方向及曲率相同。

● 与边缘垂直：使曲线衔接后与曲面边缘垂直。

● 互相衔接：衔接的两条曲线都会被调整。

● 组合：组合得到的曲线。

● 合并：合并选项只有在使用曲率选项衔接时才可以使用，两条曲线在衔接后会合并成单一曲线。如果用户移动合并后的曲线的控制点，原来的两条曲线的衔接处可以平滑地变形，而且这条曲线无法再炸开成为两条曲线。

4.4.8　布尔运算曲线

在 Rhino 5.0 中，使用"曲线布尔运算"命令可以修剪、分割、组合有重叠区域的曲线。布尔运算形成的曲线是独立存在的，不会改变或删除原曲线。

	素材文件	光盘\素材\第 4 章\4-110.3dm
	效果文件	光盘\效果\第 4 章\4-114.3dm
	视频文件	光盘\视频\第 4 章\4.4.8 布尔运算曲线.mp4

步骤 ❶ 按【Ctrl＋O】组合键，打开图形文件，如图 4-110 所示。

步骤 ❷ 在工具列中单击"曲线圆角"右侧的下拉按钮，在弹出的面板中单击"曲线布尔运算"按钮，如图 4-111 所示。

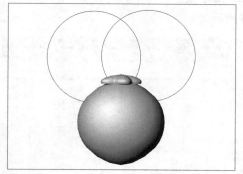

图 4-110　打开图形文件

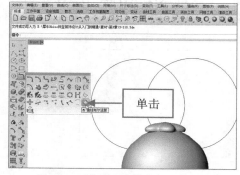

图 4-111　单击"曲线布尔运算"按钮

步骤 ❸ 根据命令行提示，在绘图区中依次选择左右两个圆作为要运算的对象，按【Enter】键确认，然后选择要保留的区域，如图 4-112 所示。

步骤 ❹ 按【Enter】键确认，即可布尔运算曲线，然后将左右两个圆删除，即可查看布尔运算效果，如图 4-113 所示。

专家提醒

还有以下 3 种方法可以布尔运算曲线。

● 单击"曲线"｜"曲线编辑工具"｜"曲线布尔运算"命令。

● 在命令行中输入 CurveBoolean 命令。

● 在功能区的"曲线工具"选项卡中单击"曲线布尔运算"按钮。

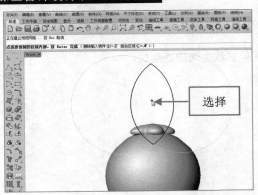

图 4-112　选择要保留的区域

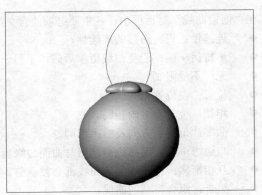

图 4-113　布尔运算曲线

执行"曲线布尔运算"命令后，命令行中各选项的含义如下。

● 删除输入物件：包含了 3 个选项，即"无"、"全部"和"使用的"。其中，"无"指不删除输入的曲线；"全部"指删除全部输入的曲线；"使用的"指只删除输入曲线与新建立的曲线重叠的部分。

● 结合区域：包含"是"与"否"两个选项，其中"是"指只在选取的区域外围建立多重曲线。

4.4.9　修剪曲线

在 Rhino 5.0 中，使用"修剪曲线"命令可以两条相交曲线中的一条曲线为剪切边界，对另一条曲线实行剪切操作。

	素材文件	光盘\素材\第 4 章\4-114.3dm
	效果文件	光盘\效果\第 4 章\4-117.3dm
	视频文件	光盘\视频\第 4 章\4.4.9 修剪曲线.mp4

步骤 ① 按【Ctrl＋O】组合键，打开图形文件，如图 4-114 所示。

步骤 ② 在工具列中单击"修剪"按钮，如图 4-115 所示。

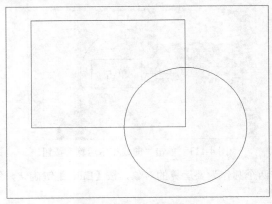

图 4-114　打开图形文件

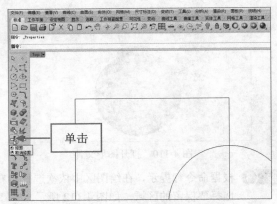

图 4-115　单击"修剪"按钮

专家提醒

还有以下两种方法可以修剪曲线。

● 在命令行中输入 Trim 命令。

● 切换至"曲线工具"选项卡，在工具列中单击"修剪曲线"按钮。

步骤 ③ 根据命令行提示，在绘图区中选择矩形作为切割用物件，按【Enter】键确认，然后选择要修剪的区域，如图 4-116 所示。

步骤 ④ 执行操作后，按【Enter】键确认，即可修剪曲线，如图 4-117 所示。

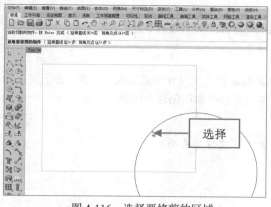

图 4-116　选择要修剪的区域

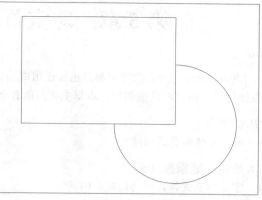

图 4-117　修剪曲线

执行"修剪曲线"命令后，命令行中各选项的含义如下。

● 延伸直线：以直线为切割用物件时，将直线无限延伸修剪其他物件。使用这个选项可以不用真的将直线延伸到与要修剪的物件交集。

● 视角交点：曲线要修剪的物件不必有实际的交集，只要在工作视窗里看起来有视觉上的交集就可以做修剪。

专家提醒

在修剪曲线时，需注意以下 5 点。

● 如果要修剪的部分不好选取，可以使用 Split 命令分割物件，再删除不需要的部分。

● 使用 Untrim 命令可以移除曲面的修剪边界。

● 在正对工作平面的平行视图（例如：预设的 Top、Front、Right 视图）以曲线修剪曲面时，曲线会往视图的方向投影至曲面上将曲面修剪。

● 在非正对工作平面的平行或透视视图（例如：预设的 Perspective 视图）中以平面曲线修剪曲面时，曲线会往与它的曲线平面垂直的方向投影到曲面上将曲面修剪。

● 在非正对工作平面的平行或透视视图中以 3D 曲线修剪曲面，曲线会被拉回到曲面上的最近点将曲面修剪。

4.4.10　分割曲线

在 Rhino 5.0 中，使用"分割曲线"命令可以将曲线分割成若干段。"分割曲线"与"修剪曲线"的方法相同，不过分割曲线需要手动删除多余的部分，而修剪曲线是自动完成的。"分割曲线"命令给了使用者更大的自由度和更多的选择。

专家提醒

在 Rhino 5.0 中，有以下 3 种方法可以分割曲线。

● 在命令行中输入 Split 命令。

● 在工具列中单击"修剪"按钮 。

● 切换至"曲线工具"选项卡，在工具列中单击"分割曲线"按钮 。

第5章 珠宝首饰三维曲面的应用

学前提示

在 Rhino 5.0 中，所有的珠宝都是由曲面组成的，因此曲面在珠宝设计中是至关重要的。曲面可以由二位图形直接生成，也可以直接创建。本章主要向读者介绍珠宝首饰曲面的创建与编辑。

本章知识重点

- 珠宝首饰曲面的创建
- 珠宝首饰曲面的编辑

学完本章后你能掌握什么

- 掌握珠宝首饰曲面的创建和编辑

5.1 珠宝首饰曲面的创建

曲面是 Rhino 5.0 中重要的组成部分，也是较难的部分，作为一个优秀的设计师，必须精通曲面的造型。

5.1.1 创建平面

在 Rhino 5.0 中，使用"平面"命令可以建立矩形的 NURBS 平面。

素材文件	光盘\素材\第 5 章\5-1.3dm
效果文件	光盘\效果\第 5 章\5-5.3dm
视频文件	光盘\视频\第 5 章\5.1.1 创建平面.mp4

步骤 ① 单击"曲面"|"平面"|"角对角"命令，如图 5-1 所示。

步骤 ② 根据命令行提示，在绘图区中任意位置单击鼠标左键，指定第一点，并向左上方拖曳鼠标，如图 5-2 所示。

图 5-1 单击"角对角"按钮

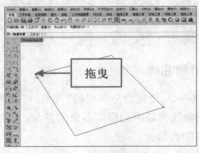

图 5-2 拖曳鼠标

步骤 ③ 至合适位置后，单击鼠标左键，确定第二点，此时即可完成平面的创建，如图 5-3 所示。

图 5-3 创建平面

专家提醒

还有以下两种方法可以创建平面。

- 在命令行中输入 Plane 命令。
- 在工具列中单击"指定三或四个角建立曲面"右侧的下拉按钮，在弹出的面板中单击"矩形平面：角对角"按钮 。

5.1.2　创建放样曲面

在 Rhino 5.0 中，使用"放样"命令可以建立一个通过数条断面曲线的放样曲面。在创建放样曲面时，开放的断面曲线需要点选同一侧，封闭的断面曲线可以调整曲线接缝。

素材文件	光盘\素材\第 5 章\5-5.3dm
效果文件	光盘\效果\第 5 章\5-6.3dm
视频文件	光盘\视频\第 5 章\5.1.2 创建放样曲面.mp4

步骤 **1**　按【Ctrl＋O】组合键，打开图形文件，如图 5-4 所示。

步骤 **2**　在工具列中单击"指定三或四个角建立曲面"右侧的下拉按钮，在弹出的面板中单击"放样"按钮 ，如图 5-5 所示。

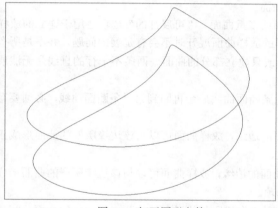

图 5-4　打开图形文件

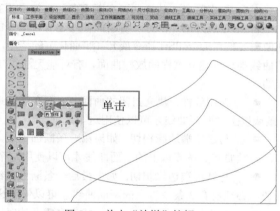

图 5-5　单击"放样"按钮

专家提醒

还有以下 3 种方法可以创建放样曲面。

- 在命令行中输入 Loft 命令。
- 单击"曲面"｜"放样"按钮 。
- 在功能区选项板中切换至"曲面工具"选项卡，在工具列中单击"放样"按钮 。

步骤 **3**　根据命令行提示，在绘图区中依次选择两条直线，并按【Enter】键确认，根据命令行提示，在绘图区中合适的曲线上任取一点，单击鼠标左键，弹出"放样选项"对话框，如图 5-6 所示。

步骤 **4**　接受默认的选项，单击"确定"按钮，即可创建放样曲面，如图 5-7 所示。

执行"放样"命令后，命令行中各主要选项的含义如下。

- 点：放样的开始与结束断面可以是指定的点。
- 反转：反转曲线的方向。
- 自动：自动调整曲线接缝的位置及曲线的方向。
- 原本的：以原来的曲线接缝位置及曲线方向运行。

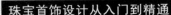

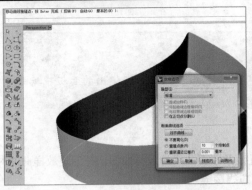

图 5-6 弹出"放样选项"对话框

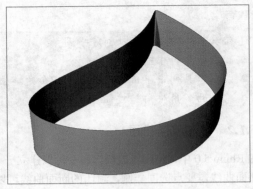

图 5-7 创建放样曲面

在"放样选项"对话框中，各主要选项的含义如下。

● 标准：断面曲线之间的曲面以均量延展，当用户想建立的曲面比较平缓或断面曲线之间的距离比较大时可以使用这个选项。

● 松弛：放样曲面的控制点会放在断面曲线的控制点上，这个选项可以建立比较平滑、容易编辑的曲面，但该曲面不会通过所有断面曲线。

● 紧绷：放样曲面更紧绷地通过断面曲线，适用于建立转角处的曲面。

● 平直区段：放样曲面在断面曲线之间是平直的曲面。

● 可展开的：以每一对断面曲线建立可展开的曲面或多重曲面。"可展开的"选项适用于建立的放样曲面需要使用 UnrollSrf 命令展开（平面化）的情形，这样的放样曲面展开时不会有延展的问题。并不是所有的曲线都可以建立这样的放样曲面，有可能无法建立曲面或只建立部分的曲面。两条不平行的直线是无法展开的。

● 封闭放样：建立封闭的曲面，曲面在通过最后一条断面曲线后会再回到第一条断面曲线，必须要有 3 条或以上的断面曲线才可以使用这个选项。

● 与起始端边缘相切：如果第一条断面曲线是曲面的边缘，放样曲面可以与该边缘所属的曲面形成正切，必须要有 3 条或以上的断面曲线才可以使用这个选项。

● 与结束端边缘相切：如果最后一条断面曲线是曲面的边缘，放样曲面可以与该边缘所属的曲面形成正切，必须要有 3 条或以上的断面曲线才可以使用这个选项。

● 与正切点分割：输入的曲线为多重曲线时，设定是否在线段与线段正切的顶点将建立的曲面分割成为多重曲面。

● 对齐曲线：当放样曲面发生扭转时，点选断面曲线的端点处可以反转曲线的对齐方向。

● 不要简化：不重建断面曲线。

● 重建点数：放样前先以设定的控制点数重建断面曲线。

● 重新逼近公差：以设定的公差重新逼近断面曲线。

● 预览：在工作视窗里预览结果，设定变更后要按预览工作视窗里的物件才会更新。

5.1.3 创建单轨扫掠曲面

在 Rhino 5.0 中，使用"单轨扫掠"命令可以沿着一条路径扫掠通过数条定义曲面形状的断面曲线建立曲面。

	素材文件	光盘\素材\第 5 章\5-8.3dm
	效果文件	光盘\效果\第 5 章\5-10.3dm
	视频文件	光盘\视频\第 5 章\5.1.3 创建单轨扫掠曲面.mp4

步骤 ❶ 按【Ctrl＋O】组合键，打开图形文件，如图 5-8 所示。

步骤 ❷ 在工具列中单击"指定三或四个角建立曲面"右侧的下拉按钮，在弹出的面板中单击"单轨扫掠"按钮 ，如图 5-9 所示。

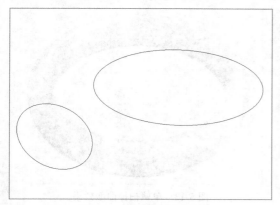

图 5-8　打开图形文件

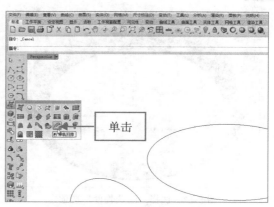

图 5-9　单击"单轨扫掠"按钮

专家提醒

还有以下 3 种方法可以创建单轨扫掠曲面。

● 在命令行中输入 Sweep1 命令。

● 单击"曲面"｜"单轨扫掠"按钮。

● 在功能区选项板中切换至"曲面工具"选项卡，在工具列中单击"单轨扫掠"按钮。

步骤 ❸ 根据命令行提示，在绘图区中选择大圆作为路径，然后选择小圆作为截面曲线，如图 5-10 所示。

步骤 ❹ 连续按两次【Enter】键确认，弹出"单轨扫掠选项"对话框，如图 5-11 所示。

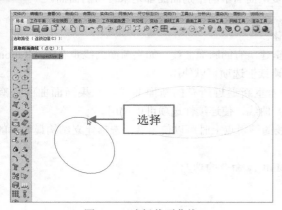

图 5-10　选择截面曲线

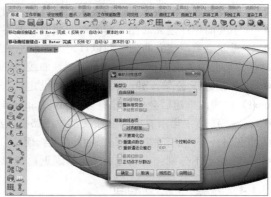

图 5-11　弹出"单轨扫掠选项"对话框

专家提醒

在创建单轨扫掠曲面时需注意以下两点。

● 每条断面曲线的结构都相同才可以建立品质良好的扫掠曲面，使用重新逼近公差选项时，所有的断面曲线会以三阶曲线重新逼近。未使用重新逼近公差选项时，所有断面曲线的阶数与节点会一致化，但形状并不会改变。

● 以封闭的路径曲线建立封闭的扫掠曲面时，用户选取的第一条断面曲线同时也是最后一条断面曲线。

步骤 **⑤** 接受默认的选项，单击"确定"按钮，即可创建单轨扫掠曲面，在绘图区中选择合适的曲线，单击鼠标右键，在弹出的快捷菜单中选择"隐藏物件"选项，如图 5-12 所示。

步骤 **⑥** 执行操作后，即可隐藏曲线，此时即可查看创建的单轨扫掠曲面，效果如图 5-13 所示。

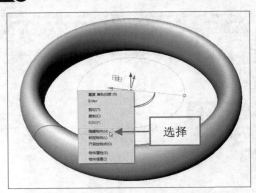

图 5-12　选择"隐藏物件"选项

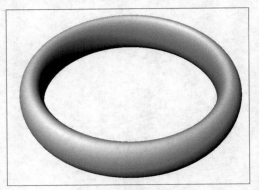

图 5-13　单轨扫掠曲面效果

在"单轨扫掠选项"对话框中，各主要选项的含义如下。

● 自由扭转：扫掠建立的曲面会随着路径曲线扭转。

● 走向 Top：断面曲线在扫掠时与 Top 视图工作平面的角度维持不变。

● 走向 Right：断面曲线在扫掠时与 Right 视图工作平面的角度维持不变。

● 走向 Front：断面曲线在扫掠时与 Front 视图工作平面的角度维持不变。

● 封闭扫掠：当路径为封闭曲线时，曲面扫掠过最后一条断面曲线后会再回到第一条断面曲线，用户至少需要选取两条断面曲线才能使用这个选项。

● 整体渐变：曲面断面的形状以线性渐变的方式从起点的断面曲线扫掠至终点的断面曲线。未使用这个选项时，曲面的断面形状在起点与终点附近的形状变化较小，在路径中段的变化较大。

● 未修剪衔接：如果建立的曲面是多重曲面，多重曲面中的个别曲面都是未修剪的曲面。

● 对齐断面：反转曲面扫掠过断面曲线的方向。

● 不要简化：建立曲面之前不对断面曲线做简化。

● 重建点数：建立曲面之前以设定的控制点数重建所有的断面曲线。如果断面曲线是有理（Rational）曲线，重建后会成为非有理（Non-Rational）曲线，使连续性选项可以使用。

● 重新逼近公差：建立曲面之前以设定的公差重新逼近所有的断面曲线。如果断面曲线是有理（Rational）曲线，重建后会成为非有理（Non-Rational）曲线，使连续性选项可以使用。

● 最简扫掠：当所有的断面曲线都放在路径曲线的编辑点上时可以使用这个选项建立结构最简单的曲面，曲面在路径方向的结构会与路径曲线完全一致。

● 正切点不分割：将路径曲线重新逼近，类似 FitCrv 命令的功能。

5.1.4　创建双轨扫掠曲面

在 Rhino 5.0 中，使用"双轨扫掠"命令可以沿着两条路径扫掠通过数条定义曲面形状的断面曲线建立曲面。

	素材文件	光盘\素材\第 5 章\5-15.3dm
	效果文件	光盘\效果\第 5 章\5-17.3dm
	视频文件	光盘\视频\第 5 章\5.1.4 创建双轨扫掠曲面.mp4

步骤 **①** 按【Ctrl＋O】组合键，打开图形文件，如图 5-14 所示。

步骤 **②** 在工具列中单击"指定三或四个角建立曲面"右侧的下拉按钮，在弹出的面板中单击"双轨扫掠"按钮，如图 5-15 所示。

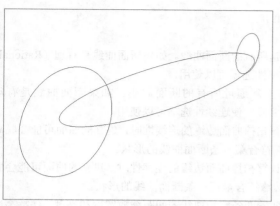

图 5-14　打开图形文件

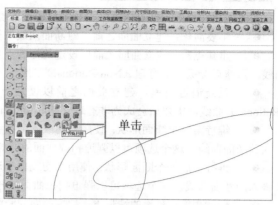

图 5-15　单击"双轨扫掠"按钮

在创建双轨扫掠曲面时，需注意以下 6 点。

● 最简扫掠的两条路径曲线的阶数及结构必须完全相同。

● 最简扫掠的每一条断面曲线都必须放置在两条路径曲线相对的编辑点或端点上。

● 用户可以打开路径曲线的编辑点并使用点物件锁定将断面曲线放置到路径曲线的编辑点上。

● 只以一条断面曲线做最简扫掠时，不论断面曲线放置于何处，曲面都会扫掠过整个路径曲线。

● 断面曲线的阶数可以不同，但建立的曲面的断面阶数为最高阶的断面曲线的阶数。

● 如果用户想要让扫掠曲面起点与终点的断面形状一样（大小可能不同），可以使用 Orient 命令，将扫掠起点的断面曲线定位、缩放及复制到扫掠的终点。

步骤 ③ 根据命令行提示，在绘图区中依次选择大圆和小圆作为路径曲线，然后选择椭圆作为截面曲线，连续按两次【Enter】键确认，弹出"双轨扫掠选项"对话框，如图 5-16 所示。

步骤 ④ 接受默认的选项，单击"确定"按钮，即可创建双轨扫掠曲面，然后隐藏绘图区中的曲线，如图 5-17 所示。

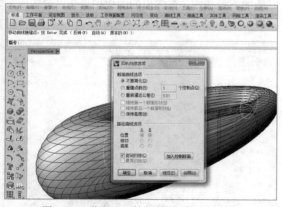

图 5-16　弹出"双轨扫掠选项"对话框

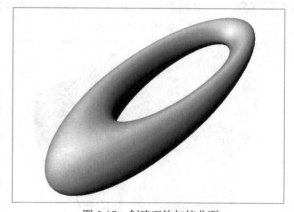

图 5-17　创建双轨扫掠曲面

还有以下 3 种方法可以创建双轨扫掠曲面。

● 在命令行中输入 Sweep2 命令。

● 单击"曲面"｜"双轨扫掠"按钮。

● 在功能区选项板中切换至"曲面工具"选项卡，在工具列中单击"双轨扫掠"按钮。

在"双轨扫掠选项"对话框中，各主要选项的含义如下。

● 不要简化：建立曲面之前不对断面曲线做简化。

● 重建点数：建立曲面之前以设定的控制点数重建所有的断面曲线。如果断面曲线是有理（Rational）曲线，重建后会成为非有理（Non-Rational）曲线，使连续性选项可以使用。

● 重新逼近公差：建立曲面之前以设定的公差重新逼近所有的断面曲线。如果断面曲线是有理（Rational）曲线，重建后会成为非有理（Non-Rational）曲线，使连续性选项可以使用。

● 维持第一个断面形状：使用正切或曲率连续计算扫掠曲面边缘的连续性时，建立的曲面可能会脱离输入的断面曲线，这个选项可以强迫扫掠曲面的开始边缘符合第一条断面曲线的形状。

● 维持最后一个断面形状：使用正切或曲率连续计算扫掠曲面边缘的连续性时，建立的曲面可能会脱离输入的断面曲线，这个选项可以强迫扫掠曲面的开始边缘符合最后一条断面曲线的形状。

● 保持高度：预设的情形下，扫掠曲面的断面会随着两条路径曲线的间距缩放宽度和高度，保持高度选项可以固定扫掠曲面的断面高度不随着两条路径曲线的间距缩放。

● 封闭扫掠：当路径为封闭曲线时，曲面扫掠过最后一条断面曲线后会再回到第一条断面曲线，用户至少需要选取两条断面曲线才能使用这个选项。

● 最简扫掠：输入的曲线完全符合要求时，可以建立结构最简化的扫掠曲面，建立的曲面会沿用输入曲线的结构。

● 加入控制断面：加入额外的断面曲线，控制曲面断面结构线的方向。

5.1.5 创建旋转曲面

在 Rhino 5.0 中，使用"旋转成形"命令可以一条轮廓曲线绕着旋转轴旋转而建立曲面。

素材文件	光盘\素材\第 5 章\5-18.3dm
效果文件	光盘\效果\第 5 章\5-18.3dm
视频文件	光盘\视频\第 5 章\5.1.5 创建旋转曲面.mp4

步骤 ① 按【Ctrl＋O】组合键，打开图形文件，如图 5-18 所示。

步骤 ② 在工具列中单击"指定三或四个角建立曲面"右侧的下拉按钮，在弹出的面板中单击"旋转成形"按钮，如图 5-19 所示。

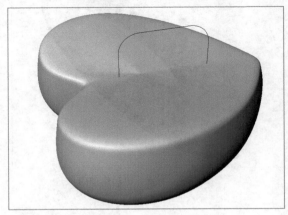

图 5-18 打开图形文件

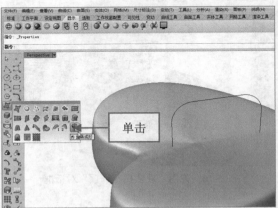

图 5-19 单击"旋转成形"按钮

步骤 ③ 根据命令行提示，在绘图区中选择曲线作为要旋转的曲线，按【Enter】键确认，然后至下方合适位置指定两点作为旋转轴的起点和端点，如图 5-20 所示。

步骤 ④ 执行操作后，连续按两次【Enter】键确认，即可创建旋转曲面，如图 5-21 所示。

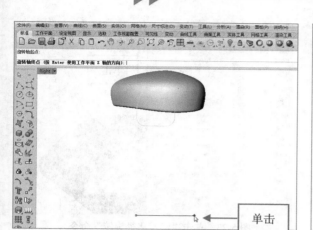

图 5-20 指定旋转轴起点和端点

图 5-21 创建旋转曲面

执行"旋转成形"命令后，命令行中各主要选项的含义如下。

● 删除输入物件：将原来的物件从文件中删除。

● 可塑形的：包含"否""是"和"点数"3 个选项，其中"否"指以圆形旋转建立曲面，建立的曲面为有理（Rational）曲面，这个曲面在四分点的位置是完全重数节点，这样的曲面在编辑控制点时可能会产生锐边；"是"指重建旋转成形曲面的环绕方向为三阶，为非有理（Non-Rational）曲面，这样的曲面在编辑控制点时可以平滑地变形。"点数"指设定控制点的数目。

● 360 度：快速设定旋转角度为 360 度，而不必输入角度值。使用这个选项以后，下次再执行这个指令时，预设的旋转角度为 360 度。

● 设置起始角度：用于指定旋转的起始角度。

● 分割正切点：输入的曲线为多重曲线时，设定是否在线段与线段正切的顶点将建立的曲面分割成为多重曲面。

专家提醒

还有以下 3 种方法可以创建旋转曲面。
● 在命令行中输入 Revolve 命令。
● 单击"曲面"|"旋转成形"按钮 🔑。
● 在功能区选项板中切换至"曲面工具"选项卡，在工具列中单击"旋转成形"按钮 🔑。

5.1.6 沿路径旋转曲面

在 Rhino 5.0 中，使用"沿着路径旋转"命令可以一条轮廓曲线沿着一条路径曲线，同时绕着中心轴旋转建立曲面。

素材文件	光盘\素材\第 5 章\5-22.3dm
效果文件	光盘\效果\第 5 章\5-25.3dm
视频文件	光盘\视频\第 5 章\5.1.6 沿路径旋转曲面.mp4

步骤 ① 按【Ctrl＋O】组合键，打开图形文件，如图 5-22 所示。

步骤 ② 单击"曲面"|"沿着路径旋转"命令，如图 5-23 所示。

步骤 ③ 根据命令行提示，在绘图区中选择合适的曲线作为轮廓曲线，如图 5-24 所示。

步骤 ④ 执行操作后，在绘图区中选择圆作为路径，并指定旋转轴的起点和终点，此时即可沿路径旋转曲面，如图 5-25 所示。

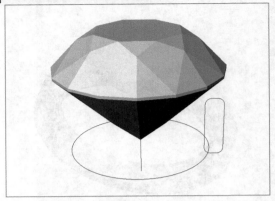

图 5-22　打开图形文件

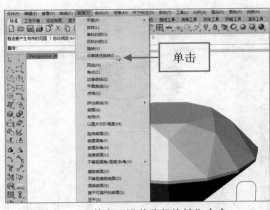

图 5-23　单击"沿着路径旋转"命令

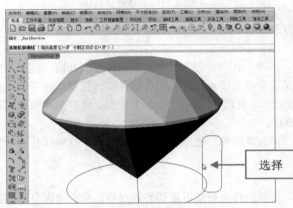

图 5-24　选择轮廓曲线

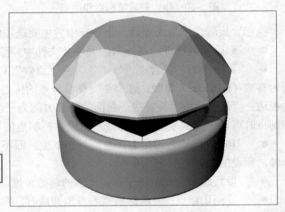

图 5-25　沿路径旋转曲面

专家提醒

　　用户还可以通过在命令行中输入 RailRevolve 命令来沿路径旋转曲面。

　　执行"沿着路径旋转"命令后，命令行中各主要选项的含义如下。

　　● 　缩放高度：轮廓曲线除了沿着路径旋转以外，同时以中心轴的起点为基准点做缩放。如果路径曲线是平面的，而且与中心轴垂直，那么使用缩放高度与否得到的结果会是一样的，这也是一般以沿着路径旋转建立曲面常见的情形。如果路径曲线不是平面曲线，而且用户需要轮廓曲线在沿着路径旋转时靠着中心轴的端点高度固定，可以使用缩放高度选项。使用缩放高度选项时，旋转轴起点的位置非常重要，因为这个点是轮廓曲线垂直缩放的基准点。轮廓曲线必须放在路径曲线的起点才能得到正确的结果，因为路径曲线的起点是轮廓曲线水平缩放的第一参考点。

　　● 　分割正切点：输入的曲线为多重曲线时，设定是否在线段与线段正切的顶点将建立的曲面分割成为多重曲面。

5.2　珠宝首饰曲面的编辑

　　创建完曲面后，有些曲面并不符合设计要求，此时就需要对曲面进行编辑。曲面的编辑主要包括延伸曲面、圆角曲面、斜角曲面及偏移曲面等。

5.2.1　延伸曲面

　　在 Rhino 5.0 中，使用"延伸曲面"命令可以移动曲面的边缘将曲面延长。

	素材文件	光盘\素材\第 5 章\5-26.3dm
	效果文件	光盘\效果\第 5 章\5-29.3dm
	视频文件	光盘\视频\第 5 章\5.2.1 延伸曲面.mp4

步骤① 按【Ctrl＋O】组合键，打开图形文件，如图 5-26 所示。

步骤② 在工具列中单击"曲面圆角"右侧的下拉按钮，在弹出的面板中单击"延伸曲面"按钮，如图 5-27 所示。

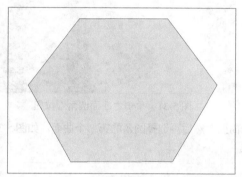

图 5-26 打开图形文件

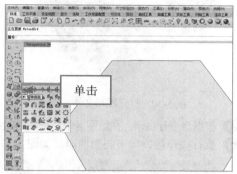

图 5-27 单击"延伸曲面"按钮

专家提醒

还有以下两种方法可以延伸曲面。

● 在命令行中输入 ExtendSrf 命令。

● 单击"曲面"｜"延伸曲面"命令。

步骤③ 根据命令行提示，在绘图区中选择最上方的曲线，如图 5-28 所示。

步骤④ 在命令行中输入 3，按【Enter】键确认，即可延伸曲面，如图 5-29 所示。

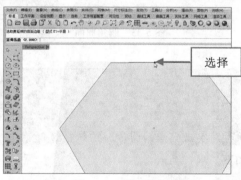

图 5-28 选择曲线

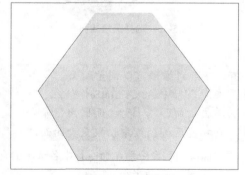

图 5-29 延伸曲面

专家提醒

如果曲面是修剪过的，延伸曲面时会暂时显示完整的曲面。

5.2.2 圆角曲面

在 Rhino 5.0 中，使用"曲面圆角"命令可以在两个曲面间建立半径固定的圆角曲面，使曲面相接处圆滑。

	素材文件	光盘\素材\第 5 章\5-30.3dm
	效果文件	光盘\效果\第 5 章\5-31.3dm
	视频文件	光盘\视频\第 5 章\5.2.2 圆角曲面.mp4

步骤 **1** 按【Ctrl＋O】组合键，打开图形文件，如图 5-30 所示。

步骤 **2** 在工具列中单击"曲面圆角"按钮，如图 5-31 所示。

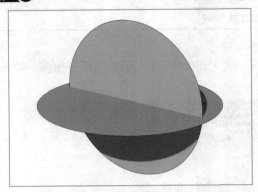

图 5-30　打开图形文件

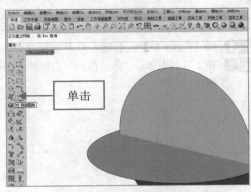

图 5-31　单击"曲面圆角"按钮

步骤 **3** 根据命令行提示，在绘图区中选择圆角的第一个曲面，然后再选择圆角的第二个曲面，如图 5-32 所示。

步骤 **4** 执行操作后，即可圆角曲面，如图 5-33 所示。

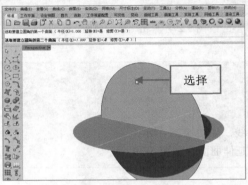

图 5-32　选择圆角曲面

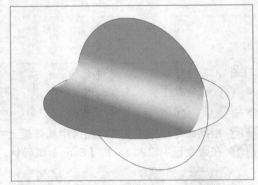

图 5-33　圆角曲面

专家提醒

还有以下 3 种方法可以圆角曲面。

● 在命令行中输入 FilletSrf 命令。

● 单击"曲面"｜"曲面圆角"命令。

● 在功能区选项板中切换至"曲面工具"选项卡，单击"曲面圆角"按钮。

执行"曲面圆角"命令后，命令行中各选项的含义如下。

● 半径：设定圆角半径。

● 延伸：当输入的两个曲面的长度不同时，圆角曲面会延伸至较长的曲面的整个边缘。

● 修剪：是否对圆角的曲面进行修剪，其包含"是""否"和"分割"3 个选项。其中，"是"指以结果曲面修剪原来的曲面；"否"指不修剪；"分割"指以结果曲面分割原来的曲面。

5.2.3　斜角曲面

在 Rhino 5.0 中，使用"曲面斜角"命令可以在两个曲面之间建立斜角曲面。

	素材文件	光盘\素材\第 5 章\5-35.3dm
	效果文件	光盘\效果\第 5 章\5-37.3dm
	视频文件	光盘\视频\第 5 章\5.2.3 斜角曲面.mp4

步骤① 按【Ctrl＋O】组合键，打开图形文件，如图 5-34 所示。

步骤② 在工具列中单击"曲面圆角"右侧的下拉按钮，在弹出的面板中单击"曲面斜角"按钮，如图 5-35 所示。

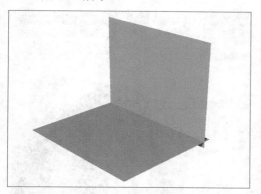

图 5-34　打开图形文件

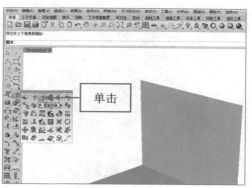

图 5-35　单击"曲面斜角"按钮

步骤③ 根据命令行提示，在命令行中输 d，按【Enter】键确认，依次输入 1.5 和 2，如图 5-36 所示。

步骤④ 根据命令行提示，在绘图区中依次选择竖直的曲面和水平的曲面，执行操作后，即可斜角曲面，如图 5-37 所示。

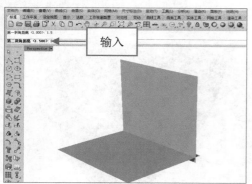

图 5-36　输入 2

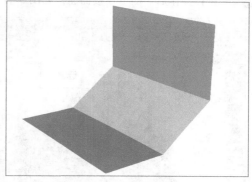

图 5-37　斜角曲面

专家提醒

还有以下 3 种方法可以斜角曲面。

● 在命令行中输入 ChamferSrf 命令。

● 单击"曲面"｜"曲面斜角"命令。

● 在功能区选项板中切换至"曲面工具"选项卡，单击"曲面斜角"按钮。

执行"曲面斜角"命令后，命令行中各选项的含义如下。

● 距离：两个曲面的交线至斜角曲面边缘的距离。

● 延伸：两侧曲面长度不一样时延伸斜角曲面。

5.2.4　连接曲面

在 Rhino 5.0 中，使用"连接曲面"命令可以延伸两个曲面并相互修剪，使两个曲面的边缘相接。

	素材文件	光盘\素材\第 5 章\5-38.3dm
	效果文件	光盘\效果\第 5 章\5-41.3dm
	视频文件	光盘\视频\第 5 章\5.2.4 连接曲面.mp4

步骤 ① 按【Ctrl＋O】组合键，打开图形文件，如图 5-38 所示。

步骤 ② 在工具列中单击"曲面圆角"右侧的下拉按钮，在弹出的面板中单击"连接曲面"按钮，如图 5-39 所示。

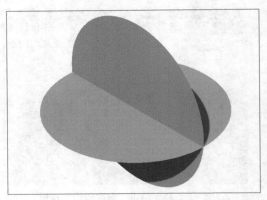

图 5-38　打开图形文件

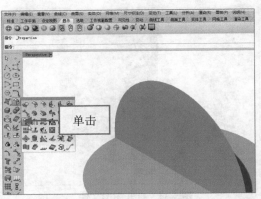

图 5-39　单击"连接曲面"命令

步骤 ③ 根据命令行提示，在绘图区中选择要连接的第一曲面的边缘，然后选择要连接的第二曲面的边缘，如图 5-40 所示。

步骤 ④ 执行操作后，即可连接曲面，如图 5-41 所示。

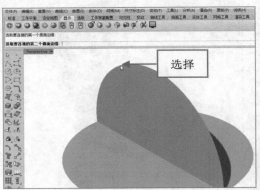

图 5-40　选择曲面边缘

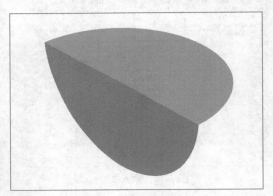

图 5-41　连接曲面

专家提醒

还有以下 3 种方法可以连接曲面。

- 在命令行中输入 ConnectSrf 命令。
- 单击"曲面"｜"连接曲面"命令。
- 在功能区选项板中切换至"曲面工具"选项卡，单击"连接曲面"按钮。

5.2.5　偏移曲面

在 Rhino 5.0 中，使用"偏移曲面"命令可以复制曲面。

	素材文件	光盘\素材\第 5 章\5-42.3dm
	效果文件	光盘\效果\第 5 章\5-45.3dm
	视频文件	光盘\视频\第 5 章\5.2.5 偏移曲面.mp4

步骤 ① 按【Ctrl＋O】组合键，打开图形文件，如图 5-42 所示。

步骤 ② 在工具列中单击"曲面圆角"右侧的下拉按钮，在弹出的面板中单击"偏移曲面"按钮 ，如图 5-43 所示。

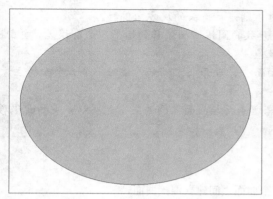

图 5-42　打开图形文件

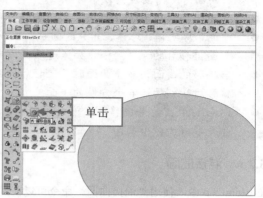

图 5-43　单击"偏移曲面"按钮

专家提醒

还有以下 3 种方法可以偏移曲面。

● 在命令行中输入 OffsetSrf 命令。

● 单击"曲面"｜"偏移曲面"。

● 在功能区选项板中切换至"曲面工具"选项卡，单击"偏移曲面"按钮 。

步骤 ③ 根据命令行提示，在绘图区中选择要偏移的曲面，然后在命令行中输入 d，按【Enter】键确认，输入 2，如图 5-44 所示。

步骤 ④ 执行操作后，连续按两次【Enter】键确认，即可偏移曲面，如图 5-45 所示。

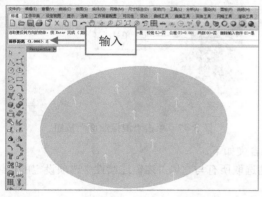

图 5-44　输入 2

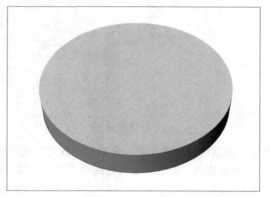

图 5-45　偏移曲面

执行"偏移曲面"命令后，命令行中各主要选项的含义如下。

● 距离：设定偏移的距离。

● 角：包含"圆角"和"锐角"两个选项，其中"圆角"指锐角偏移产生的缝隙以圆角填补；"锐角"指锐角偏移时曲面延伸相互修剪。

● 实体：以原来的曲面与偏移后的曲面边缘放样并组合成封闭的实体。

● 松弛：偏移后的曲面的结构与原来的曲面相同。

● 公差：设定偏移曲面的公差，输入 0 为使用预设公差。

● 两侧：同时往两侧偏移。

● 删除输入物件：将原来的物件从文件中删除。

● 全部反转：反转所有选取的曲面的偏移方向，曲面上箭头的方向为正的偏移方向。

在偏移曲面时，需要注意以下 4 点。

● 正值的偏移距离是往箭头的方向偏移，负值则是往箭头的反方向偏移。

● 平面、环状体、球体、开放的圆柱曲面或开放的圆锥曲面偏移的结果不会有误差，自由造型曲面偏移后的误差会小于公差选项的设定值。

● 当偏移的曲面为多重曲面时，偏移后的曲面会分散开来。例如：偏移一个六个面的立方体，偏移后得到的是 6 个分散的平面。

● 以 OffsetSrf 命令偏移的多重曲面并不会保留曲面与曲面之间的关系，所以多重曲面偏移后会分散成为数个曲面。

5.2.6 混接曲面

在 Rhino 5.0 中，使用"混接曲面"命令可以在两个曲面之间建立混接曲面。

素材文件	光盘\素材\第 5 章\5-46.3dm	
效果文件	光盘\效果\第 5 章\5-49.3dm	
视频文件	光盘\视频\第 5 章\5.2.6 混接曲面.mp4	

步骤 ① 按【Ctrl＋O】组合键，打开图形文件，如图 5-46 所示。

步骤 ② 在工具列中单击"曲面圆角"右侧的下拉按钮，在弹出的面板中单击"混接曲面"按钮，如图 5-47 所示。

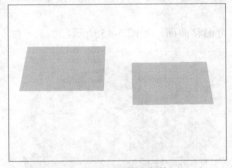

图 5-46　打开图形文件

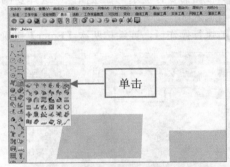

单击

图 5-47　单击"混接曲面"按钮

执行"混接曲面"命令后，命令行中各主要选项的含义如下。

● 自动连锁：选取一条曲线或曲面边缘可以自动选取所有与它以"连锁连续性"选项设定的连续性相接的线段。

● 连锁连续性：设定自动连锁选项使用的连续性。

● 方向：包含"向后"、"向前"和"两方向" 3 个选项，其中"向后"指选取第一个连锁段负方向的曲线/边缘段；"向前"指选取第一个连锁段正方向的曲线/边缘段；"两方向"指选取第一个连锁段正、负两个方向的曲线/边缘段。

● 接缝公差：如果两条曲线或两个边缘的端点距离比这个数值小，连锁选取会忽略这个接缝，继续选取下一个连锁段。

● 角度公差：当"连锁连续性"设为"正切"时，两条曲线或两个边缘段接点的差异角度小于这个设定值时会被视为正切。

● 复原：依序复原最后选取的线段。

● 下一个：选取下一条线段。

● 全部：选取所有线段。

专家提醒

还有以下 3 种方法可以混接曲面。
- 在命令行中输入 BlendSrf 命令。
- 单击"曲面"｜"混接曲面"命令。
- 在功能区选项板中切换至"曲面工具"选项卡，单击"混接曲面"按钮 。

步骤 ③ 根据命令行提示，在绘图区中依次选择合适的曲面边缘，并按【Enter】键确认，弹出"调整曲面混接"对话框，如图 5-48 所示。

步骤 ④ 接受默认的参数，单击"确定"按钮，执行操作后，即可混接曲面，如图 5-49 所示。

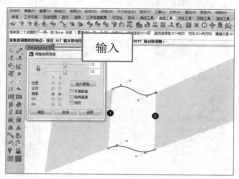

图 5-48　弹出"调整曲面混接"对话框

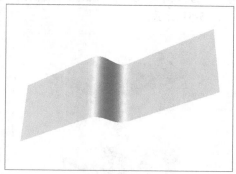

图 5-49　混接曲面

在"调整曲面混接"对话框中，各主要选项的含义如下。
- 位置：只测量两条曲线端点的位置是否相同，两条曲线的端点位于同一个位置时称为位置连续，也就是两条曲线仅端点相连。
- 正切：测量两条曲线端点的位置及方向是否相同，也就是两条曲线的端点相接且方向一致。
- 曲率：测量两条曲线端点的位置、方向，以及曲率是否相同，三者都相同时称为曲率连续，也就是两条曲线的端点不只相接，连方向与半径都一样。
- G3：G3 连续比曲率增加一个条件，两条曲线的端点除了位置、方向及半径一致外，半径的变化率也必须相同。
- G4：G4 连续极少用到，但可能在某些特殊案例很重要。G4 连续除需要 G3 连续的所有条件外，在 3D 空间的曲率变化率也必须相同。
- 加入断面：加入额外的断面控制混接曲面的形状。当混接曲面过于扭曲时，用户可以使用这个功能控制混接曲面更多位置的形状。
- 相同高度：做混接的两个曲面边缘之间的距离有变化时，这个选项可以让混接曲面的高度维持不变。

专家提醒

在混接曲面时，需要注意以下 4 点。
- 用来建立混接曲面的曲面边缘与另一个曲面上的洞大小相当时，混接曲面会向内凹陷，才可以平滑地混接两个曲面边缘。
- 当要建立混接的两个曲面的边缘相接时，BlendSrf 命令会把两条曲面边缘视为同一侧的边缘，为避免这种情形，用户可以在选取混接曲面一侧的曲面边缘后按【Enter】键，再选取另一侧的曲面边缘。
- 有些时候，混接曲面与其他曲面之间在渲染时会有缝隙，这是因为渲染网格设定不够精细，渲染网格只是与真正曲面的形状近似，并不完全一样。
- 使用 Join 命令将混接曲面与其他曲面组合成为一个多重曲面，可使不同曲面的渲染网格之间在接缝处的顶点完全对齐，避免出现缝隙。

5.2.7 均分曲面

在 Rhino 5.0 中，使用"均分曲面"命令可以在两个曲面之间建立均分的曲面。

	素材文件	光盘\素材\第 5 章\5-50.3dm
	效果文件	光盘\效果\第 5 章\5-53.3dm
	视频文件	光盘\视频\第 5 章\5.2.7 均分曲面.mp4

步骤 ❶ 按【Ctrl＋O】组合键，打开图形文件，如图 5-50 所示。

步骤 ❷ 在工具列中单击"曲面圆角"右侧的下拉按钮，在弹出的面板中单击"均分曲面"按钮，如图 5-51 所示。

图 5-50　打开图形文件

图 5-51　单击"均分曲面"按钮

专家提醒

还有以下 3 种方法可以均分曲面。

● 在命令行中输入 TweenSurfaces 命令。

● 单击"曲面"｜"均分曲面"命令。

● 在功能区选项板中切换至"曲面工具"选项卡，单击"均分曲面"按钮。

步骤 ❸ 根据命令行提示，依次选择起点曲面和终点曲面，如图 5-52 所示。

步骤 ❹ 执行操作后，按【Enter】键确认，即可均分曲面，如图 5-53 所示。

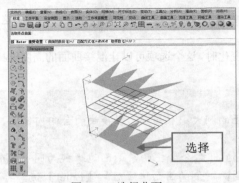

图 5-52　选择曲面

图 5-53　均分曲面

执行"均分曲面"命令后，命令行中各主要选项的含义如下。

● 曲面的数目：设定在两个输入的曲面之间建立多少均分曲面。

● 匹配方式：设定输出的曲面的计算方式，包含"无"、"重新逼近"和"取样点"3 个选项，其中"无"指以曲面控制点对应的方式建立均分曲面；"重新逼近"指重新逼近输出的曲面，类似 FitSrf 命令的效果，建立的曲面会比较复杂；"取样点"指在输入的曲面以设定的数目建立平均分段点，以分段点为参考建立均分曲面。

● 取样数：用以取样的点的数量。

5.2.8　衔接曲面

在 Rhino 5.0 中，使用"衔接曲面"命令可以调整曲面的边缘，与其他曲面形成位置、正切或曲率连续。

素材文件	光盘\素材\第 5 章\5-55.3dm
效果文件	光盘\效果\第 5 章\5-58.3dm
视频文件	光盘\视频\第 5 章\5.2.8 衔接曲面.mp4

步骤 ① 按【Ctrl＋O】组合键，打开图形文件，如图 5-54 所示。

步骤 ② 在工具列中单击"曲面圆角"右侧的下拉按钮，在弹出的面板中单击"衔接曲面"按钮，如图 5-55 所示。

图 5-54　打开图形文件

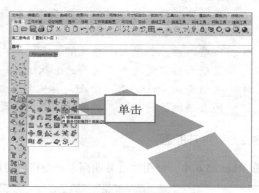

图 5-55　单击"衔接曲面"按钮

专家提醒

还有以下 3 种方法可以衔接曲面。

● 在命令行中输入 MatchSrf 命令。

● 单击"曲面"｜"曲面编辑工具"｜"衔接"命令。

● 在功能区选项板中切换至"曲面工具"选项卡，单击"衔接曲面"按钮。

步骤 ③ 根据命令行提示，在绘图区中依次选择合适的曲面边缘，如图 5-56 所示。

步骤 ④ 按【Enter】键确认，弹出"衔接曲面"对话框，如图 5-57 所示。

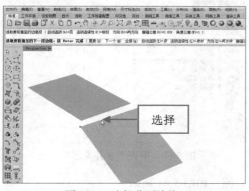

图 5-56　选择曲面边缘

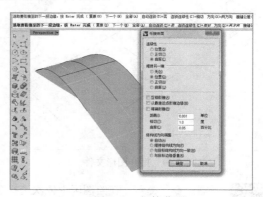

图 5-57　衔接曲面

步骤 ⑤ 接受默认的参数，单击"确定"按钮，执行操作后，即可衔接曲面，如图 5-58 所示。

执行"衔接曲面"命令后,命令行中各主要选项的含义如下。

- 多重衔接:可以同时衔接一条以上的边缘。
- 连锁连续性:设定衔接的连续性。

维持另一端:改变曲面的阶数增加控制点,避免曲面另一端边缘的连续性被破坏。

图 5-58 衔接曲面

5.2.9 合并曲面

在 Rhino 5.0 中,使用"合并曲面"命令可以将同一个曲面数段相邻的边缘合并为单一边缘。

素材文件	光盘\素材\第 5 章\5-59.3dm
效果文件	光盘\效果\第 5 章\5-62.3dm
视频文件	光盘\视频\第 5 章\5.2.9 合并曲面.mp4

步骤 ① 按【Ctrl+O】组合键,打开图形文件,如图 5-59 所示。

步骤 ② 在工具列中单击"曲面圆角"右侧的下拉按钮,在弹出的面板中单击"合并曲面"按钮 ,如图 5-60 所示。

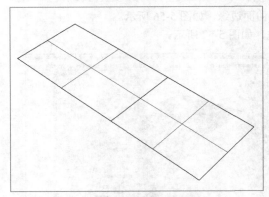

图 5-59 打开图形文件

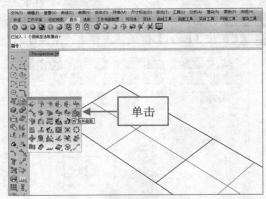

图 5-60 单击"合并曲面"按钮

步骤 ③ 根据命令行提示,在绘图区中依次选择合适的曲面,如图 5-61 所示。

步骤 ④ 执行操作后,即可合并曲面,此时两个曲面合并为一个整体,如图 5-62 所示。

还有以下 3 种方法可以合并曲面。

● 　在命令行中输入 MergeEdge 命令。

● 　单击"曲面" | "曲面编辑工具" | "合并"命令。

● 　在功能区选项板中切换至"曲面工具"选项卡，单击"合并曲面"按钮。

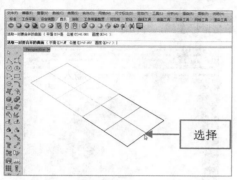

图 5-61　选择曲面

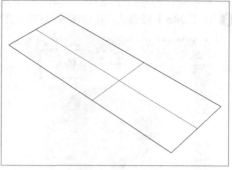

图 5-62　合并曲面

在合并曲面时，需要注意以下 3 点。

● 　要合并的边缘必须属于同一个曲面，相邻且平滑相接。

● 　使用 ShowEdges 指令显示边缘及边缘的端点。

● 　另一个 MergeAllEdges 指令可以一次合并曲面或多重曲面所有可合并的边缘。

5.2.10　不等距圆角曲面

在 Rhino 5.0 中，使用"不等距曲面圆角"命令可以在两个曲面之间建立不等距的圆角曲面。

	素材文件	光盘\素材\第 5 章\5-63.3dm
	效果文件	光盘\效果\第 5 章\5-66.3dm
	视频文件	光盘\视频\第 5 章\5.2.10 不等距圆角曲面.mp4

步骤 ① 按【Ctrl＋O】组合键，打开图形文件，如图 5-63 所示。

步骤 ② 在工具列中单击"曲面圆角"右侧的下拉按钮，在弹出的面板中单击"不等距曲面圆角"按钮，如图 5-64 所示。

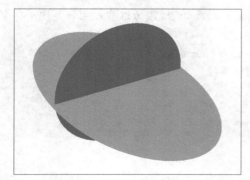

图 5-63　打开图形文件

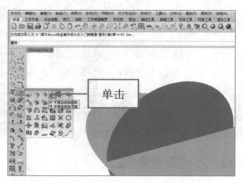

图 5-64　单击"不等距曲面圆角"按钮

还有以下 3 种方法可以进行不等距曲面圆角。

- 在命令行中输入 VariableFilletSrf 命令。
- 单击"曲面"│"不等距圆角/混接/斜角"│"不等距曲面圆角"命令。
- 在功能区选项板中切换至"曲面工具"选项卡，单击"不等距曲面圆角"按钮 。

步骤 3 根据命令行提示，在绘图区中依次选择合适的曲面，然后在绘图区中左侧的控制杆上单击鼠标左键，并在命令行中输入 2，如图 5-65 所示。

步骤 4 按【Enter】键确认，在绘图区中右侧的控制杆上单击鼠标左键，并在命令行中输入 3，如图 5-66 所示。

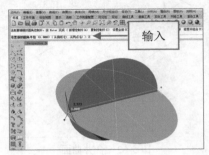

图 5-65　输入 2

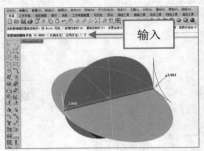

图 5-66　输入 3

步骤 5 执行操作后，连续按两次【Enter】键确认，即可不等距圆角曲面，效果如图 5-67 所示。

执行"不等距曲面圆角"命令后，命令行中各主要选项的含义如下。

- 从曲线：点选一条曲线，套用曲线在点选位置的半径。
- 从两点：指定两个点设定半径/距离。
- 新增控制杆：沿着边缘新增控制杆。
- 复制控制杆：以选取的控制杆的斜角距离建立另一个控制杆。
- 设置全部：设置全部控制杆的距离或半径。
- 连结控制杆：编辑单一控制杆更新所有其他控制杆。
- 修剪并组合：以结果曲面修剪原来的曲面并组合在一起。

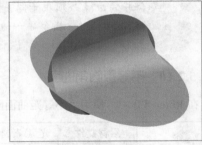

图 5-67　不等距圆角曲面效果

在选取控制杆时，需要注意以下几点。

- 只有新增的控制杆可以被移除。
- 每一个开放的边缘段两端的预设控制杆无法被移动或删除，因为这些控制杆是这个指令运行所必需的。
- 单一边缘段的封闭边缘的控制杆可以移动，但仍无法删除。
- 每个预设的控制杆上通常都只有一个可以调整半径大小的控制杆掣点。
- 自行加入的控制杆会有两个控制杆掣点。
- 边缘上的控制杆掣点可以沿着边缘移动。
- 移动另一个控制杆掣点可以改变半径。

5.2.11　不等距斜角曲面

在 Rhino 5.0 中，使用"不等距曲面斜角"命令可以在两个曲面之间建立不等距的斜角曲面，修剪原来的曲面，并将曲面组合在一起。

素材文件	光盘\素材\第 5 章\5-63.3dm
效果文件	光盘\效果\第 5 章\5-71.3dm
视频文件	光盘\视频\第 5 章\5.2.11 不等距斜角曲面.mp4

步骤 ① 以上面的素材为例，在工具列中单击"曲面圆角"右侧的下拉按钮，在弹出的面板中单击"不等距曲面斜角"按钮 ，如图 5-68 所示。

步骤 ② 根据命令行提示，在绘图区中依次选择合适的曲面，然后在绘图区中左侧的控制杆上单击鼠标左键，并在命令行中输入 3，如图 5-69 所示。

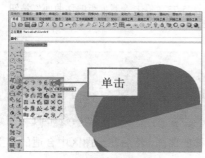

图 5-68　打开图形文件

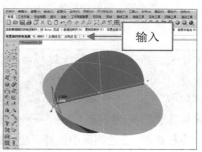

图 5-69　输入 3

专家提醒

还有以下 3 种方法可以进行不等距斜面圆角。

- 在命令行中输入 VariableChamferSrf 命令。
- 单击"曲面"｜"不等距圆角/混接/斜角"｜"不等距曲面斜角"命令。
- 在功能区选项板中切换至"曲面工具"选项卡，单击"不等距曲面斜角"按钮 。

步骤 ③ 按【Enter】键确认，在绘图区中右侧的控制杆上单击鼠标左键，并在命令行中输入 1.5，如图 5-70 所示。

步骤 ④ 执行操作后，连续按两次【Enter】键确认，即可不等距斜角曲面，效果如图 5-71 所示。

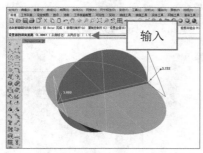

图 5-70　输入 1.5

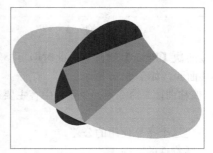

图 5-71　不等距曲面斜角效果

5.2.12　不等距偏移曲面

在 Rhino 5.0 中，使用"不等距偏移曲面"命令可以不相等的距离偏移复制一个曲面。

素材文件	光盘\素材\第 5 章\5-72.3dm
效果文件	光盘\效果\第 5 章\5-75.3dm
视频文件	光盘\视频\第 5 章\5.2.12 不等距偏移曲面.mp4

步骤 ① 按【Ctrl+O】组合键，打开图形文件，如图 5-72 所示。

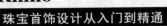
步骤② 在工具列中单击"曲面圆角"右侧的下拉按钮，在弹出的面板中单击"不等距偏移曲面"按钮，如图 5-73 所示。

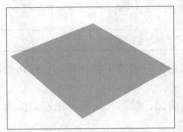

图 5-72 打开图形文件

图 5-73 单击"不等距偏移曲面"按钮

专家提醒

还有以下 3 种方法可以进行不等距偏移曲面。

● 在命令行中输入 VariableOffsetSrf 命令。

● 单击"曲面"｜"不等距圆角/混接/斜角"｜"不等距偏移曲面"命令。

● 在功能区选项板中切换至"曲面工具"选项卡，单击"不等距偏移曲面"按钮。

步骤③ 根据命令行提示，在绘图区中选择要进行偏移的曲面，然后在绘图区中合适的点上单击鼠标左键，并在命令行中输入 3，如图 5-74 所示。

步骤④ 按【Enter】键确认，在绘图区中合适的点上单击鼠标左键，并在命令行中输入 3，如图 5-75 所示。

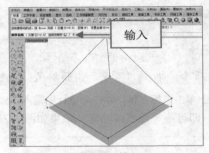

图 5-74 输入 3

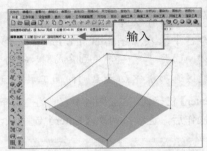

图 5-75 输入 3

步骤⑤ 连续按两次【Enter】键确认，此时即可不等距偏移曲面，如图 5-76 所示。

执行"不等距偏移曲面"命令后，命令行中各主要选项的含义如下。

● 公差：设定这个指令使用的公差。

● 反转：反转物件的方向。

● 设置全部：设置全部控制杆为相同距离。

● 连结控制杆：以同样的比例调整所有控制杆的距离。

图 5-76 不等距偏移曲面

● 新增控制杆：加入一个调整偏移距离的控制杆。

● 边正切：维持偏移曲面边缘的正切方向与原来的曲面一致。

第6章 创建与编辑珠宝首饰三维模型

学前提示

在 Rhino 5.0 中，三维模型是由封闭的 NURBS 曲面构成的。本章主要向读者介绍珠宝首饰三维模型的创建与编辑。

本章知识重点

- 珠宝首饰几何体的创建
- 珠宝首饰模型的编辑
- 珠宝首饰模型的布尔运算
- 珠宝首饰模型的尺寸标注

学完本章后你能掌握什么

- 掌握珠宝首饰几何体的创建，包括创建立方体、圆柱体等
- 掌握珠宝首饰模型的编辑，包括偏移实体、挤出曲面等
- 掌握珠宝首饰模型的布尔运算，包括联集、差集运算等

6.1 珠宝首饰几何体的创建

几何体包括立方体、圆柱体、球体、圆锥体等，是物理世界中最基础的形体。本节主要介绍珠宝首饰几何体的创建。

6.1.1 创建立方体

在 Rhino 5.0 中，使用"立方体"命令可以生成一个立方体。

素材文件	光盘\素材\第 6 章\6-1.3dm
效果文件	光盘\效果\第 6 章\6-6.3dm
视频文件	光盘\视频\第 6 章\6.1.1 创建立方体.mp4

步骤 ① 按【Ctrl＋O】组合键，打开图形文件，如图 6-1 所示。

步骤 ② 在工具列中单击"立方体：角对角、高度"按钮 ⬚，如图 6-2 所示。

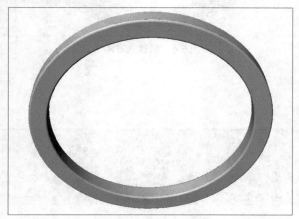

图 6-1 打开图形文件

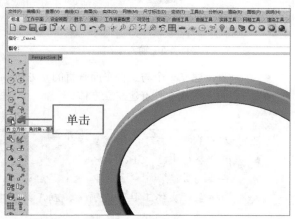

图 6-2 单击"立方体：角对角、高度"按钮

步骤 ③ 根据命令行提示，在命令行中输入（-6,3,1），如图 6-3 所示。

步骤 ④ 按【Enter】键确认，根据命令行提示，输入（-7,6.5,-1.2），如图 6-4 所示。

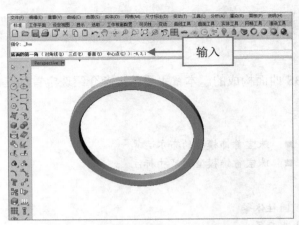

图 6-3　输入坐标　　　　　　　　　　图 6-4　输入坐标

步骤 ⑤ 按【Enter】键确认，根据命令行提示，输入-2.2，如图 6-5 所示。

步骤 ⑥ 执行操作后，按【Enter】键确认，即可创建立方体，如图 6-6 所示。

执行"立方体：角对角、高度"命令后，命令行中各主要选项的含义如下。

- 对角线：以两个对角画出底面矩形，无设定边长的选项。
- 三点：以两个相邻的角和对边上的一点创建立方体。

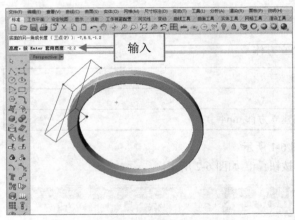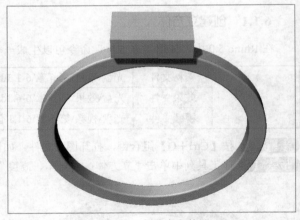

图 6-5　输入-2.2　　　　　　　　　　图 6-6　创建立方体

- 垂直：建立一个与工作平面垂直的立方体。
- 中心点：从中心点建立立方体。

专家提醒

还有以下 3 种方法可以创建立方体。
- 在命令行中输入 Box 命令。
- 单击"实体"|"立方体"|"角对角、高度"命令。
- 切换至"实体工具"选项卡，在工具列中单击"立方体：角对角、高度"按钮 。

6.1.2　创建圆柱体

圆柱体可以看作是以长方体的一条边为旋转中心线，并绕其旋转 360°所形成的实体。在 Rhino 5.0 中，

使用"圆柱体"命令可直接在绘图区的指定位置生成一个圆柱体。

素材文件	光盘\素材\第 6 章\6-7.3dm
效果文件	光盘\效果\第 6 章\6-11.3dm
视频文件	光盘\视频\第 6 章\6.1.2 创建圆柱体.mp4

步骤 ① 按【Ctrl＋O】组合键，打开图形文件，如图 6-7 所示。

步骤 ② 在工具列中单击"立方体：角对角、高度"右侧的下拉按钮，在弹出的面板中单击"圆柱体"按钮，如图 6-8 所示。

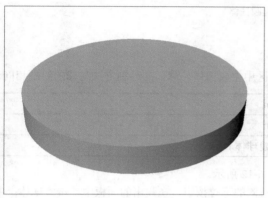

图 6-7　打开图形文件

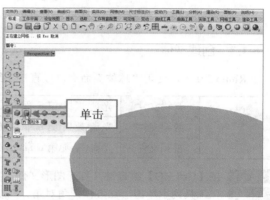

图 6-8　单击"圆柱体"按钮

专家提醒

还有以下 3 种方法可以创建圆柱体。

● 在命令行中输入 Cylinder 命令。

● 单击"实体"｜"圆柱体"命令。

● 切换至"实体工具"选项卡，在工具列中单击"圆柱体"按钮。

步骤 ③ 根据命令行提示，在绘图区图形的上方圆心点处单击鼠标左键，如图 6-9 所示。

步骤 ④ 执行操作后，在命令行中输入 1，按【Enter】键确认，再输入 3，如图 6-10 所示。

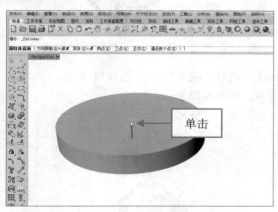

图 6-9　单击鼠标左键

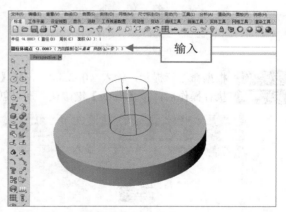

图 6-10　输入 3

步骤 ⑤ 执行操作后，按【Enter】键确认，即可创建圆柱体，如图 6-11 所示。

执行"圆柱体"命令后，命令行中各主要选项的含义如下。

● 垂直：画一个与工作平面垂直的物件。

● 实体：用一个平面封闭底部建立实体。

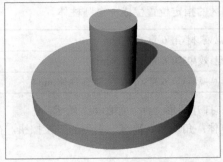

图 6-11　创建圆柱体

6.1.3　创建球体

在 Rhino 5.0 中，使用"球体"命令可以直接在绘图区中生成球体，球体的绘制方法与球的绘制相同。

	素材文件	光盘\素材\第 6 章\6-12.3dm
	效果文件	光盘\效果\第 6 章\6-16.3dm
	视频文件	光盘\视频\第 6 章\6.1.3 创建球体.mp4

步骤 ① 按【Ctrl＋O】组合键，打开图形文件，如图 6-12 所示。

步骤 ② 在工具列中单击"立方体：角对角、高度"右侧的下拉按钮，在弹出的面板中单击"球体：中心点、半径"按钮 ⬤，如图 6-13 所示。

图 6-12　打开图形文件

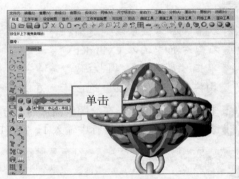

图 6-13　单击"球体：中心点、半径"按钮

步骤 ③ 根据命令行提示，输入（0,-2.5,0），按【Enter】键确认，输入 5.5，如图 6-14 所示。

步骤 ④ 执行操作后，按【Enter】键确认，即可创建球体，如图 6-15 所示。

图 6-14　输入 5.5

图 6-15　创建球体

执行"球体"命令后，命令行中各主要选项的含义如下。

- 两点：以直径的两个端点创建球体。
- 三点：以球体上的 3 个点创建球体。
- 正切：创建出与曲线正切的球体。
- 环绕曲线：创建一个与曲线垂直的球体。
- 逼近数个点：创建出逼近选取的点物件、曲线/曲面控制点或网格顶点的球体。
- 四个点：指定球体的 4 个通过点建立球体。

专家提醒

还有以下 3 种方法可以创建球体。

- 在命令行中输入 Sphere 命令。
- 单击"实体" | "球体"命令。
- 切换至"实体工具"选项卡，在工具列中单击"球体"按钮 。

6.1.4　创建圆锥体

圆锥体是以一条直线为中心轴线，一条与其成一定角度的线段为母线，并绕该轴线旋转 360°形成实体。在 Rhino 5.0 中，使用"圆锥体"命令可以建立一个圆锥体。

素材文件	光盘\素材\第 6 章\6-16.3dm
效果文件	光盘\效果\第 6 章\6-17.3dm
视频文件	光盘\视频\第 6 章\6.1.4 创建圆锥体.mp4

步骤 ① 按【Ctrl＋O】组合键，打开图形文件，如图 6-16 所示。

步骤 ② 在工具列中单击"立方体：角对角、高度"右侧的下拉按钮，在弹出的面板中单击"圆锥体"按钮 ，如图 6-17 所示。

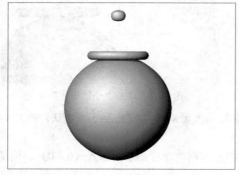

图 6-16　打开图形文件

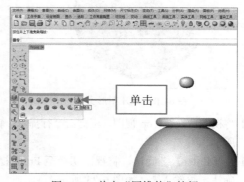

图 6-17　单击"圆锥体"按钮

专家提醒

还有以下 3 种方法可以创建圆锥体。

- 在命令行中输入 Cone 命令。
- 单击"实体" | "圆锥体"命令。
- 切换至"实体工具"选项卡，在工具列中单击"圆锥体"按钮 。

步骤 ③ 将视图切换至 Top 视图，根据命令行提示，输入（0,0,-2），按【Enter】键确认，输入 3，如图 6-18 所示。

步骤 ④ 按【Enter】键确认，将视图切换至 Front 视图，根据命令行提示，输入（0,3,0），按【Enter】键确认，即可创建圆锥体，如图 6-19 所示。

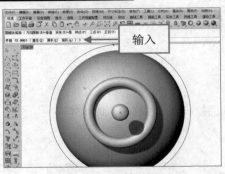

图 6-18　输入 3

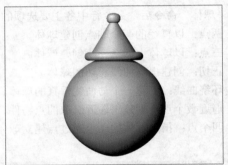

图 6-19　创建圆锥体

6.1.5　创建平顶锥体

在 Rhino 5.0 中，使用"平顶锥体"命令可以建立顶点被平面截断的圆锥体。

	素材文件	光盘\素材\第 6 章\6-20.3dm
	效果文件	光盘\效果\第 6 章\6-24.3dm
	视频文件	光盘\视频\第 6 章\6.1.5 创建平顶锥体.mp4

步骤 ① 按【Ctrl＋O】组合键，打开图形文件，如图 6-20 所示。

步骤 ② 在工具列中单击"立方体：角对角、高度"右侧的下拉按钮，在弹出的面板中单击"平顶锥体"按钮，如图 6-21 所示。

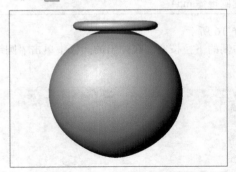

图 6-20　打开图形文件

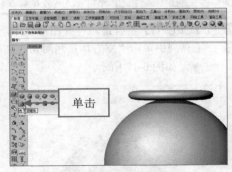

图 6-21　单击"平顶锥体"按钮

步骤 ③ 将视图切换至 Top 视图，根据命令行提示，输入（0,0,-0.8），按【Enter】键确认，输入 3，如图 6-22 所示。

步骤 ④ 按【Enter】键确认，将视图切换至 Front 视图，根据命令行提示，输入（0,4,0），按【Enter】键确认，再输入 1，如图 6-23 所示。

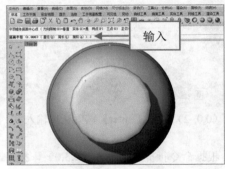

图 6-22　输入 3

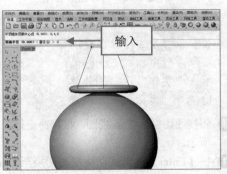

图 6-23　输入 1

步骤（5） 执行操作后，按【Enter】键确认，即可创建平顶锥体，如图 6-24 所示。

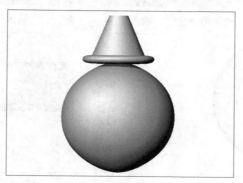

图 6-24　创建平顶锥体

专家提醒

还有以下 3 种方法可以创建平顶锥体。
- 在命令行中输入 TCone 命令。
- 单击"实体"|"平顶锥体"命令。
- 切换至"实体工具"选项卡，在工具列中单击"平顶锥体"按钮🍶。

6.1.6　创建金字塔

在 Rhino 5.0 中，使用"金字塔"命令可以创建一个金字塔。

素材文件	光盘\素材\第 6 章\6-26.3dm
效果文件	光盘\效果\第 6 章\6-29.3dm
视频文件	光盘\视频\第 6 章\6.1.6 创建金字塔.mp4

步骤① 按【Ctrl+O】组合键，打开图形文件，如图 6-25 所示。

步骤② 在工具列中单击"立方体：角对角、高度"右侧的下拉按钮，在弹出的面板中单击"金字塔"按钮🔺，如图 6-26 所示。

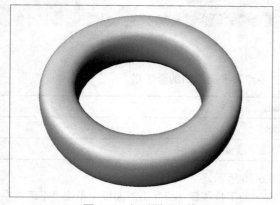

图 6-25　打开图形文件

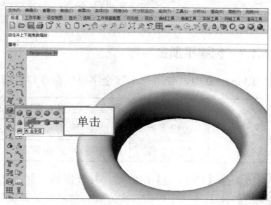

图 6-26　单击"金字塔"按钮

步骤③ 将视图切换至 Top 视图，在命令行中选择"边数（N）"选项，然后在命令行中输入 8，指定边数，再输入（0,0,-0.5），如图 6-27 所示。

步骤④ 按【Enter】键确认，输入（-0.1,0.25,-0.5），按【Enter】键确认，将视图切换至 Front 视图，根据命令行提示，输入（0,-0.8,0），如图 6-28 所示。

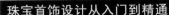
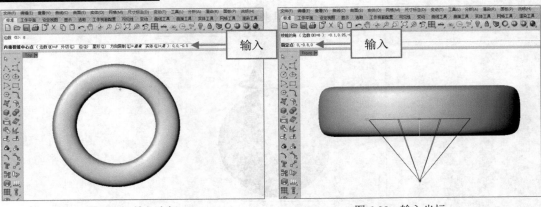

图 6-27　输入坐标　　　　　　　　图 6-28　输入坐标

步骤 ⑤ 执行操作后，按【Enter】键确认，即可创建金字塔，如图 6-29 所示。

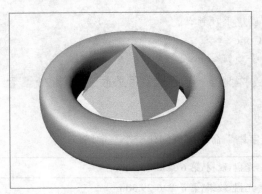

图 6-29　创建金字塔

专家提醒

还有以下 3 种方法可以创建金字塔。
● 在命令行中输入 Pyramid 命令。
● 单击"实体"｜"金字塔"命令。
● 切换至"实体工具"选项卡，在工具列中单击"金字塔"按钮 ◢。

6.1.7　创建平顶金字塔

在 Rhino 5.0 中，使用"平顶金字塔"命令可以建立顶点被平面截断的金字塔。

	素材文件	光盘\素材\第 6 章\6-30.3dm
	效果文件	光盘\效果\第 6 章\6-24.3dm
	视频文件	光盘\视频\第 6 章\6.1.7 创建平顶金字塔.mp4

步骤 ① 按【Ctrl+O】组合键，打开图形文件，如图 6-30 所示。

步骤 ② 在工具列中单击"立方体：角对角、高度"右侧的下拉按钮，在弹出的面板中单击"平顶金字塔"按钮 ◢，如图 6-31 所示。

步骤 ③ 将视图切换至 Top 视图，根据命令行提示，输入（0,0,-0.5），按【Enter】键确认，在绘图区中的合适位置单击鼠标左键，如图 6-32 所示。

步骤 ④ 将视图切换至 Front 视图，根据命令行提示，输入（0,-0.4,0），按【Enter】键确认，再输入 0.1，如图 6-33 所示。

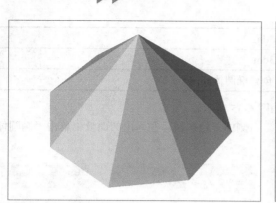

图 6-30　打开图形文件

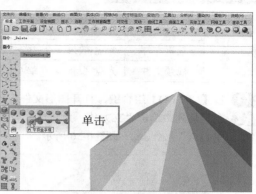

图 6-31　单击"平顶金字塔"按钮

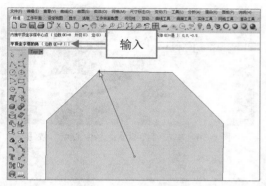

图 6-32　输入坐标

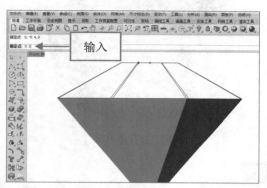

图 6-33　输入 0.1

步骤 5 执行操作后，按【Enter】键确认，即可创建平顶金字塔，如图 6-34 所示。

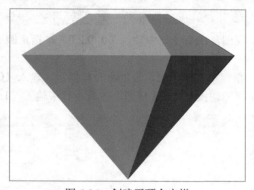

图 6-34　创建平顶金字塔

专家提醒

还有以下 3 种方法可以创建平顶金字塔。
- 在命令行中输入 TruncatedPyramid 命令。
- 单击"实体" | "平顶金字塔"命令。
- 切换至"实体工具"选项卡，在工具列中单击"平顶金字塔"按钮 。

6.1.8　创建椭圆体

在 Rhino 5.0 中，使用"椭圆体"命令可以生成一个椭圆体，椭圆体的创建方法与椭圆的绘制相似，不过在创建椭圆体时需指定 3 个轴端点。

	素材文件	光盘\素材\第 6 章\6-36.3dm
	效果文件	光盘\效果\第 6 章\6-39.3dm
	视频文件	光盘\视频\第 6 章\6.1.8 创建椭圆体.mp4

步骤 ① 按【Ctrl+O】组合键，打开图形文件，如图 6-35 所示。

步骤 ② 在工具列中单击"立方体：角对角、高度"右侧的下拉按钮，在弹出的面板中单击"椭圆体：从中心点"按钮 ◙，如图 6-36 所示。

图 6-35　打开图形文件

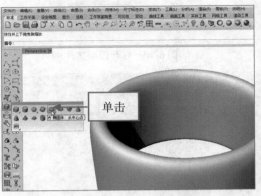

图 6-36　单击"椭圆体：从中心点"按钮

专家提醒

还有以下 3 种方法可以创建椭圆体。

● 在命令行中输入 Ellipsoid 命令。

● 单击"实体"｜"椭圆体"命令。

● 切换至"实体工具"选项卡，在工具列中单击"椭圆体"按钮 ◙。

步骤 ③ 将视图切换至 Front 视图，在命令行中输入（0,-0.2,0），指定圆心，再输入（1.5,-0.2,0），如图 6-37 所示。

步骤 ④ 按【Enter】键确认，指定第一轴终点，根据命令行提示，输入（0,0.6,0），按【Enter】键确认，指定第二轴终点，将视图切换至 Right 视图，在命令行中输入（1.5,-0.2,0），如图 6-38 所示。

图 6-37　输入坐标

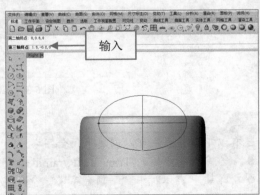

图 6-38　输入坐标

步骤 ⑤ 执行操作后，按【Enter】键确认，指定第三轴终点，此时即可完成椭圆体的创建，如图 6-39 所示。

执行"椭圆体"命令后，命令行中各主要选项的含义如下。

● 角：以一个矩形的对角创建椭圆体。

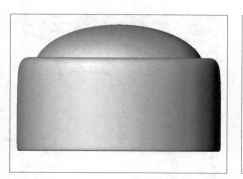

图 6-39　创建椭圆体

- 直径：以轴线的端点创建椭圆体。
- 从焦点：以椭圆的两个焦点及通过点创建椭圆体。
- 环绕曲线：创建一个环绕曲线的椭圆体。

6.1.9　创建圆柱管

在 Rhino 5.0 中，使用"圆柱管"命令可以绘制圆柱形管状物体。

素材文件	光盘\素材\第 6 章\6-40.3dm
效果文件	光盘\效果\第 6 章\6-46.3dm
视频文件	光盘\视频\第 6 章\6.1.9 创建圆柱管.mp4

步骤 ① 按【Ctrl＋O】组合键，打开图形文件，如图 6-40 所示。

步骤 ② 在工具列中单击"立方体：角对角、高度"右侧的下拉按钮，在弹出的面板中单击"圆柱管"按钮 🗄，如图 6-41 所示。

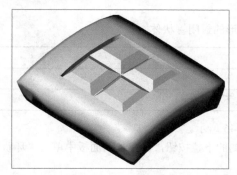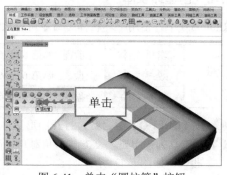

图 6-40　打开图形文件　　　　　　　　图 6-41　单击"圆柱管"按钮

步骤 ③ 将视图切换至 Front 视图，在命令行中输入（0,0,0），指定圆心，再输入 8.3，如图 6-42 所示。

步骤 ④ 按【Enter】键确认，指定半径，根据命令行提示，输入 10，指定半径，如图 6-43 所示。

步骤 ⑤ 将视图切换至 Top 视图，在命令行中选择"两侧（A）＝否"选项，然后输入 3.3，如图 6-44 所示。

步骤 ⑥ 执行操作后，按【Enter】键确认，即可创建圆柱管，并将视图切换至 Perspective 视图，查看效果，如图 6-45 所示。

专家提醒

还有以下 3 种方法可以创建圆柱管。
- 在命令行中输入 Tube 命令。
- 单击"实体"｜"圆柱管"命令。
- 切换至"实体工具"选项卡，在工具列中单击"圆柱管"按钮 🗄。

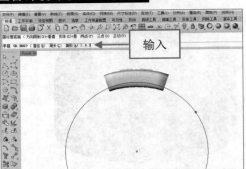

图 6-42 输入 8.3

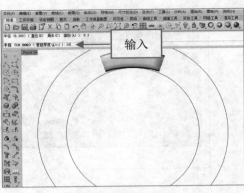

图 6-43 输入 10

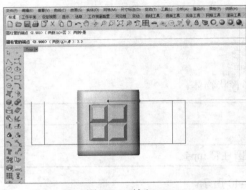

图 6-44 输入 3.3

图 6-45 圆柱管效果

6.1.10 创建环状体

在 Rhino 5.0 中，使用"环状体"命令可以绘制一个环形的封闭管状体。

	素材文件	光盘\素材\第 6 章\6-46.3dm
	效果文件	光盘\效果\第 6 章\6-50.3dm
	视频文件	光盘\视频\第 6 章\6.1.10 创建环状体.mp4

步骤 ① 按【Ctrl＋O】组合键，打开图形文件，如图 6-46 所示。

步骤 ② 在工具列中单击"立方体：角对角、高度"右侧的下拉按钮，在弹出的面板中单击"环状体"按钮 ⬤，如图 6-47 所示。

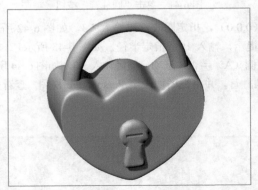

图 6-46 打开图形文件

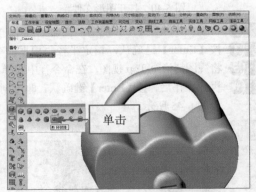

图 6-47 单击"环状体"按钮

步骤 ③ 将视图切换至 Right 视图，在命令行中输入（0,3.2,0），指定圆心，再输入 0.8，如图 6-48 所示。

步骤 ④ 按【Enter】键确认，指定半径，根据命令行提示，输入 0.2，如图 6-49 所示。

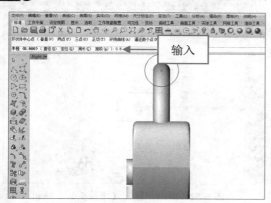
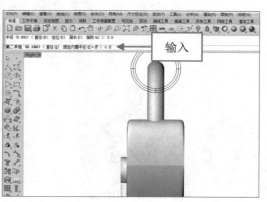

图 6-48　输入 0.8　　　　　　　　　　图 6-49　输入 0.2

专家提醒

还有以下 3 种方法可以创建环状体。

● 在命令行中输入 Torus 命令。

● 单击"实体"|"环状体"命令。

● 切换至"实体工具"选项卡，在工具列中单击"环状体"按钮 。

步骤 ⑤ 执行操作后，按【Enter】键确认，指定第二半径，此时即可完成环状体的创建，如图 6-50 所示。

图 6-50　创建环状体

执行"环状体"命令后，命令行中各主要选项的含义如下。

● 直径：选择该选项可以切换使用半径或直径。

● 固定内圈半径：第一个设定的半径会成为环状体内圈的半径，环状体会被限制只能向外侧建立。

6.1.11　创建圆管

在 Rhino 5.0 中，使用"圆管"命令可以绘制一个沿曲线方向均匀变化的圆管。

	素材文件	光盘\素材\第 6 章\6-51.3dm
	效果文件	光盘\效果\第 6 章\6-54.3dm
	视频文件	光盘\视频\第 6 章\6.1.11 创建圆管.mp4

步骤 ① 按【Ctrl＋O】组合键，打开图形文件，如图 6-51 所示。

步骤 ② 在工具列中单击"立方体：角对角、高度"右侧的下拉按钮，在弹出的面板中单击"圆管（平盖头）"按钮 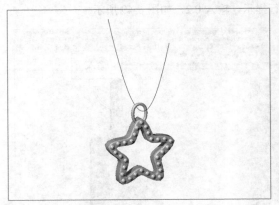，如图 6-52 所示。

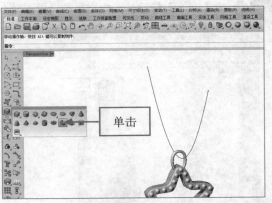

图 6-51 打开图形文件　　　　　　　　　图 6-52 单击"圆管（平盖头）"按钮

专家提醒

还有以下 3 种方法可以创建圆管。
● 在命令行中输入 Pipe 命令。
● 单击"实体"｜"圆管"命令。
● 切换至"实体工具"选项卡，在工具列中单击"圆管（平盖头）"按钮 。

步骤 ③ 根据命令行提示，在绘图区中选择曲线，然后输入 0.1，如图 6-53 所示。

步骤 ④ 连续按 3 次【Enter】键确认，即可创建圆管，如图 6-54 所示。

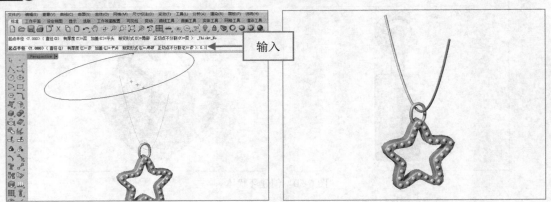

图 6-53 输入 0.1　　　　　　　　　　图 6-54 创建圆管

执行"椭圆体"命令后，命令行中各主要选项的含义如下。

● 连锁边缘：包含"自动连锁"和"连锁连续性"两个选项，其中"自动连锁"指选取一条曲线或曲线边缘可以自动选取所有与它以"连锁连续性"选项设定的连续性相接的线段；"连锁连续性"指设定"自动连锁"选项使用的连续性。

● 数条曲线：一次选取数条曲线建立圆管。

● 直径：选择该选项可以切换使用半径或直径。

● 有厚度：包含"否"和"是"两个选项，其中"否"指建立实心的圆管；"是"指建立空心的圆管。

● 加盖：设定圆管两端的加盖形式。

● 渐变形式：包含"局部"和"全域"两个选项，其中"局部"指圆管的半径在两端附近变化较小，中段变化较大；"全域"指圆管的半径由起点至终点呈线性渐变，就像是建立平顶圆锥体一样。

● 正切点不分割：包含"是"与"否"两个选项，"是"指当用来建立圆管的曲线是直线与圆弧组成的多重曲线时，建立单一曲面的圆管；"否"指圆管会在曲线正切点的位置分割，建立多重曲面的圆管。

6.1.12　创建抛物面锥体

在 Rhino 5.0 中，使用"抛物面锥体"命令可以创建一个纵切面边界曲线为抛物线的锥体。

素材文件	光盘\素材\第 6 章\6-56.3dm
效果文件	光盘\效果\第 6 章\6-59.3dm
视频文件	光盘\视频\第 6 章\6.1.12 创建抛物面锥体.mp4

步骤 ① 按【Ctrl＋O】组合键，打开图形文件，如图 6-55 所示。

步骤 ② 在工具列中单击"立方体：角对角、高度"右侧的下拉按钮，在弹出的面板中单击"抛物面锥体"
按钮 ，如图 6-56 所示。

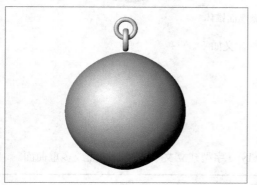

图 6-55　打开图形文件

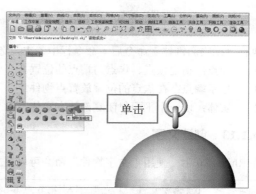

图 6-56　单击"抛物面锥体"按钮

专家提醒

还有以下 3 种方法可以创建抛物面锥体。

● 在命令行中输入 Paraboloid 命令。

● 单击"实体"｜"抛物面锥体"命令。

● 切换至"实体工具"选项卡，在工具列中单击"抛物面锥体"按钮 。

步骤 ③ 根据命令行提示，在命令行中输入（0,-5.5,0），指定圆心，在命令行中选择"实体（S）＝否"
选项，如图 6-57 所示。

步骤 ④ 执行操作后，在绘图区中圆心下方任意位置单击鼠标左键，并在命令行中输入（-2.5,-6.4,0），如
图 6-58 所示。

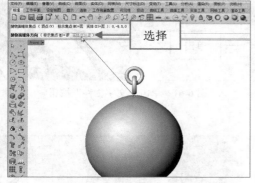

图 6-57　选择相应选项

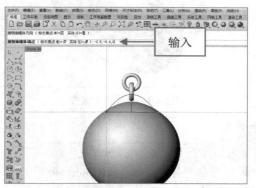

图 6-58　输入坐标

步骤 ⑤ 执行操作后，按【Enter】键确认，即可创建抛物面锥体，如图 6-59 所示。

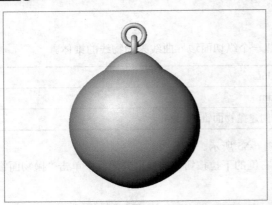

图 6-59　创建抛物面锥体

执行"抛物面锥体"命令后，命令行中各主要选项的含义如下。

- 顶点：指定顶点、焦点与端点的位置。
- 标示端点：在焦点的位置放置点物件。
- 实体：以一个平面封闭底部建立实体。

6.1.13　创建文字

在 Rhino 5.0 中，使用"文字物件"命令可以用 TrueType 字型建立文字曲线、曲面或多重曲面。

素材文件	光盘\素材\第 6 章\6-60.3dm
效果文件	光盘\效果\第 6 章\6-39.3dm
视频文件	光盘\视频\第 6 章\6.1.13 创建文字.mp4

步骤 ① 按【Ctrl＋O】组合键，打开图形文件，如图 6-60 所示。

步骤 ② 在工具列中单击"文字物件"按钮 🅣，如图 6-61 所示。

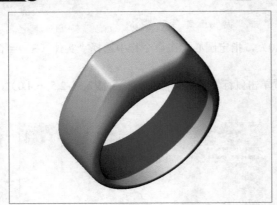
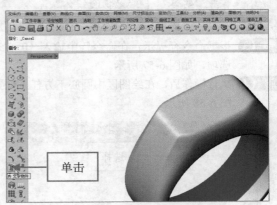

单击

图 6-60　打开图形文件　　　　　　　　图 6-61　单击"文字物件"按钮

专家提醒

还有以下两种方法可以创建文字。

- 在命令行中输入 TextObject 命令。
- 单击"实体"｜"文字"命令。

步骤 ③ 弹出"文字物件"对话框，在"要建立的文字"文本框中输入 LOVE，在"文字大小"选项区的 "文字高度"文本框中输入 3，如图 6-62 所示。

步骤 ④ 单击"确定"按钮，根据命令行提示，输入（-4.5,-1.5,12.5），如图 6-63 所示。

图 6-62　设置参数

图 6-63　输入坐标

步骤 ⑤ 执行操作后，按【Enter】键确认，即可创建文字，如图 6-64 所示。

在"文字物件"对话框中，各主要选项的含义如下。

- 要建立的文字：输入文字，在编辑栏中按鼠标右键可以剪切、复制和粘贴文字。
- 字型：选取要使用的字型。
- 名称：字型名称。
- 粗体：设定字型为粗体。
- 斜体：设定字型为斜体。
- 建立：设定建立的物件类型。
- 曲线：以文字的外框线建立曲线。
- 使用单线字型：建立的文字曲线为开放曲线，可作为文字雕刻机的路径，未选中时，文字曲线为封闭曲线。
- 曲面：以文字的外框线建立曲面。
- 实体：建立实体文字。
- 群组物件：群组建立的物件。
- 文字大小：设定文字的高度与厚度。
- 高度：设定文字的高度。
- 实体厚度：设定实体文字的厚度。
- 小型大写：以小型大写的方式显示英文小写字母。

图 6-64　创建文字

6.2　珠宝首饰模型的编辑

在 Rhino 5.0 中，用户可以对模型进行偏移和挤出操作，其中挤出主要用于将曲线、曲面挤出为实体。本节主要介绍珠宝首饰模型的编辑。

6.2.1　偏移实体

在 Rhino 5.0 中，偏移实体的操作方法与曲面的偏移相同。

	素材文件	光盘\素材\第 6 章\6-66.3dm
	效果文件	光盘\效果\第 6 章\6-68.3dm
	视频文件	光盘\视频\第 6 章\6.2.1 偏移实体.mp4

步骤 ① 按【Ctrl＋O】组合键，打开图形文件，如图6-65所示。

步骤 ② 单击"实体"｜"偏移"命令，如图6-66所示。

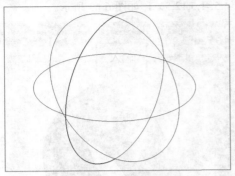

图6-65　打开图形文件

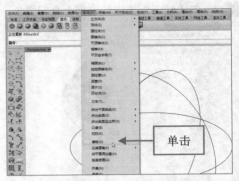

图6-66　单击"偏移"命令

专家提醒

用户还可以通过在命令行中输入OffsetSrf命令来偏移实体。

步骤 ③ 根据命令行提示，在绘图区中选择模型，按【Enter】键确认，然后输入d，如图6-67所示。

步骤 ④ 按【Enter】键确认，输入2.5，并连续按两次【Enter】键确认，即可偏移实体，如图6-68所示。

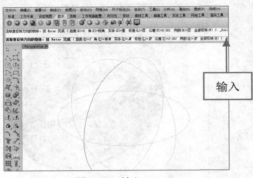

图6-67　输入d

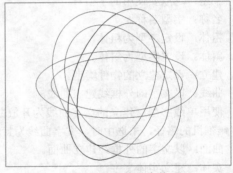

图6-68　偏移实体

6.2.2　挤出封闭的平面曲线

在Rhino 5.0中，使用"挤出封闭的平面曲线"命令可以沿着一条轨迹挤压封闭的曲线建立实体。

	素材文件	光盘\素材\第6章\6-69.3dm
	效果文件	光盘\效果\第6章\6-72.3dm
	视频文件	光盘\视频\第6章\6.2.2挤出封闭的平面曲线.mp4

步骤 ① 按【Ctrl＋O】组合键，打开图形文件，如图6-69所示。

步骤 ② 在工具列中单击"立方体：角对角、高度"右侧的下拉按钮，在弹出的面板中单击"挤出封闭的平面曲线"按钮 🔲，如图6-70所示。

专家提醒

还有以下3种方法可以挤出封闭的平面曲线。

● 在命令行中输入ExtrudeCrv命令。

● 单击"实体"｜"挤出平面曲线"｜"直线"命令。

● 切换至"实体工具"选项卡，在工具列单击"挤出封闭的平面曲线"按钮 🔲。

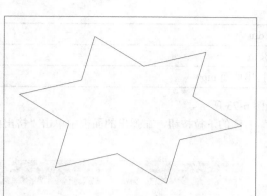

图 6-69　打开图形文件

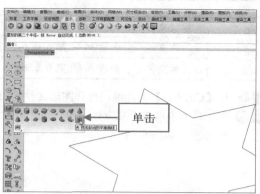

图 6-70　单击"挤出封闭的平面曲线"按钮

步骤 ③ 根据命令行提示，在绘图区中选择曲线，按【Enter】键确认，输入 0.2，如图 6-71 所示。

步骤 ④ 执行操作后，按【Enter】键确认，即可挤出封闭的平面曲线，如图 6-72 所示。

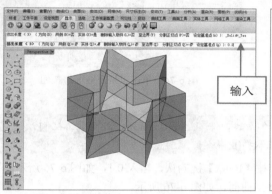

图 6-71　输入 0.2

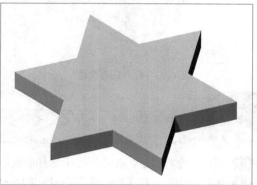

图 6-72　挤出封闭的平面曲线

专家提醒

在挤出封闭的平面曲线时，需要注意以下两点。

● 与 Loft 及 Sweep 命令不同，曲线以这个命令挤出时方向并不会改变。

● 如果输入的是非平面的多重曲线，或是平面的多重曲线但挤出的方向未与曲线平面垂直，建立的会是多重曲面而非挤出物件。

执行"挤出封闭的平面曲线"命令后，命令行中各选项的含义如下。

● 方向：指定两个点设定方向。

● 两侧：在起点的两侧画出物件，建立的物件长度为用户指定长度的两倍。

● 实体：如果挤出的曲线是封闭的平面曲线，挤出后的曲面两端会各建立一个平面，并将挤出的曲面与两端的平面组合为封闭的多重曲面。

● 边界：挤出至边界曲面。

● 删除原来物件：将原来的物件从文件中删除。

● 分割正切点：输入的曲线为多重曲线时，设定是否在线段与线段正切的顶点将建立的曲面分割成为多重曲面。

● 设定基准点：指定一个点，这个点是以两个点设定挤出距离的第一个点。

6.2.3　挤出曲面

在 Rhino 5.0 中，使用"挤出曲面"命令可以将曲面往单一方向挤出建立实体。

素材文件	光盘\素材\第 6 章\6-73.3dm
效果文件	光盘\效果\第 6 章\6-76.3dm
视频文件	光盘\视频\第 6 章\6.2.3 挤出曲面.mp4

步骤① 按【Ctrl＋O】组合键，打开图形文件，如图 6-73 所示。

步骤② 在工具列中单击"立方体：角对角、高度"右侧的下拉按钮，在弹出的面板中单击"挤出曲面"按钮，如图 6-74 所示。

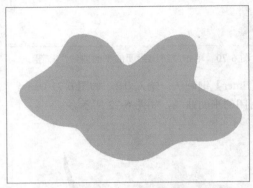

图 6-73　打开图形文件

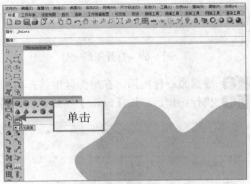

图 6-74　单击"挤出曲面"按钮

专家提醒

该命令在条件符合的时候会建立数据量较少的挤出物件，UseExtrusions 命令可以控制预设建立挤出物件或多重曲面，可以使用 SelExtrusion 命令选取挤出物件。

步骤③ 根据命令行提示，在绘图区中选择曲面，按【Enter】键确认，输入 0.1，如图 6-75 所示。

步骤④ 执行操作后，按【Enter】键确认，即可挤出曲面，如图 6-76 所示。

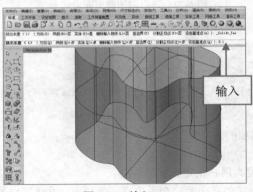

图 6-75　输入 0.1

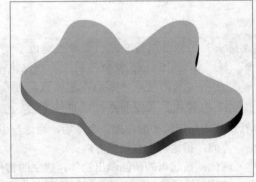

图 6-76　挤出曲面

专家提醒

还有以下 3 种方法可以挤出曲面。

● 在命令行中输入 ExtrudeSrf 命令。

● 单击"实体"｜"挤出曲面"｜"直线"命令。

● 切换至"实体工具"选项卡，在工具列中单击"挤出曲面"按钮。

6.2.4　挤出曲面成锥状

在 Rhino 5.0 中，使用"挤出曲面成锥状"命令可以建立锥状的多重曲面。

	素材文件	光盘\素材\第 6 章\6-77.3dm
	效果文件	光盘\效果\第 6 章\6-81.3dm
	视频文件	光盘\视频\第 6 章\6.2.4 挤出曲面成锥状.mp4

步骤 ① 按【Ctrl+O】组合键，打开图形文件，如图 6-77 所示。

步骤 ② 在工具列中单击"立方体：角对角、高度"右侧的下拉按钮，在弹出的面板中单击"挤出曲面"右侧的下拉按钮，在弹出的面板中单击"挤出曲面成锥状"按钮 ，如图 6-78 所示。

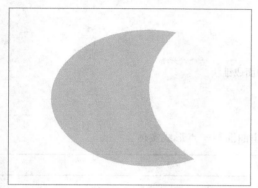

图 6-77　打开图形文件

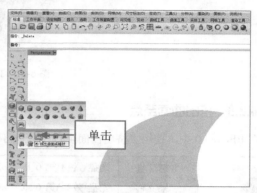

图 6-78　单击"挤出曲面成锥状"按钮

专家提醒

还有以下 3 种方法可以挤出曲面成锥状。

● 在命令行中输入 ExtrudeSrfTapered 命令。

● 单击"实体"｜"挤出曲面"｜"锥状"命令。

● 切换至"实体工具"选项卡，在工具列中单击"挤出曲面成锥状"按钮 。

步骤 ③ 根据命令行提示，在绘图区中选择曲面，然后在命令行中选择"拔模角度"选项，输入 10，如图 6-79 所示。

步骤 ④ 按【Enter】键确认，输入 0.15，如图 6-80 所示。

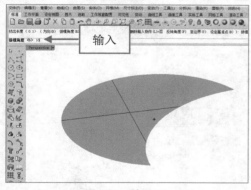

图 6-79　输入 10

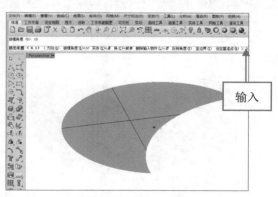

图 6-80　输入 0.15

执行"挤出曲面成锥状"命令后，命令行中各主要选项的含义如下。

● 距离：设定拔模角度。物件的拔模角度是以工作平面为计算依据，当曲面与工作平面垂直时，拔模角度为 0°。当曲面与工作平面平行时，拔模角度为 90°。

● 角：设定角的连续性的处理方式。

● 反转角度：切换拔模角度的方向。

步骤 ⑤ 执行操作后，按【Enter】键确认，即可挤出曲面成锥状，如图 6-81 所示。

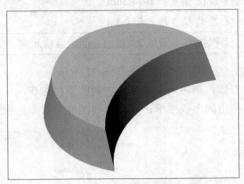

图 6-81　挤出曲面成锥状

6.2.5　挤出曲面至点

在 Rhino 5.0 中，使用"挤出曲面至点"命令可以挤出曲面至一点形成实体。

	素材文件	光盘\素材\第 6 章\6-82.3dm
	效果文件	光盘\效果\第 6 章\6-86.3dm
	视频文件	光盘\视频\第 6 章\6.2.5 挤出曲面至点.mp4

步骤 ① 按【Ctrl＋O】组合键，打开图形文件，如图 6-82 所示。

步骤 ② 在工具列中单击"立方体：角对角、高度"右侧的下拉按钮，在弹出的面板中单击"挤出曲面"右侧的下拉按钮，在弹出的面板中单击"挤出曲面至点"按钮，如图 6-83 所示。

专家提醒

还有以下 3 种方法可以挤出曲面至点。
- 在命令行中输入 ExtrudeSrfToPoint 命令。
- 单击"实体" | "挤出曲面" | "至点"命令。
- 切换至"实体工具"选项卡，在工具列中单击"挤出曲面至点"按钮。

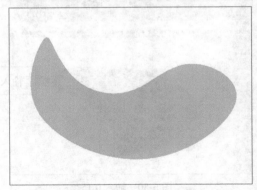

图 6-82　打开图形文件

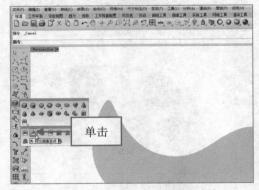

图 6-83　单击"挤出曲面至点"命令

步骤 ③ 根据命令行提示，在绘图区中选择曲面，然后将视图切换至 Top 视图，在命令行中输入（-6.1,5.4,0.2），如图 6-84 所示。

步骤 ④ 执行操作后，按【Enter】键确认，即可挤出曲面至点，并将视图切换至 Perspective 视图，查看效果，如图 6-85 所示。

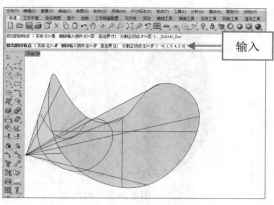

图 6-84 输入坐标

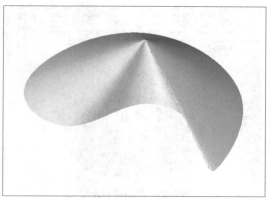

图 6-85 挤出曲面至点

6.2.6 沿着曲线挤出曲面

在 Rhino 5.0 中，使用"沿着曲线挤出曲面"命令可以将曲面按照路径曲线挤出并建立实体。

	素材文件	光盘\素材\第 6 章\6-86.3dm
	效果文件	光盘\效果\第 6 章\6-89.3dm
	视频文件	光盘\视频\第 6 章\6.2.6 沿着曲线挤出曲面.mp4

步骤 ① 按【Ctrl＋O】组合键，打开图形文件，如图 6-86 所示。

步骤 ② 在工具列中单击"立方体：角对角、高度"右侧的下拉按钮，在弹出的面板中单击"挤出曲面"右侧的下拉按钮，在弹出的面板中单击"沿着曲线挤出曲面"按钮，如图 6-87 所示。

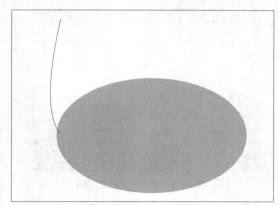

图 6-86 打开图形文件

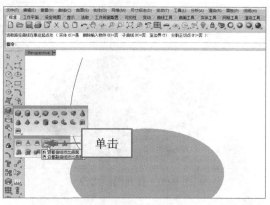

图 6-87 单击"沿着曲线挤出曲面"按钮

专家提醒

还有以下 3 种方法可以沿着曲线挤出曲面。
● 在命令行中输入 ExtrudeSrfAlongCrv 命令。
● 单击"实体"｜"挤出曲面"｜"沿着曲线"命令。
● 切换至"实体工具"选项卡，在工具列中单击"沿着曲线挤出曲面"按钮。

步骤 ③ 根据命令行提示，在绘图区中选择曲面，并按【Enter】键确认，然后在曲线下方的合适位置单击鼠标左键，如图 6-88 所示。

步骤 ④ 执行操作后，即可沿着曲线挤出曲面，如图 6-89 所示。

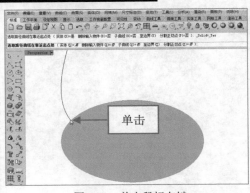

图 6-88　单击鼠标左键

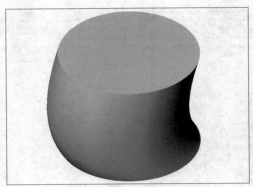

图 6-89　沿着曲线挤出曲面

6.2.7　创建凸缘

在 Rhino 5.0 中，使用"凸缘"命令可以将封闭的平面曲线往与曲线平面垂直的方向挤出至边界曲面，并与边界曲面组合成多重曲面。

	素材文件	光盘\素材\第 6 章\6-90.3dm
	效果文件	光盘\效果\第 6 章\6-93.3dm
	视频文件	光盘\视频\第 6 章\6.2.7 创建凸缘.mp4

步骤 ① 按【Ctrl＋O】组合键，打开图形文件，如图 6-90 所示。

步骤 ② 在工具列中单击"立方体：角对角、高度"右侧的下拉按钮，在弹出的面板中单击"挤出曲面"右侧的下拉按钮，在弹出的面板中单击"凸缘"按钮，如图 6-91 所示。

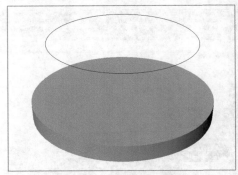

图 6-90　打开图形文件

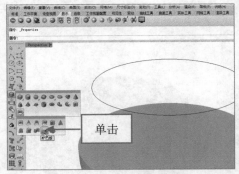

图 6-91　单击"凸缘"按钮

专家提醒

还有以下 3 种方法可以创建凸缘。

● 在命令行中输入 Boss 命令。

● 单击"实体" | "凸缘"。

● 在功能区选项板中切换至"曲面工具"选项卡，单击"凸缘"按钮。

步骤 ③ 根据命令行提示，在绘图区中选择要建立凸缘的曲线，按【Enter】键确认，然后选取边界，如图 6-92 所示。

步骤 ④ 执行操作后，即可创建凸缘，如图 6-93 所示。

在创建凸缘时，提供了以下两种挤出方式。

● 直线：以直线挤出曲线。

● 锥状：以设定的拔模角度挤出曲线。例如，当设置挤出方式为锥状时，输入拔模角度为 5，并按【Enter】

键确认，选择要建立凸缘的曲线，确认后，选取边界，如图 6-94 所示，执行操作后，按【Enter】键确认，即可创建锥状凸缘，如图 6-95 所示。

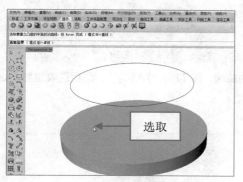

图 6-92　选取边界

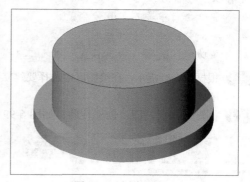

图 6-93　创建凸缘

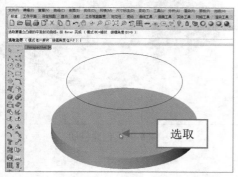

图 6-94　选取边界

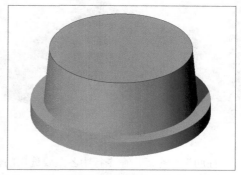

图 6-95　创建锥状凸缘

6.2.8　创建柱肋

在 Rhino 5.0 中，使用"柱肋"命令可以将曲线挤出成曲面，再往边界物件挤出，并与边界物件结合。

素材文件	光盘\素材\第 6 章\6-96.3dm	
效果文件	光盘\效果\第 6 章\6-99.3dm	
视频文件	光盘\视频\第 6 章\6.2.8 创建柱肋.mp4	

步骤 ① 按【Ctrl＋O】组合键，打开图形文件，如图 6-96 所示。

步骤 ② 在工具列中单击"立方体：角对角、高度"右侧的下拉按钮，在弹出的面板中单击"挤出曲面"右侧的下拉按钮，在弹出的面板中单击"柱肋"按钮，如图 6-97 所示。

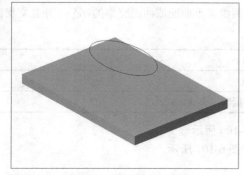

图 6-96　打开图形文件

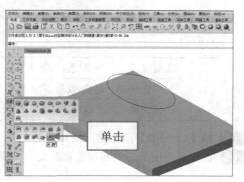

图 6-97　单击"柱肋"按钮

还有以下 3 种方法可以创建柱肋。

● 在命令行中输入 Rib 命令。
● 单击"实体"丨"柱肋"。
● 在功能区选项板中切换至"曲面工具"选项卡，单击"柱肋"按钮。

步骤 3 根据命令行提示，在绘图区中选择要建立柱肋的曲线，按【Enter】键确认，然后选取边界，如图 6-98 所示。

步骤 4 执行操作后，即可创建柱肋，如图 6-99 所示。

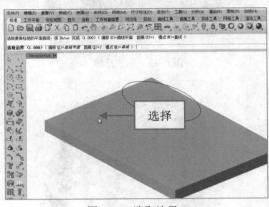

图 6-98　选取边界

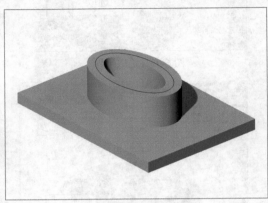

图 6-99　创建柱肋

执行"柱肋"命令后，命令行中各主要选项的含义如下。

● 偏移：相对于输入曲线的偏移方向，其包含"曲线平面"和"与曲线平面垂直"选项。其中，"曲线平面"指输入的曲线为柱肋的平面轮廓时可以使用这个设定。"与曲线平面垂直"指输入的曲线为柱肋的侧面轮廓时可以使用这个设定。

● 距离：设定偏移距离。

6.3　珠宝首饰模型的布尔运算

布尔运算是英国数学家制定的一套逻辑数学计算方法，用来表示两个数值相结合的所有结果，也就是数学中的集合。布尔运算包括布尔运算联集、布尔运算差集、布尔运算交集、布尔运算分割/布尔运算两个物件。本节主要介绍珠宝首饰模型的布尔运算。

6.3.1　布尔运算联集

在 Rhino 5.0 中，使用"布尔运算联集"命令可以减去两组多重曲面或曲面交集的部分，并且交集部分合成一个多重曲面。

	素材文件	光盘\素材\第 6 章\6-100.3dm
	效果文件	光盘\效果\第 6 章\6-103.3dm
	视频文件	光盘\视频\第 6 章\6.3.1 布尔运算联集.mp4

步骤 1 按【Ctrl＋O】组合键，打开图形文件，如图 6-100 所示。

步骤 2 在工具列中单击"布尔运算联集"按钮，如图 6-101 所示。

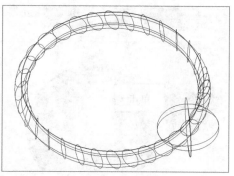

图 6-100　打开图形文件

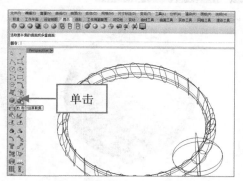

图 6-101　单击"布尔运算联集"按钮

专家提醒

还有以下 3 种方法可以进行布尔运算联集。

● 在命令行中输入 MeshBooleanUnion 命令。

● 单击"实体"｜"并集"命令。

● 切换至"实体工具"选项卡，单击"布尔运算联集"按钮。

步骤 3　根据命令行提示，在绘图区中依次选择两个曲面，如图 6-102 所示。

步骤 4　执行操作后，按【Enter】键确认，即可联集运算模型，如图 6-103 所示。

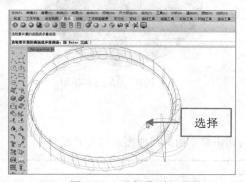

图 6-102　选择曲面

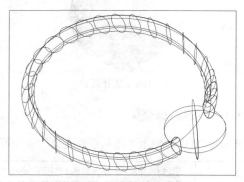

图 6-103　联集运算模型

6.3.2　布尔运算差集

在 Rhino 5.0 中，使用"布尔运算差集"命令可以从一组多重曲面或曲面减去另一组多重曲面或曲面。

	素材文件	光盘\素材\第 6 章\6-104.3dm
	效果文件	光盘\效果\第 6 章\6-107.3dm
	视频文件	光盘\视频\第 6 章\6.3.2 布尔运算差集.mp4

步骤 1　按【Ctrl＋O】组合键，打开图形文件，如图 6-104 所示。

步骤 2　在工具列中单击"布尔运算联集"右侧的下拉按钮，在弹出的面板中单击"布尔运算差集"按钮，如图 6-105 所示。

专家提醒

还有以下 3 种方法可以进行布尔运算差集。

● 在命令行中输入 MeshBooleanDifference 命令。

● 单击"实体"｜"差集"。

● 切换至"实体工具"选项卡，在工具列中单击"布尔运算差集"按钮。

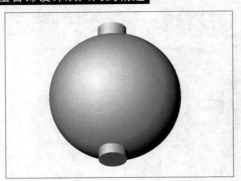

图 6-104　打开图形文件

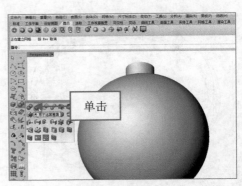

图 6-105　单击"布尔运算差集"按钮

步骤 ③ 根据命令行提示，在绘图区中选择球，按【Enter】键确认，然后选择圆柱，如图 6-106 所示。

步骤 ④ 执行操作后，按【Enter】键确认，即可差集运算模型，如图 6-107 所示。

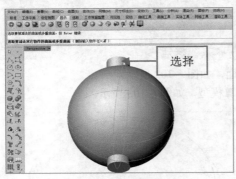

图 6-106　选择圆柱

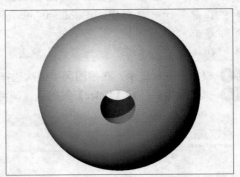

图 6-107　差集运算模型

6.3.3　布尔运算交集

在 Rhino 5.0 中，使用"布尔运算交集"命令可以减去两组多重曲面或曲面未相交的部分。

	素材文件	光盘\素材\第 6 章\6-108.3dm
	效果文件	光盘\效果\第 6 章\6-16.3dm
	视频文件	光盘\视频\第 6 章\6.3.3 布尔运算交集.mp4

步骤 ① 按【Ctrl＋O】组合键，打开图形文件，如图 6-108 所示。

步骤 ② 在工具列中单击"布尔运算联集"右侧的下拉按钮，在弹出的面板中单击"布尔运算交集"按钮 ，如图 6-109 所示。

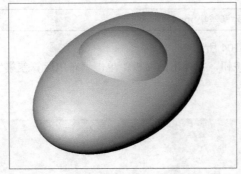

图 6-108　打开图形文件

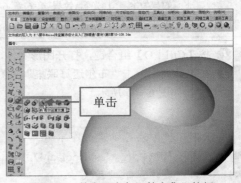

图 6-109　单击"布尔运算交集"按钮

步骤③ 根据命令行提示，在绘图区中选择椭圆体，按【Enter】键确认，然后选择球，如图 6-110 所示。

步骤④ 执行操作后，按【Enter】键确认，即可交集运算模型，如图 6-111 所示。

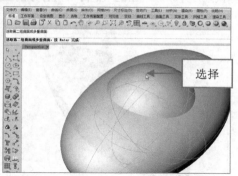

图 6-110 选择球

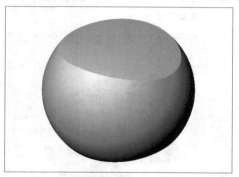

图 6-111 交集运算模型

专家提醒

还有以下 3 种方法可以进行布尔运算交集。

● 在命令行中输入 MeshBooleanIntersection 命令。

● 单击"实体" | "交集"。

● 切换至"实体工具"选项卡，在工具列中单击"布尔运算交集"按钮 。

6.3.4 布尔运算分割

在 Rhino 5.0 中，使用"布尔运算分割"命令可以分开两组多重曲面或曲面交集及未交集的部分。

	素材文件	光盘\素材\第 6 章\6-112.3dm
	效果文件	光盘\效果\第 6 章\6-116.3dm
	视频文件	光盘\视频\第 6 章\6.3.4 布尔运算分割.mp4

步骤① 按【Ctrl+O】组合键，打开图形文件，如图 6-112 所示。

步骤② 在工具列中单击"布尔运算联集"右侧的下拉按钮，在弹出的面板中单击"布尔运算分割"按钮 ，如图 6-113 所示。

图 6-112 打开图形文件

图 6-113 单击"布尔运算分割"按钮

专家提醒

还有以下 3 种方法可以进行布尔运算分割。

● 在命令行中输入 MeshBooleanSplit 命令。

● 单击"实体" | "布尔运算分割"命令。

● 切换至"实体工具"选项卡，在工具列中单击"布尔运算分割"按钮 。

步骤 ③ 根据命令行提示，在绘图区中选择左侧的球，按【Enter】键确认，然后选择右侧的球，如图 6-114 所示。

步骤 ④ 执行操作后，按【Enter】键确认，即可分割运算模型，并删除绘图区中的球，查看分割运算效果，如图 6-115 所示。

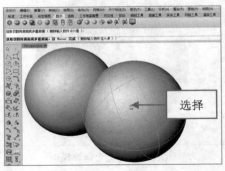

图 6-114　选择球

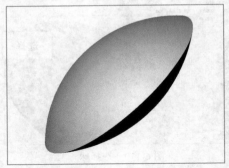

图 6-115　分割运算效果

6.4　珠宝首饰模型的尺寸标注

尺寸是绘制图形时的一项重要内容，它描述了对象各组成部分的大小及相对位置，是实际生产中的重要依据。尺寸标注的正确性直接影响图形的正确性。本节主要介绍直线尺寸标注、对齐尺寸标注、半径尺寸标注及角度尺寸标注等。

6.4.1　直线尺寸标注

在 Rhino 5.0 中，使用"直线尺寸标注"命令可以建立水平或垂直的直线尺寸标注。

	素材文件	光盘\素材\第 6 章\6-116.3dm
	效果文件	光盘\效果\第 6 章\6-119.3dm
	视频文件	光盘\视频\第 6 章\6.4.1 直线尺寸标注.mp4

步骤 ① 按【Ctrl＋O】组合键，打开图形文件，如图 6-116 所示。

步骤 ② 单击"尺寸标注"｜"直线尺寸标注"命令，如图 6-117 所示。

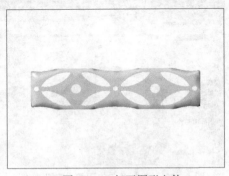

图 6-116　打开图形文件

图 6-117　单击"直线尺寸标注"命令

专家提醒

还有以下 3 种方法可以进行直线尺寸标注。
- 在命令行中输入 Dim 命令。
- 在"出图"选项卡中单击"直线尺寸标注"按钮。
- 在"标准"选项卡中单击"直线尺寸标注"按钮。

步骤 ③ 根据命令行提示，在绘图区中依次选择合适的端点，单击鼠标左键，执行操作后，向上拖曳鼠标，至合适位置后单击鼠标左键，即可标注直线尺寸，如图 6-118 所示。

步骤 ④ 用与上同样的方法，标注其他的直线尺寸，如图 6-119 所示。

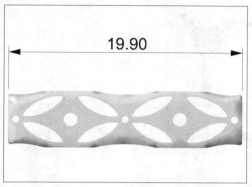

图 6-118　标注直线尺寸

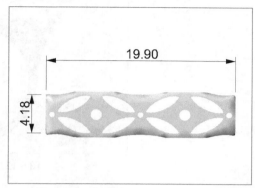

图 6-119　标注其他的直线尺寸

执行"直线尺寸标注"命令后，命令行中各主要选项的含义如下。

● 造型：输入尺寸标注型式名称。

● 物件：选取要标注尺寸的物件。

● 连续标注：连续建立直线尺寸标注。

6.4.2　对齐尺寸标注

在 Rhino 5.0 中，使用"对齐尺寸标注"命令可以建立与两个点平行的直线尺寸标注。

	素材文件	光盘\素材\第 6 章\6-120.3dm
	效果文件	光盘\效果\第 6 章\6-122.3dm
	视频文件	光盘\视频\第 6 章\6.4.2 对齐尺寸标注.mp4

步骤 ① 按【Ctrl＋O】组合键，打开图形文件，如图 6-120 所示。

步骤 ② 单击"尺寸标注"｜"对齐尺寸标注"命令，如图 6-121 所示。

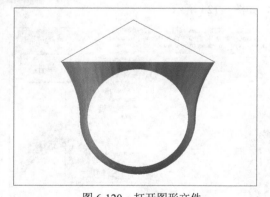

图 6-120　打开图形文件

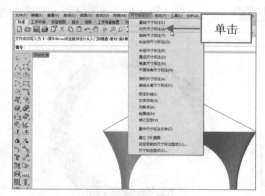

图 6-121　单击"对齐尺寸标注"命令

专家提醒

在进行尺寸标注时，尺寸标注始终与目前的工作平面平行。

步骤 ③ 根据命令行提示，在绘图区中依次选择合适的端点，单击鼠标左键，执行操作后，向左上方拖曳鼠标，至合适位置后单击鼠标左键，即可标注对齐尺寸，如图 6-122 所示。

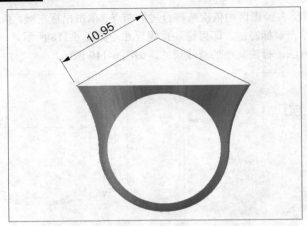

图 6-122　标注对齐尺寸

还有以下 3 种方法可以进行对齐尺寸标注。

● 在命令行中输入 DimAligned 命令。
● 在"出图"选项卡中单击"对齐尺寸标注"按钮。
● 在"标准"选项卡中单击"直线尺寸标注"右侧的下拉按钮，在弹出的面板中单击"对齐尺寸标注"按钮。

6.4.3　半径尺寸标注

在 Rhino 5.0 中，使用"半径尺寸标注"命令可以标注圆或圆弧的半径。

素材文件	光盘\素材\第 6 章\6-123.3dm	
效果文件	光盘\效果\第 6 章\6-125.3dm	
视频文件	光盘\视频\第 6 章\6.4.3 半径尺寸标注.mp4	

步骤 ① 按【Ctrl＋O】组合键，打开图形文件，如图 6-123 所示。

步骤 ② 单击"尺寸标注"｜"半径尺寸标注"命令，如图 6-124 所示。

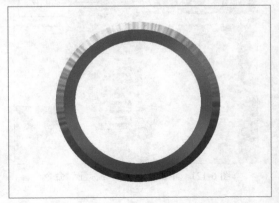

图 6-123　打开图形文件

图 6-124　单击"半径尺寸标注"命令

步骤 ③ 根据命令行提示，在绘图区中的内圆边上单击鼠标左键，执行操作后，向右拖曳鼠标，至合适位置后单击鼠标左键，即可标注半径尺寸，如图 6-125 所示。

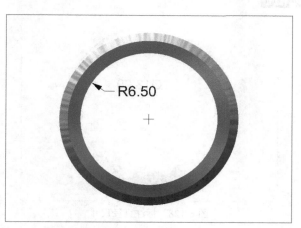

图 6-125　标注半径尺寸

还有以下 3 种方法可以进行半径尺寸标注。
● 在命令行中输入 DimRadius 命令。
● 在"出图"选项卡中单击"半径尺寸标注"按钮。
● 在"标准"选项卡中单击"直线尺寸标注"右侧的下拉按钮，在弹出的面板中单击"半径尺寸标注"按钮。

6.4.4　直径尺寸标注

在 Rhino 5.0 中，使用"直径尺寸标注"命令可以标注曲线的直径。

	素材文件	光盘\素材\第 6 章\6-126.3dm
	效果文件	光盘\效果\第 6 章\6-128.3dm
	视频文件	光盘\视频\第 6 章\6.4.4 直径尺寸标注.mp4

步骤 ① 按【Ctrl＋O】组合键，打开图形文件，如图 6-126 所示。

步骤 ② 单击"尺寸标注"｜"直径尺寸标注"命令，如图 6-127 所示。

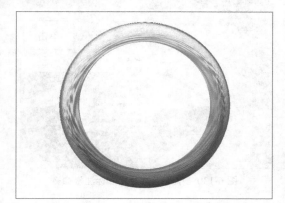

图 6-126　打开图形文件

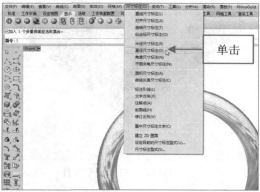

图 6-127　单击"直径尺寸标注"命令

步骤 ③ 根据命令行提示，在绘图区中的内圆边上单击鼠标左键，执行操作后，向右拖曳鼠标，至合适位置后单击鼠标左键，即可标注直径尺寸，如图 6-128 所示。

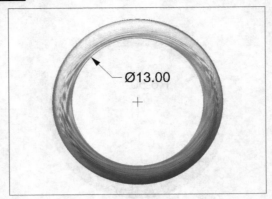

图 6-128　标注直径尺寸

还有以下 3 种方法可以进行直径尺寸标注。
- 在命令行中输入 DimDiameter 命令。
- 在"出图"选项卡中单击"直径尺寸标注"按钮。
- 在"标准"选项卡中单击"直线尺寸标注"右侧的下拉按钮，在弹出的面板中单击"直径尺寸标注"按钮。

6.4.5　角度尺寸标注

在 Rhino 5.0 中，使用"角度尺寸标注"命令从圆弧、两条直线或指定三点标注角度。

素材文件	光盘\素材\第 6 章\6-129.3dm
效果文件	光盘\效果\第 6 章\6-128.3dm
视频文件	光盘\视频\第 6 章\6.4.5 角度尺寸标注.mp4

步骤① 按【Ctrl+O】组合键，打开图形文件，如图 6-129 所示。

步骤② 单击"尺寸标注"|"角度尺寸标注"命令，如图 6-130 所示。

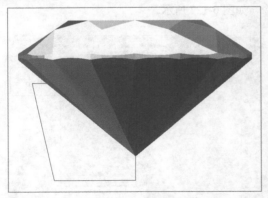

图 6-129　打开图形文件

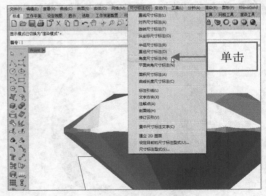

图 6-130　单击"角度尺寸标注"命令

步骤③ 根据命令行提示，在绘图区中依次选择合适的直线，如图 6-131 所示。

步骤④ 执行操作后，向右下方拖曳鼠标，至合适位置后单击鼠标左键，即可标注角度尺寸，如图 6-132 所示。

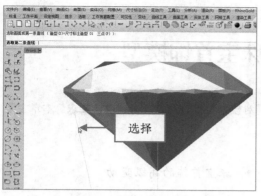

图 6-131　选择合适的直线

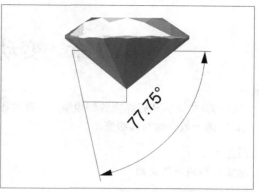

图 6-132　标注角度尺寸

专家提醒

还有以下 3 种方法可以进行角度尺寸标注。

● 在命令行中输入 DimAngle 命令。

● 在"出图"选项卡中单击"角度尺寸标注"按钮。

● 在"标准"选项卡中单击"直线尺寸标注"右侧的下拉按钮，在弹出的面板中单击"角度尺寸标注"按钮。

6.4.6　尺寸标注属性

在尺寸标注上单击鼠标左键，"属性"面板中将出现相应的选项，将"属性"面板拖曳出来，如图 6-133 所示，在其中可以设置尺寸标注的物件属性。

● 角括号："角括号"<>"代表尺寸标注的数值，用户可以在角括号前后输入其他文字，或删除角括号。按【Ctrl＋Enter】组合键，文字会跳至下一行，用以建立多行文字。

● 预设值：还原至原来的尺寸标注数值。

● 箭头：设定尺寸标注箭头的位置。

● 自动：自动决定箭头的位置，当空间足时将箭头置于外侧。

● 总是在外侧：箭头永远置于尺寸标注的外侧。

● 总是在内侧：箭头永远置于尺寸标注的内侧。

● 型式：设定尺寸标注型式。

● 取代全域设定：取代尺寸标注形式里的设定，改用选取的尺寸标注或标注引线自己的设定。

图 6-133　"属性"面板

● 另存为新的型式：将目前的尺寸标注型式另存新的型式。

● 匹配：套用其他尺寸标注的所有设定。

第7章 变动珠宝首饰模型

学前提示

在 Rhino 5.0 中，创建好珠宝首饰模型后，有时还需对模型进行改动，以达到设计要求。本章主要向读者介绍珠宝首饰的一般变动与高级变动。

本章知识重点

- ■ 珠宝首饰的一般变动
- ■ 珠宝首饰的高级变动

学完本章后你能掌握什么

- ■ 掌握珠宝首饰的一般变动，包括移动模型、旋转模型、缩放模型、阵列模型等
- ■ 掌握珠宝首饰的高级变动，包括对齐模型、定位模型等

7.1 珠宝首饰的一般变动

珠宝首饰的一般变动主要包括移动模型、复制模型、旋转模型、缩放模型、镜像模型及阵列模型等。本节主要介绍珠宝首饰的一般变动。

7.1.1 移动模型

在 Rhino 5.0 中，使用"移动"命令可以将物件从一个位置移动至另一个位置。

素材文件	光盘\素材\第 7 章\7-1.3dm
效果文件	光盘\效果\第 7 章\7-4.3dm
视频文件	光盘\视频\第 7 章\7.1.1 移动模型.mp4

步骤 ① 按【Ctrl＋O】组合键，打开图形文件，如图 7-1 所示。

步骤 ② 在工具列中单击"移动"按钮 ，如图 7-2 所示。

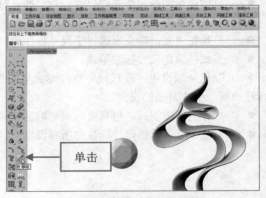

图 7-1 打开图形文件　　　　　　　　　　图 7-2 单击"移动"按钮

步骤 ③ 根据命令行提示，在绘图区中选择合适的模型，按【Enter】键确认，在绘图区中刚旋转的模型上单击鼠标左键，确定移动的起点，并向右拖曳，如图 7-3 所示。

步骤 ④ 至合适位置后单击鼠标左键，确定移动的终点，执行操作后，即可移动模型，如图 7-4 所示。

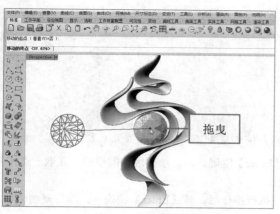

图 7-3　拖曳鼠标

图 7-4　移动模型

专家提醒

还有以下 6 种方法可以移动模型。

- 在命令行中输入 Move 命令。
- 单击"变动"｜"移动"命令。
- 切换至"变动"选项卡，单击"移动"按钮。
- 按住【Alt】键的同时，再按方向键。
- 在要移动的模型上按住鼠标左键并拖曳。
- 选择要移动的模型，在坐标控制器上按住鼠标左键并拖曳。

7.1.2　复制模型

"复制"命令是 Rhino 5.0 中最基本的命令。在 Rhino 5.0 中，使用"复制"命令可将模型从一个位置复制到另一个位置。

	素材文件	光盘\素材\第 7 章\7-5.3dm
	效果文件	光盘\效果\第 7 章\7-7.3dm
	视频文件	光盘\视频\第 7 章\7.1.2 复制模型.mp4

步骤 ❶ 按【Ctrl＋O】组合键，打开图形文件，如图 7-5 所示。

步骤 ❷ 在工具列中单击"移动"右侧的下拉按钮，从弹出的面板中单击"复制"按钮，如图 7-6 所示。

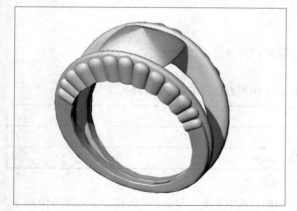

图 7-5　打开图形文件

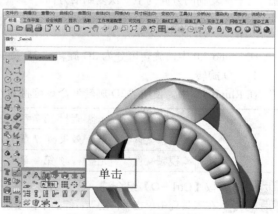

图 7-6　单击"复制"按钮

专家提醒

还有以下 5 种方法可以复制模型。

- 在命令行中输入 Copy 命令。
- 在工具列中单击"复制"按钮 ⊞。
- 单击"变动"｜"复制"命令。
- 切换至"变动"选项卡，单击"复制"按钮 ⊞。
- 选择模型，单击鼠标左键并拖曳，按住【Alt】键创建副本，至合适位置后释放鼠标。

步骤 ③ 根据命令行提示，在绘图区中选择模型，按【Enter】键确认，在绘图区中的模型上任取一点作为复制的起点，并向右拖曳鼠标，如图 7-7 所示。

步骤 ④ 至合适位置后单击鼠标左键，确定复制终点，执行操作后，按【Enter】键确认，即可复制模型，如图 7-8 所示。

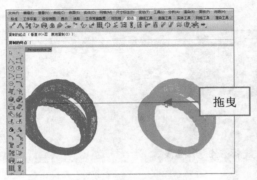

图 7-7 拖曳鼠标

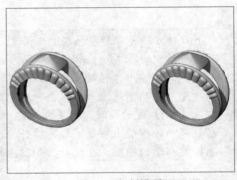

图 7-8 复制模型

执行"复制"命令后，命令行中各主要选项的含义如下。

- 垂直：往目前工作平面垂直的方向复制物件。
- 原地复制：在与选取物件同样的位置复制物件。
- 从上一个点：包含"否"和"是"两个选项，其中"否"指永远以第一次复制的起点为起点，"是"指以上一次复制的终点为下一次复制起点。
- 使用上一个距离：包含"否"和"是"两个选项，其中"否"指下一次复制使用不同的距离，"是"指以上一次复制的距离为下一次复制的距离。
- 使用上一个方向：包含"否"和"是"两个选项，其中"否"指下一次复制使用不同的方向，"是"指以上一次复制的方向为下一次复制的方向。

7.1.3 旋转模型

在 Rhino 5.0 中，旋转可分为 2D 旋转和 3D 旋转，下面将向读者进行详细介绍。

1. 2D 旋转

在 Rhino 5.0 中，使用"2D 旋转"命令可将物件绕着与工作平面垂直的中心轴旋转。

	素材文件	光盘\素材\第 7 章\7-9.3dm
	效果文件	光盘\效果\第 7 章\7-12.3dm
	视频文件	光盘\视频\第 7 章\1．2D 旋转.mp4

步骤 ① 按【Ctrl＋O】组合键，打开图形文件，如图 7-9 所示。

步骤 ② 在工具列中单击"移动"右侧的下拉按钮，从弹出的面板中单击"2D 旋转"按钮，如图 7-10 所示。

步骤 ③ 根据命令行提示，在绘图区中选择模型，按【Enter】键确认，然后在模型上任取一点，指定旋转中心点，并向右拖曳鼠标，如图 7-11 所示。

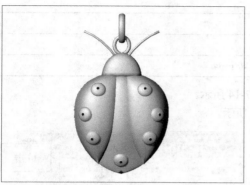

图 7-9　打开图形文件

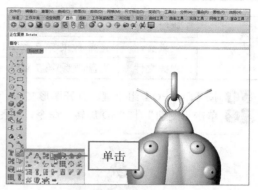

图 7-10　单击"2D 旋转"按钮

步骤 ④ 至合适位置单击鼠标左键，指定旋转的第一参考点，然后向下拖曳鼠标，如图 7-12 所示。

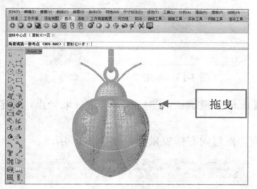

图 7-11　拖曳鼠标

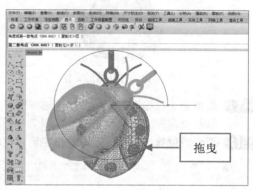

图 7-12　拖曳鼠标

步骤 ⑤ 至合适位置后单击鼠标左键，此时即可旋转模型，如图 7-13 所示。

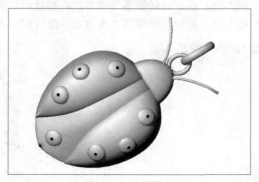

图 7-13　旋转模型

2．3D 旋转

在 Rhino 5.0 中，使用"3D 旋转"命令可将物件绕着 3D 轴旋转。

素材文件	光盘\素材\第 7 章\7-14.3dm
效果文件	光盘\效果\第 7 章\7-19.3dm
视频文件	光盘\视频\第 7 章\2．3D 旋转.mp4

步骤 ① 按【Ctrl＋O】组合键，打开图形文件，如图 7-14 所示。

步骤 ② 单击"变动"｜"3D 旋转"命令，如图 7-15 所示。

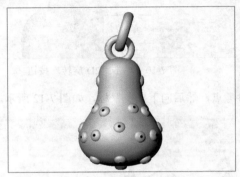

图 7-14　打开图形文件

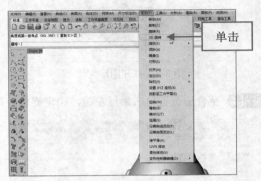

图 7-15　单击"3D 旋转"命令

步骤 ③ 根据命令行提示，在绘图区中选择模型，按【Enter】键确认，然后在模型上任取一点，指定旋转轴起点，并向下拖曳鼠标，如图 7-16 所示。

步骤 ④ 至合适位置单击鼠标左键，指定旋转轴的终点，然后向右拖曳鼠标，如图 7-17 所示。

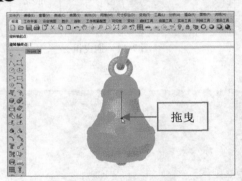

图 7-16　拖曳鼠标

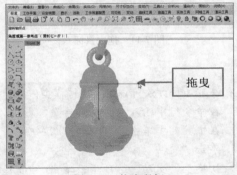

图 7-17　拖曳鼠标

步骤 ⑤ 至合适位置后单击鼠标左键，指定旋转轴第一参考点，然后向左拖曳鼠标，如图 7-18 所示。

步骤 ⑥ 至合适位置后单击鼠标左键，指定旋转轴第二参考点，此时即可 3D 旋转模型，如图 7-19 所示。

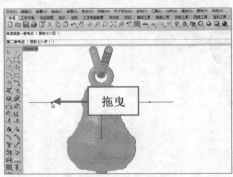

图 7-18　拖曳鼠标

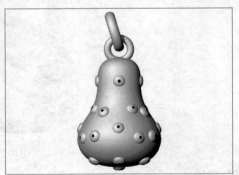

图 7-19　3D 旋转模型

专家提醒

模型的 3D 旋转与 2D 旋转都可以在旋转的同时进行多次复制，操作方式也相同。

7.1.4　缩放模型

缩放是 Rhino 中常用的物体变动工具。在 Rhino 5.0 中，缩放的方式有三轴缩放、二轴缩放、单轴缩放和不等比缩放四种。

1．三轴缩放

在 Rhino 5.0 中，使用"三轴缩放"命令可以在工作平面的 x、y、z 三个轴向上以同比例缩放选取的物件。

	素材文件	光盘\素材\第 7 章\7-20.3dm
	效果文件	光盘\效果\第 7 章\7-23.3dm
	视频文件	光盘\视频\第 7 章\1．三轴缩放.mp4

步骤 **❶** 按【Ctrl＋O】组合键，打开图形文件，如图 7-20 所示。

步骤 **❷** 在工具列中单击"移动"右侧的下拉按钮，从弹出的面板中单击"三轴缩放"按钮，如图 7-21 所示。

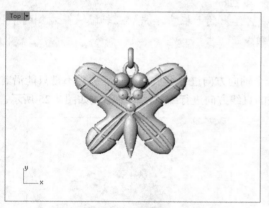

图 7-20　打开图形文件

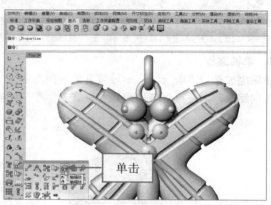

图 7-21　单击"三轴缩放"按钮

专家提醒

还有以下 4 种方法可以三轴缩放模型。

● 在命令行中输入 Scale 命令。

● 在工具列中单击"三轴缩放"按钮。

● 单击"变动"｜"缩放"｜"三轴缩放"命令。

● 切换至"变动"选项卡，单击"三轴缩放"按钮。

步骤 **❸** 根据命令行提示，在绘图区中选择模型，按【Enter】键确认，然后在模型上任取一点，指定缩放基点，并在命令行中输入 1.5，如图 7-22 所示。

步骤 **❹** 执行操作后，按【Enter】键确认，即可三轴缩放模型，如图 7-23 所示。

2．二轴缩放

二轴缩放只沿着 xy 轴、xz 轴或 yz 轴的方向进行等比例缩放。三轴当中有一轴保持实际尺寸不变，操作方式与三轴缩放相同。在实际操作中尽量配合物件锁点工具使用，从而实现精确的 2D 缩放效果，二轴缩放如图 7-24 所示。

图 7-22　输入 1.5

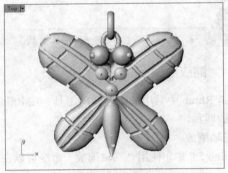

图 7-23　三轴缩放模型

3. 单轴缩放

单轴缩放是指沿着 x、y、z 轴或其他轴向当中的一个轴向方向进行缩放。单轴缩放并不是只能沿着坐标轴的方向缩放，而是可沿着任意基点与第一参考点所在的直线方向进行缩放，单轴缩放如图 7-25 所示。

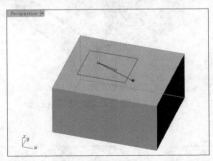

图 7-24　二轴缩放

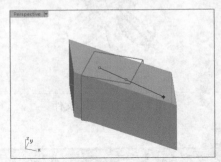

图 7-25　单轴缩放

4．不等比缩放

执行"不等比缩放"后，操作时只有一个基点，需要分别设置 x、y、z 三个轴向的缩放比例，相当于进行 3 次单轴缩放。不等比缩放仅限于 x、y、z 三个轴向，不等比缩放如图 7-26 所示。

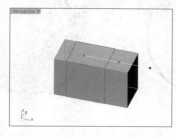 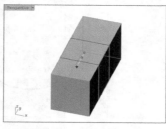 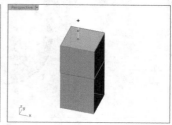

图 7-26　不等比缩放

专家提醒

还有以下 5 种方法可以不等比缩放模型。

● 在命令行中输入 ScaleNU 命令。
● 在工具列中单击"不等比缩放"按钮 。
● 单击"变动"｜"缩放"｜"不等比缩放"命令。
● 切换至"变动"选项卡，单击"不等比缩放"按钮 。
● 在工具列中单击"移动"右侧的下拉按钮，从弹出的面板中单击"三轴缩放"右侧的下拉按钮，在弹出的面板中单击"不等比缩放"按钮 。

7.1.5　镜像模型

在 Rhino 5.0 中，使用"镜像"命令可以对模型进行关于参考线的镜像复制操作。

	素材文件	光盘\素材\第 7 章\7-27.3dm
	效果文件	光盘\效果\第 7 章\7-30.3dm
	视频文件	光盘\视频\第 7 章\7.1.5 镜像模型.mp4

步骤 ① 按【Ctrl＋O】组合键，打开图形文件，如图 7-27 所示。

步骤 ② 在工具列中单击"移动"右侧的下拉按钮，从弹出的面板中单击"镜像"按钮 ，如图 7-28 所示。

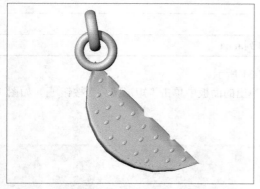 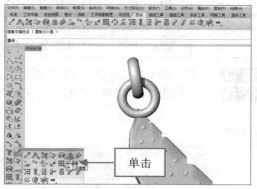

图 7-27　打开图形文件　　　　　　　图 7-28　单击"镜像"按钮

步骤 ③ 根据命令行提示，在绘图区中选择模型作为镜像对象，按【Enter】键确认，然后在绘图区的合适位置指定镜像平面的起点和终点，如图 7-29 所示。

步骤 ④ 执行操作后，即可镜像模型，如图 7-30 所示。

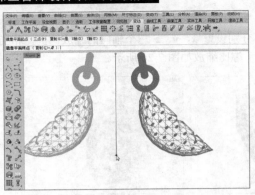

图 7-29 指定起点和终点

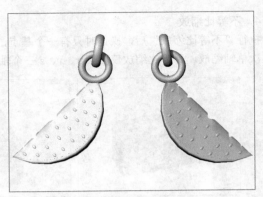

图 7-30 镜像模型

执行"镜像"命令，命令行中各主要选项的含义如下。

- 三点：指定三个点定义镜像平面。
- 复制：设定指令是否复制物件，当"复制＝是"时鼠标指针会有一个"＋"符号。
- x 轴：自动将物件镜像至工作平面 x 轴的另一侧。
- y 轴：自动将物件镜像至工作平面 y 轴的另一侧。

专家提醒

还有以下 3 种方法可以镜像模型。
- 在命令行中输入 Mirror 命令。
- 单击"变动" | "镜像"命令。
- 切换至"变动"选项卡，单击"镜像"按钮 。

7.1.6　阵列模型

在 Rhino 5.0 中，阵列是比较常用的变动工具，它能够根据需要对模型进行造型设计变换。下面将介绍阵列模型的操作方法。

1. 矩形阵列

在 Rhino 5.0 中，使用"矩形阵列"命令可以将一个物体进行矩形阵列，即以指定的列数和行数摆放物体副本。

	素材文件	光盘\素材\第 7 章\7-31.3dm
	效果文件	光盘\效果\第 7 章\7-35.3dm
	视频文件	光盘\视频\第 7 章\1. 矩形阵列.mp4

步骤 1 按【Ctrl＋O】组合键，打开图形文件，如图 7-31 所示。

步骤 2 在工具列中单击"移动"右侧的下拉按钮，从弹出的面板中单击"矩形阵列"按钮 ，如图 7-32 所示。

专家提醒

还有以下 4 种方法可以矩形阵列模型。
- 在命令行中输入 Array 命令。
- 在工具列中单击"矩形阵列"按钮 。
- 单击"变动" | "阵列" | "矩形"命令。
- 切换至"变动"选项卡，单击"矩形阵列"按钮 。

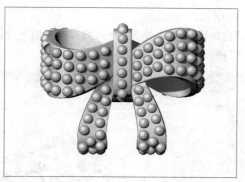

图 7-31 打开图形文件

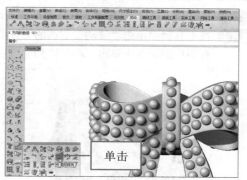

单击

图 7-32 单击"矩形阵列"按钮

步骤 3 根据命令行提示，在绘图区中选择模型，按【Enter】键确认，然后在命令行中分别输入 X 方向的数目、Y 方向的数目、Z 方向的数目分别为 2，并按【Enter】键确认，根据命令行提示，输入 8，如图 7-33 所示。

步骤 4 按【Enter】键确认，然后在命令行中依次输入 8、8，按【Enter】键确认，如图 7-34 所示。

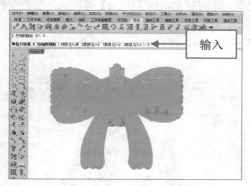

输入

图 7-33 输入 8

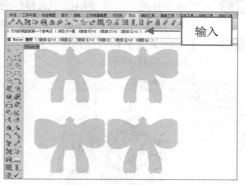

输入

图 7-34 设置参数

步骤 5 执行操作后，按【Enter】键确认，即可矩形阵列模型，如图 7-35 所示。

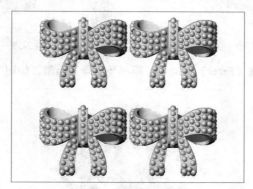

图 7-35 矩形阵列模型

2．环形阵列

在 Rhino 5.0 中，使用"环形阵列"命令可将物体以指定的数目围绕中心点复制摆放。

	素材文件	光盘\素材\第 7 章\7-36.3dm
	效果文件	光盘\效果\第 7 章\7-40.3dm
	视频文件	光盘\视频\第 7 章\2．环形阵列.mp4

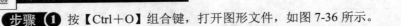

步骤 **1** 按【Ctrl＋O】组合键，打开图形文件，如图 7-36 所示。

步骤 **2** 在工具列中单击"移动"右侧的下拉按钮，从弹出的面板中单击"矩形阵列"右侧的下拉按钮，在弹出的面板中单击"环形阵列" 💠，如图 7-37 所示。

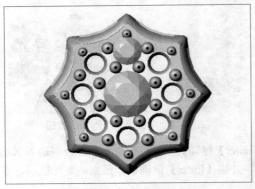

图 7-36　打开图形文件

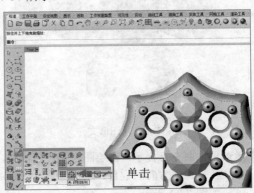

图 7-37　单击"环形阵列"按钮

步骤 **3** 根据命令行提示，在绘图区中选择相应的模型作为阵列对象，按【Enter】键确认，在命令行中输入（0,0,0），指定阵列中心点，如图 7-38 所示。

步骤 **4** 按【Enter】键确认，根据命令行提示，设置阵列数为 8，然后输入（-1.85,0,0），指定第一参考点，如图 7-39 所示。

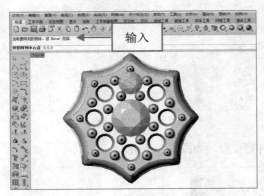

图 7-38　指定阵列中心点

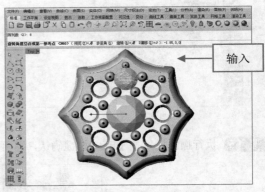

图 7-39　指定第一参考点

步骤 **5** 执行操作后，连续按【Enter】键确认，即可环形阵列模型，如图 7-40 所示。

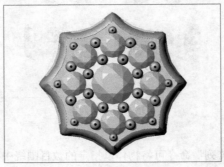

图 7-40　环形阵列模型

执行"环形阵列"命令，命令行中各主要选项的含义如下。

● 步进角：输入物件之间的角度。

- 旋转：建立环形阵列时旋转物件。
- Z 偏移：以设定的距离提高阵列物件的高度。

还有以下 6 种方法可以矩形阵列模型。
- 在命令行中输入 ArrayPolar 命令。
- 在工具列中单击"矩形阵列"右侧的下拉按钮，从弹出的面板中单击"环形阵列"按钮 。
- 在工具列中单击"移动"右侧的下拉按钮，从弹出的面板中单击"环形阵列"按钮 。
- 单击"变动"｜"阵列"｜"环形"命令。
- 切换至"变动"选项卡，单击"环形阵列"按钮 。
- 切换至"变动"选项卡，单击"矩形阵列"右侧的下拉按钮，在弹出的面板中单击"环形阵列"按钮 。

3．沿曲线阵列

在 Rhino 5.0 中，使用"沿曲线阵列"命令可将物体沿曲线复制排列，同时随着曲线扭转。

	素材文件	光盘\素材\第 7 章\7-41.3dm
	效果文件	光盘\效果\第 7 章\7-44.3dm
	视频文件	光盘\视频\第 7 章\3．沿曲线阵列.mp4

步骤 ❶ 按【Ctrl＋O】组合键，打开图形文件，如图 7-41 所示。

步骤 ❷ 在工具列中单击"移动"右侧的下拉按钮，从弹出的面板中单击"矩形阵列"右侧的下拉按钮，在弹出的面板中单击"沿着曲线阵列"按钮 ，如图 7-42 所示。

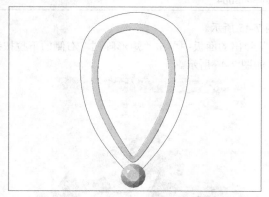

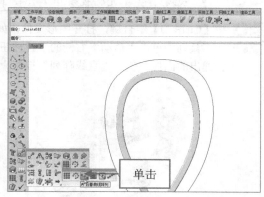

图 7-41　打开图形文件　　　　　　图 7-42　单击"沿着曲线阵列"按钮

还有以下 4 种方法可以沿着曲线阵列模型。
- 在命令行中输入 ArrayCrv 命令。
- 在工具列中单击"矩形阵列"右侧的下拉按钮，从弹出的面板中单击"沿着曲线阵列"按钮 。
- 单击"变动"｜"阵列"｜"沿着曲线"命令。
- 切换至"变动"选项卡，单击"矩形阵列"右侧的下拉按钮，在弹出的面板中单击"沿着曲线阵列"按钮 。

步骤 ❸ 根据命令行提示，在命令行中选择钻石作为阵列对象，按【Enter】键确认，然后选择路径曲线，弹出"沿着曲线阵列选项"对话框，在"项目数"数值框中输入 12，如图 7-43 所示。

步骤 ❹ 执行操作后，单击"确定"按钮，即可沿着曲线阵列模型，如图 7-44 所示。

图 7-43　设置参数

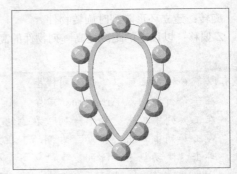

图 7-44　沿着曲线阵列模型

在"沿着曲线阵列选项"对话框中，各主要选项的含义如下。

● 项目数：设定阵列物件之间的距离，阵列物件的数量依曲线长度而定。

● 项目间的距离：输入物件沿着曲线阵列的数目。

● 自由扭转：物件沿着曲线阵列时会在三度空间中旋转。

● 不旋转：物件沿着曲线阵列时会维持与原来物件一样的定位。

● 走向：物件沿着曲线阵列时会维持相对于工作平面朝上的方向，但会做水平旋转。

4．直线阵列

在 Rhino 5.0 中，使用"直线阵列"命令可在单一方向上等间距复制物件。

	素材文件	光盘\素材\第 7 章\7-45.3dm
	效果文件	光盘\效果\第 7 章\7-47.3dm
	视频文件	光盘\视频\第 7 章\4．直线阵列.mp4

步骤 ① 按【Ctrl＋O】组合键，打开图形文件，如图 7-45 所示。

步骤 ② 在工具列中单击"移动"右侧的下拉按钮，从弹出的面板中单击"矩形阵列"右侧的下拉按钮，在弹出的面板中单击"直线阵列"按钮，如图 7-46 所示。

图 7-45　打开图形文件

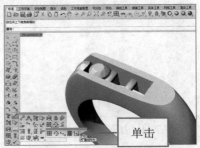

图 7-46　单击"沿着曲线阵列"按钮

专家提醒

还有以下 4 种方法可以直线阵列模型。

● 在命令行中输入 ArrayLinear 命令。

● 在工具列中单击"矩形阵列"右侧的下拉按钮，从弹出的面板中单击"直线阵列"按钮。

● 单击"变动"｜"阵列"｜"直线"命令。

● 切换至"变动"选项卡，单击"矩形阵列"右侧的下拉按钮，在弹出的面板中单击"直线阵列"按钮。

步骤 ③ 根据命令行提示，在绘图区中选择相应的钻石作为阵列对象，按【Enter】键确认，输入 3，按【Enter】键确认，在绘图区中的合适位置指定一点作为第一参考点，然后向右拖曳鼠标，如图 7-47 所示。

步骤 4　至合适位置后单击鼠标左键，即可直线阵列模型，如图 7-48 所示。

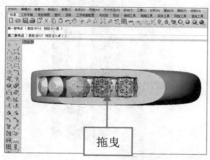

图 7-47　拖曳鼠标

图 7-48　直线阵列模型

7.2　珠宝首饰的高级变动

珠宝首饰的高级变动主要包括对齐模型、定位模型、倾斜模型、扭转模型、弯曲模型及锥状化模型等。本节主要介绍珠宝首饰的高级变动。

7.2.1　对齐模型

在 Rhino 5.0 中，使用"对齐物件"命令可将所选的物体对齐。

	素材文件	光盘\素材\第 7 章\7-49.3dm
	效果文件	光盘\效果\第 7 章\7-52.3dm
	视频文件	光盘\视频\第 7 章\7.2.1 对齐模型.mp4

步骤 1　按【Ctrl＋O】组合键，打开图形文件，如图 7-49 所示。

步骤 2　在工具列中单击"移动"右侧的下拉按钮，从弹出的面板中单击"对齐物件"按钮 ，如图 7-50 所示。

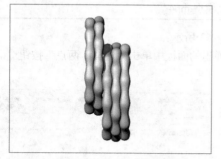

图 7-49　打开图形文件

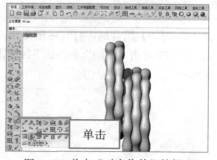

图 7-50　单击"对齐物件"按钮

专家提醒

还有以下 4 种方法可以对齐模型。
● 在命令行中输入 Align 命令。
● 在工具列中单击"对齐物件"按钮 。
● 单击"变动"｜"对齐"命令。
● 切换至"变动"选项卡，单击"对齐物件"按钮 。

步骤 3　根据命令行提示，在绘图区中选择模型，按【Enter】键确认，然后在命令行中选择"向下对齐"选项，如图 7-51 所示。

步骤 4　执行操作后，按【Enter】键确认，即可对齐模型，如图 7-52 所示。

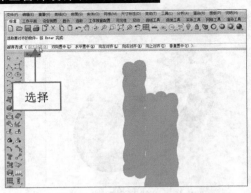

图 7-51　选择相应选项

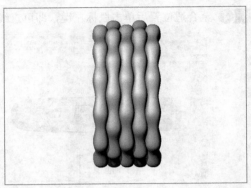

图 7-52　对齐模型

执行"对齐物件"命令后，命令行中各主要选项的含义如下。

- 向下对齐：将每一个物件的边框方块下缘与所有物件共同的边框方块下缘对齐。
- 双向置中：将每一个物件的边框方块的中心点在垂直与水平两个方向对齐。
- 水平置中：将每一个物件的边框方块的中心点在水平方向对齐。
- 向左对齐：将每一个物件的边框方块左缘与所有物件共同的边框方块左缘对齐。
- 向右对齐：将每一个物件的边框方块右缘与所有物件共同的边框方块右缘对齐。
- 向上对齐：将每一个物件的边框方块上缘与所有物件共同的边框方块上缘对齐。
- 垂直置中：将每一个物件的边框方块的中心点在垂直方向对齐。

7.2.2　定位模型

在 Rhino 5.0 中，使用"挤出封闭的平面曲线"命令可以通过沿着一条轨迹挤压封闭的曲线建立实体。

素材文件	光盘\素材\第 7 章\7-53.3dm	
效果文件	光盘\效果\第 7 章\7-57.3dm	
视频文件	光盘\视频\第 7 章\7.2.2 定位模型.mp4	

步骤 ① 按【Ctrl＋O】组合键，打开图形文件，如图 7-53 所示。

步骤 ② 在工具列中单击"移动"右侧的下拉按钮，从弹出的面板中单击"定位：两点"按钮，如图 7-54 所示。

图 7-53　打开图形文件

图 7-54　单击"定位：两点"按钮

步骤 ③ 将视图切换至 Right 视图，根据命令行提示，在绘图区中选择相应的模型作为要定位的物件，按【Enter】键确认，在模型的合适位置指定两点作为参考点，如图 7-55 所示。

步骤 ④ 执行操作后，在下方的模型上指定两点作为目标点，如图 7-56 所示。

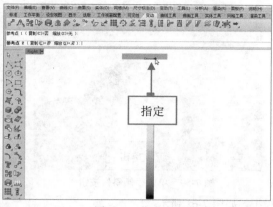

图 7-55　指定参考点

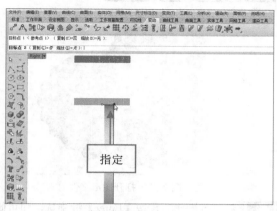

图 7-56　指定目标点

步骤 5 执行操作后，即可定位模型，如图 7-57 所示。

图 7-57　定位模型

专家提醒

还有以下 3 种方法可以定位模型。

● 在命令行中输入 Orient 命令。
● 单击"变动"｜"定位"｜"两点"命令。
● 切换至"变动"选项卡，在工具列中单击"定位：两点"按钮 ◈。

7.2.3　倾斜模型

在 Rhino 5.0 中，使用"倾斜"命令可以使物体在原有的基础上产生一定的倾斜变形。

	素材文件	光盘\素材\第 7 章\7-57.3dm
	效果文件	光盘\效果\第 7 章\7-61.3dm
	视频文件	光盘\视频\第 7 章\7.2.3 倾斜模型.mp4

步骤 1 按【Ctrl＋O】组合键，打开图形文件，如图 7-58 所示。
步骤 2 在工具列中单击"移动"右侧的下拉按钮，从弹出的面板中单击"倾斜"按钮 ⏢，如图 7-59 所示。
步骤 3 根据命令行提示，在绘图区中选择模型，按【Enter】键确认，然后指定基点和参考点，并在命令行中输入 15，如图 7-60 所示。

图 7-58　打开图形文件

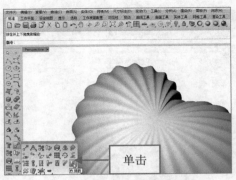

图 7-59　单击"倾斜"按钮

步骤 ④ 执行操作后，按【Enter】键确认，即可倾斜模型，如图 7-61 所示。

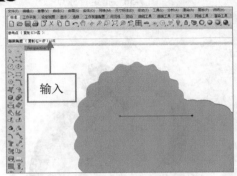

图 7-60　输入 15

图 7-61　倾斜模型

专家提醒

还有以下 3 种方法可以倾斜模型。
- 在命令行中输入 Shear 命令。
- 单击"变动"｜"倾斜"命令。
- 切换至"变动"选项卡，单击"倾斜"按钮 ⬚ 。

7.2.4　扭转模型

在 Rhino 5.0 中，使用"扭转"命令可以绕着一个轴线扭转物件。

	素材文件	光盘\素材\第 7 章\7-62.3dm
	效果文件	光盘\效果\第 7 章\7-66.3dm
	视频文件	光盘\视频\第 7 章\7.2.4 扭转模型.mp4

步骤 ① 按【Ctrl＋O】组合键，打开图形文件，如图 7-62 所示。

步骤 ② 在工具列中单击"移动"右侧的下拉按钮，从弹出的面板中单击"扭转"按钮 ⬚ ，如图 7-63 所示。

步骤 ③ 根据命令行提示，在绘图区中选择需要扭转的模型，然后在绘图区中任取两点，指定扭转轴的起点和终点，如图 7-64 所示。

步骤 ④ 执行操作后，根据命令行提示，指定两点作为参考点，如图 7-65 所示。

步骤 ⑤ 执行操作后，即可扭转模型，如图 7-66 所示。

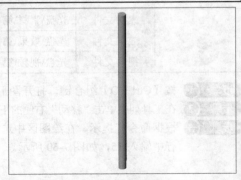

图 7-62　打开图形文件

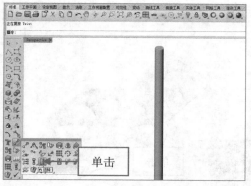

图 7-63　单击"扭转"按钮

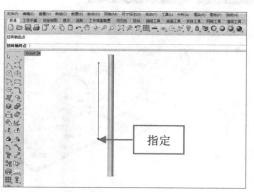

图 7-64　指定扭转轴的起点和终点

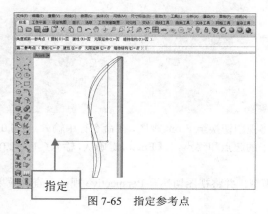

图 7-65　指定参考点

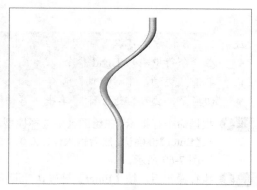

图 7-66　扭转模型

专家提醒

还有以下 3 种方法可以扭转模型。

● 在命令行中输入 Twist 命令。

● 单击"变动"｜"扭转"命令。

● 切换至"变动"选项卡，单击"扭转"按钮 。

执行"扭转"命令后，命令行中各主要选项的含义如下。

● 复制：设定命令是否复制物件，当"复制＝是"时鼠标指针会有一个"＋"符号。

● 硬性：这个选项无法使用在多重曲面上，如果选取的物件是多重曲面时，指令不会显示这个选项。

● 无限延伸：包含"是"与"否"两个选项，其中"是"指即使轴线比物件短，变形影响范围还是会及于整个物件，"否"指物件的变形范围受限于轴线的长度。如果轴线比物件短，物件只有在轴线范围内的部分会变形。此外，在轴线端点处会有一段变形缓冲区。

7.2.5　弯曲模型

在 Rhino 5.0 中，使用"弯曲"命令可以使物体沿着骨干做圆弧弯曲。

素材文件	光盘\素材\第 7 章\7-67.3dm
效果文件	光盘\效果\第 7 章\7-70.3dm
视频文件	光盘\视频\第 7 章\7.2.5 弯曲模型.mp4

步骤 ① 按【Ctrl＋O】组合键，打开图形文件，如图 7-67 所示。

步骤 ② 在工具列中单击"移动"右侧的下拉按钮，从弹出的面板中单击"弯曲"按钮 ，如图 7-68 所示。

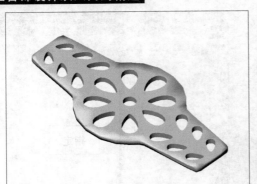

图 7-67　打开图形文件

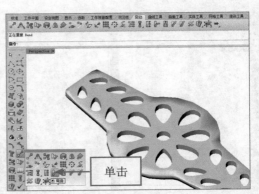

图 7-68　单击"弯曲"按钮

专家提醒

还有以下 3 种方法可以弯曲模型。
- 在命令行中输入 Bend 命令。
- 单击"变动"｜"弯曲"命令。
- 切换至"变动"选项卡，单击"弯曲"按钮 。

步骤 ③ 根据命令行提示，在绘图区中选择模型，然后将视图切换至 Front 视图，在命令行中输入（-2,0,0），按【Enter】键确认，然后输入（-15,0,0），指定骨干的起点和终点，按【Enter】键确认，输入（-1.7,-8,0），如图 7-69 所示。

步骤 ④ 执行操作后，按【Enter】键确认，即可弯曲模型，并将视图切换至 Perspective 视图，查看效果，如图 7-70 所示。

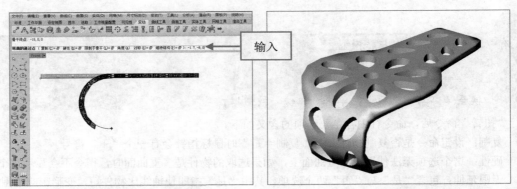

图 7-69　输入坐标　　　　　　　　　　　　图 7-70　弯曲模型

执行"弯曲"命令后，命令行中各主要选项的含义如下。
- 限制于骨干：包含"是"与"否"两个选项，其中"是"指物件只有在骨干范围内的部分会被弯曲，"否"指物件的弯曲范围会延伸到鼠标的指定点。
- 角度：以输入角度的方式设定弯曲量。
- 对称：包含"是"与"否"两个选项，其中"是"指以物件中点作为弯曲骨干的起点，将物件对称弯曲；"否"指只弯曲物件的一侧。
- 维持结构：这个选项无法使用在多重曲面上，如果选取的物件是多重曲面时，命令不会显示这个选项。

7.2.6　锥状化模型

在 Rhino 5.0 中，使用"锥状化"命令可以将物件沿着指定轴线做锥状变形。

素材文件	光盘\素材\第 7 章\7-71.3dm
效果文件	光盘\效果\第 7 章\7-75.3dm
视频文件	光盘\视频\第 7 章\7.2.6 锥状化模型.mp4

步骤 **①** 按【Ctrl＋O】组合键，打开图形文件，如图 7-71 所示。

步骤 **②** 在工具列中单击"移动"右侧的下拉按钮，从弹出的面板中单击"锥状化"按钮 ，如图 7-72 所示。

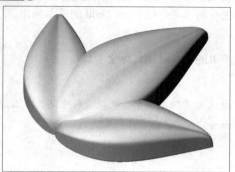

图 7-71　打开图形文件

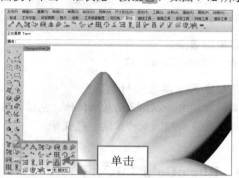

单击

图 7-72　单击"锥状化"按钮

专家提醒

还有以下 3 种方法可以锥状化模型。
● 在命令行中输入 Taper 命令。
● 单击"变动" | "锥状化"命令。
● 切换至"变动"选项卡，单击"锥状化"按钮 。

步骤 **③** 根据命令行提示，在绘图区中选择模型，并
按【Enter】键确认，然后在绘图区中指定锥
状轴的起点和终点，如图 7-73 所示。

步骤 **④** 执行操作后，在绘图区中指定起始距离和终
止距离，如图 7-74 所示。

步骤 **⑤** 执行操作后，即可锥状化模型，如图 7-75
所示。

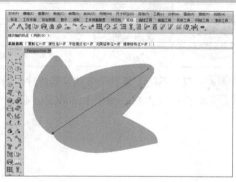

图 7-73　指定起点和终点

图 7-74　指定起始距离和终止距离

图 7-75　锥状化模型

第8章 RhinoGold 的基本操作

学前提示

RhinoGold 是珠宝设计和制造的首选软件，RhinoGold 使珠宝设计师和制造商能够快速精确地充分修改和制造珠宝，保留直观的界面，既简化又减少了学习时间。本章主要向读者介绍 RhinoGold 的基本操作。

本章知识重点

- RhinoGold 入门
- 使用 RhinoGold 编辑珠宝首饰

学完本章后你能掌握什么

- 掌握 RhinoGold 的基本操作，包括调用宝石、生成戒圈、制作爪镶、包镶等
- 掌握珠宝首饰的编辑，包括反转宝石、单曲线排石等

8.1 RhinoGold 4.0 入门

RhinoGold 基于 Rhino，同时又拥有自己的界面，是专门为珠宝设计而问世的应用软件。同样，RhinoGold 也可以作为 Rhino 的一个模组。

8.1.1 安装 RhinoGold 4.0

在使用珠宝插件 RhinoGlod 4.0 之前，首先需要对软件进行安装。

	素材文件	无
	效果文件	无
	视频文件	光盘\视频\第 8 章\8.1.1 安装 RhinoGold 4.0.mp4

步骤 ① 双击系统安装目录下的安装程序，等待片刻后，弹出相应的对话框，单击 OK 按钮，如图 8-1 所示。

步骤 ② 执行操作后，弹出 RhinoGold 4.0 安装对话框，单击"下一步"按钮，如图 8-2 所示。

图 8-1 单击 OK 按钮

图 8-2 单击"下一步"按钮

步骤 ③ 进入"许可证协议"界面，单击"我接受"按钮，如图 8-3 所示。

步骤 ④ 进入"选择安装位置"界面，更改安装路径，单击"安装"按钮，如图 8-4 所示。

步骤 ⑤ 执行操作后，进入"正在安装"界面，显示安装进度，如图 8-5 所示。

步骤 ⑥ 稍等片刻后，即可进入"正在完成'RhinoGold 4.0'安装向导"界面，单击"完成"按钮，如图 8-6 所示，此时即可完成 RhinoGold 4.0 的安装。

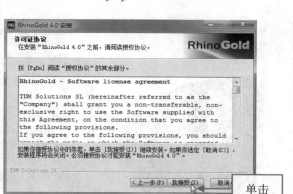

图 8-3　单击"下一步"按钮

图 8-4　单击"安装"按钮

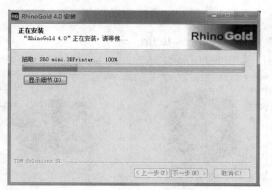

图 8-5　显示安装进度

图 8-6　单击"完成"按钮

安装 RhinoGold 4.0 后，在 Rhino 5.0 界面中将出现 RhinoGold 4.0 的相应命令，如图 8-7 所示。

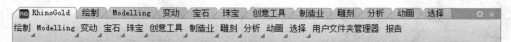

图 8-7　RhinoGold 4.0 的相应命令

8.1.2　使用"宝石工具"调用宝石

在 Rhino 5.0 中，使用 RhinoGold 命令中的"宝石"命令可以调用宝石，其中用户可以设置宝石的克拉等相应参数。

	素材文件	无
	效果文件	光盘\效果\第 8 章\8-11.3dm
	视频文件	光盘\视频\第 8 章\8.1.2 使用"宝石工具"调用宝石.mp4

步骤 ① 在"宝石"选项卡中单击"宝石工具"按钮，如图 8-8 所示。

步骤 ② 在 RhinoGold 面板中单击 Brilliant 右侧的下拉按钮，从弹出的下拉面板中选择相应的选项，如图 8-9 所示。

专家提醒

还有以下 3 种方法可以使用"宝石工具"。

● 在命令行中输入 GemStudio 命令。

● 单击"RhinoGold"｜"宝石"｜"宝石工具"命令。

● 单击 RhinoGold 选项卡中"宝石"右侧的下拉按钮，在弹出的面板中单击"宝石工具"按钮。

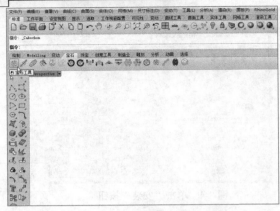

图 8-8　单击"宝石工具"按钮

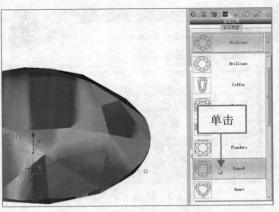

图 8-9　选择相应的宝石类型

步骤 ③ 执行操作后，接受默认的参数，单击"确定"按钮☑，如图 8-10 所示。

步骤 ④ 执行操作后，即可使用"宝石工具"调用宝石，如图 8-11 所示。

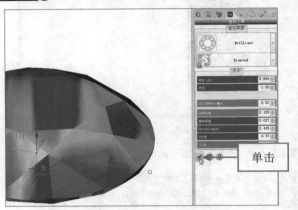

图 8-10　单击"确定"按钮

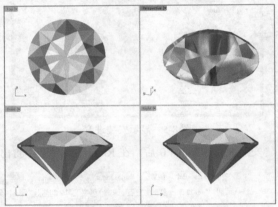

图 8-11　调用宝石

8.1.3　调用珍珠

在 Rhino 5.0 中，使用 RhinoGold 命令中的"珍珠"命令可以调用珍珠。

	素材文件	光盘\素材\第 8 章\8-12.3dm
	效果文件	光盘\效果\第 8 章\8-14.3dm
	视频文件	光盘\视频\第 8 章\8.1.3 调用珍珠.mp4

步骤 ① 在"宝石"选项卡中单击"珍珠"按钮◙，如图 8-12 所示。

步骤 ② 在 RhinoGold 面板中设置"珍珠大小"为 8，取消选中"电线"复选框和"庑"复选框，单击"确定"按钮☑，如图 8-13 所示。

专家提醒

还有以下 3 种方法可以调用珍珠。

● 在命令行中输入 Pearls 命令。

● 单击"RhinoGold" | "宝石" | "珍珠"命令。

● 切换至 RhinoGold 选项卡，单击"宝石"右侧的下拉按钮，在弹出的面板中单击"珍珠"按钮◙。

步骤 ③ 执行操作后，即可调用珍珠，如图 8-14 所示。

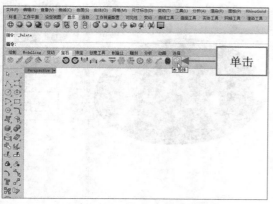

图 8-12　单击"珍珠"按钮

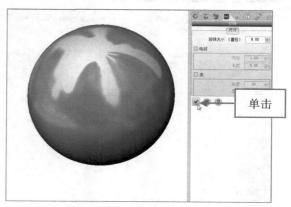

图 8-13　单击"确定"按钮

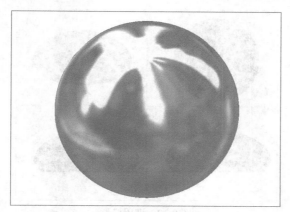

图 8-14　调用珍珠

8.1.4　使用周边工作室调用模型

在 Rhino 5.0 中，使用 RhinoGold 命令中的"周边工作室"命令可以调用其他模型，如具有不规则形状的模型等，可以用来生成玉石。

	素材文件	无
	效果文件	光盘\效果\第 8 章\8-17.3dm
	视频文件	光盘\视频\第 8 章\8.1.4 使用周边工作室调用模型.mp4

步骤 ① 在"宝石"选项卡中单击"周边工作室"按钮，如图 8-15 所示。

步骤 ② 在 RhinoGold 面板的"类型"选项区中选择第 2 个类型，在"侧"选项区中选择第 3 个类型，如图 8-16 所示。

专家提醒

还有以下 3 种方法可以使用周边工作室调用模型。

● 在命令行中输入 Cabochon 命令。

● 单击"RhinoGold" | "宝石" | "周边工作室"命令。

● 切换至 RhinoGold 选项卡，单击"宝石"右侧的下拉按钮，在弹出的面板中单击"周边工作室"按钮。

步骤 ③ 执行操作后，单击"确定"按钮，即可使用周边工作室调用模型，如图 8-17 所示。

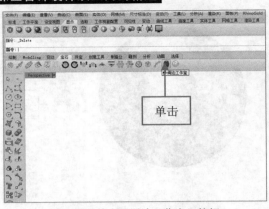

图 8-15 单击"周边工作室"按钮

图 8-16 选择相应的侧面

图 8-17 调用模型

8.1.5 生成戒圈

在 Rhino 5.0 中，使用 RhinoGold 命令中的"戒圈生成器"命令可以生成戒圈。

	素材文件	无
	效果文件	光盘\效果\第 8 章\8-21.3dm
	视频文件	光盘\视频\第 8 章\8.1.5 生成戒圈.mp4

步骤 1 在"珠宝"选项卡中单击"戒圈生成器"按钮，如图 8-18 所示。

步骤 2 在 RhinoGold 面板中单击"选择一个配置文件"按钮，如图 8-19 所示。

图 8-18 单击"戒圈生成器"按钮

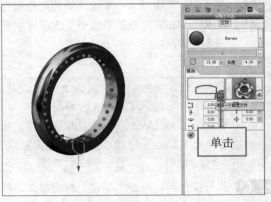

图 8-19 单击"选择一个配置文件"按钮

还有以下 3 种方法可以生成戒圈。

● 在命令行中输入 RingWizard 命令。

● 单击"RhinoGold"｜"珠宝"｜"生成戒圈"命令。

● 切换至 RhinoGold 选项卡，单击"珠宝"右侧的下拉按钮，在弹出的面板中单击"生成戒圈"
按钮 。

步骤 3 弹出"配置文件选择器"对话框，在其中选择相应的选项，如图 8-20 所示。

步骤 4 在选择的选项上双击鼠标左键，执行操作后，接受默认的参数，单击"确定"按钮 ，即可使用
戒圈生成器生成戒圈，如图 8-21 所示。

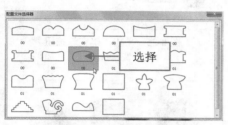

图 8-20　选择相应选项

图 8-21　生成戒圈

8.1.6　制作爪镶

在 Rhino 5.0 中，使用 RhinoGold 命令中的"爪镶工具"命令可以生成爪镶。

素材文件	光盘\素材\第 8 章\8-22.3dm
效果文件	光盘\效果\第 8 章\8-26.3dm
视频文件	光盘\视频\第 8 章\8.1.6 制作爪镶.mp4

步骤 1 按【Ctrl＋O】组合键，打开图形文件，如图 8-22 所示。

步骤 2 在"珠宝"选项卡中单击"爪镶工具"按钮 ，如图 8-23 所示。

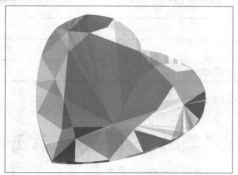

图 8-22　打开图形文件

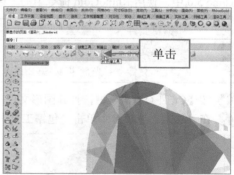

图 8-23　单击"爪镶工具"按钮

还有以下 3 种方法可以制作爪镶。

● 在命令行中输入 HeadStudio 命令。

● 单击"RhinoGold"｜"珠宝"｜"爪镶工具"命令。

● 切换至 RhinoGold 选项卡，单击"珠宝"右侧的下拉按钮，在弹出的面板中单击"爪镶工具"
按钮 。

步骤 3 在 RhinoGold 面板中单击"选择所有宝石"按钮，如图 8-24 所示。

步骤 4 在"钉镶"选项卡中设置"创业板内"为 50%、"插脚数目"为 3，然后选中"顺利章"复选框，单击"确定"按钮，如图 8-25 所示。

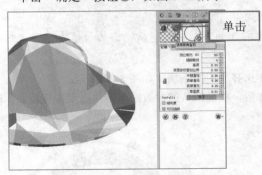

图 8-24　单击"选择所有宝石"按钮

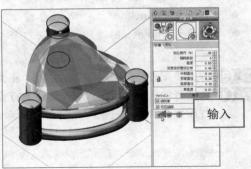

图 8-25　单击"确定"按钮

步骤 5 执行操作后，即可制作爪镶，如图 8-26 所示。

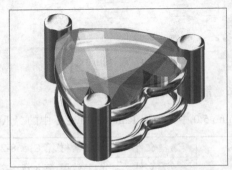

图 8-26　制作爪镶

8.1.7　制作包镶

在 Rhino 5.0 中，使用 RhinoGold 命令中的"包镶工具"命令可以制作包镶。

素材文件	光盘\素材\第 8 章\8-27.3dm	
效果文件	光盘\效果\第 8 章\8-24.3dm	
视频文件	光盘\视频\第 8 章\8.1.7 制作包镶.mp4	

步骤 1 按【Ctrl+O】组合键，打开图形文件，如图 8-27 所示。

步骤 2 在"珠宝"选项卡中单击"包镶工具"按钮，如图 8-28 所示。

图 8-27　打开图形文件

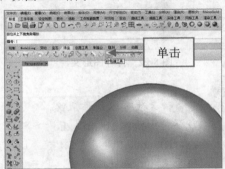

图 8-28　单击"包镶工具"按钮

步骤 ❸　在 RhinoGold 面板中单击"选择所有宝石"按钮，如图 8-29 所示。

步骤 ❹　在绘图区中选择宝石，并按【Enter】键确认，在绘图区中调整控制点的位置，执行操作后，单击"确定"按钮，如图 8-30 所示。

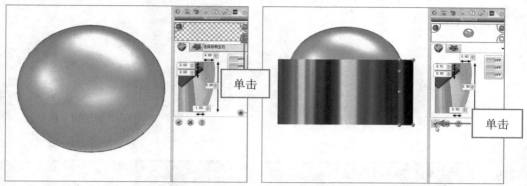

图 8-29　单击"选择所有宝石"按钮　　　　图 8-30　单击"确定"按钮

专家提醒

还有以下 3 种方法可以制作包镶。

● 　在命令行中输入 BezelStudio 命令。

● 　单击"RhinoGold"｜"珠宝"｜"包镶工具"命令。

● 　切换至 RhinoGold 选项卡，单击"珠宝"右侧的下拉按钮，在弹出的面板中单击"包镶工具"按钮。

步骤 ❺　执行操作后，即可制作包镶，如图 8-31 所示。

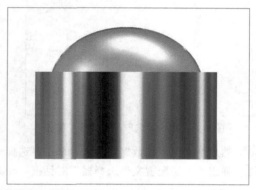

图 8-31　制作包镶

8.1.8　制作轨道镶

在 Rhino 5.0 中，使用 RhinoGold 命令中的"轨道镶"命令可以制作轨道镶，其中，制作轨道镶时需要指定曲线。

	素材文件	光盘\素材\第 8 章\8-32.3dm
	效果文件	光盘\效果\第 8 章\8-39.3dm
	视频文件	光盘\视频\第 8 章\8.1.8 制作轨道镶.mp4

步骤 ❶　按【Ctrl＋O】组合键，打开图形文件，如图 8-32 所示。

步骤 ❷　在"珠宝"选项卡中单击"轨道镶"按钮，如图 8-33 所示。

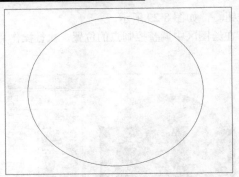

图 8-32　打开图形文件

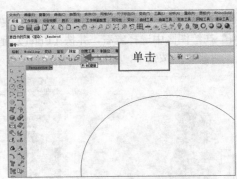

图 8-33　单击"轨道镶"按钮

专家提醒

还有以下 3 种方法可以制作包镶。

● 在命令行中输入 ChannelStudio 命令。

● 单击"RhinoGold"｜"珠宝"｜"轨道镶"命令。

● 切换至 RhinoGold 选项卡，单击"珠宝"右侧的下拉按钮，在弹出的面板中单击"轨道镶"按钮。

步骤 ③ 在 RhinoGold 面板中单击"选取一条曲线"按钮，如图 8-34 所示。

步骤 ④ 根据命令行提示，在绘图区中选择曲线，然后在 RhinoGold 面板中切换至"创业板和剪切"选项卡，设置相应的参数，如图 8-35 所示。

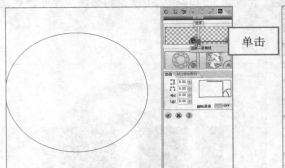

图 8-34　单击"选取一条曲线"按钮

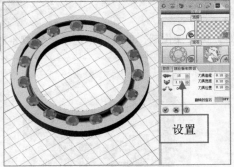

图 8-35　设置参数

步骤 ⑤ 然后切换至"参数"选项卡，单击"选择一个通道配置文件"按钮，如图 8-36 所示。

步骤 ⑥ 弹出"通道配置文件选择器"对话框，在其中选择相应的选项，如图 8-37 所示。

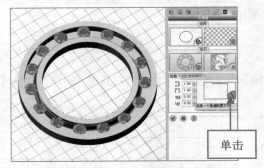

图 8-36　单击相应按钮

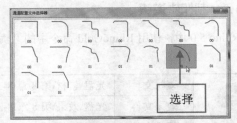

图 8-37　选择相应选项

步骤 ⑦ 在刚选择的选项上双击鼠标左键，执行操作后，单击"确定"按钮，如图 8-38 所示。

步骤 ⑧ 执行操作后，即可制作轨道镶，如图 8-39 所示。

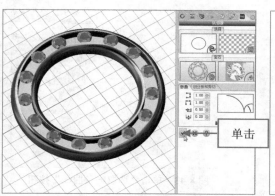

图 8-38　单击"确定"按钮

图 8-39　制作轨道镶

8.1.9　制作链子

在 Rhino 5.0 中，使用 RhinoGold 命令中的"链子"命令可以将某一物件制成链子。

	素材文件	光盘\素材\第 8 章\8-40.3dm
	效果文件	光盘\效果\第 8 章\8-48.3dm
	视频文件	光盘\视频\第 8 章\8.1.9 制作链子.mp4

步骤 ❶ 按【Ctrl＋O】组合键，打开图形文件，如图 8-40 所示。

步骤 ❷ 在"珠宝"选项卡中单击"链子"按钮 🔗 ，如图 8-41 所示。

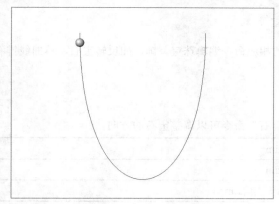

图 8-40　打开图形文件

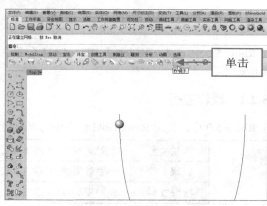

图 8-41　单击"链子"按钮

专家提醒

还有以下 3 种方法可以制作链子。

● 在命令行中输入 Chain 命令。

● 单击"RhinoGold" | "珠宝" | "链子"命令。

● 切换至 RhinoGold 选项卡，单击"珠宝"右侧的下拉按钮，在弹出的面板中单击"链子"按钮 🔗 。

步骤 ❸ 在 RhinoGold 面板中单击"选择对象"按钮 ✳ ，如图 8-42 所示。

步骤 ❹ 在绘图区中选择球体，然后单击"选取一条曲线"按钮 ◎ ，如图 8-43 所示。

步骤 ❺ 在绘图区中选择曲线，然后在"选项"选项区中设置"链扣数"为 45，单击"确定"按钮，如图 8-44 所示。

步骤 ❻ 执行操作后，即可制作链扣，并删除原始对象，如图 8-45 所示。

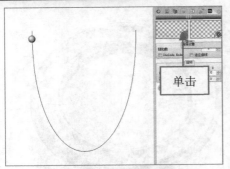

图 8-42　单击"选择对象"按钮

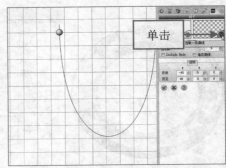

图 8-43　单击"选取一条曲线"按钮

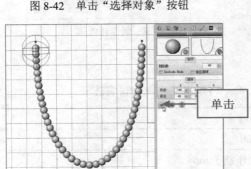

图 8-44　单击"确定"按钮

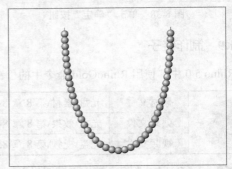

图 8-45　制作链子

8.2　使用 RhinoGold 编辑珠宝首饰

在 Rhino 5.0 中，用户可以使用 RhinoGold 命令中的相应命令编辑珠宝首饰，如反转宝石、单曲线排石、双曲线排石等。

8.2.1　反转宝石

在 Rhino 5.0 中，使用 RhinoGold 命令中的"反转宝石"命令可以调整宝石的方向。

	素材文件	光盘\素材\第 8 章\8-46.3dm
	效果文件	光盘\效果\第 8 章\8-49.3dm
	视频文件	光盘\视频\第 8 章\8.2.1 反转宝石.mp4

步骤 ① 按【Ctrl+O】组合键，打开图形文件，如图 8-46 所示。

步骤 ② 在"宝石"选项卡中单击"反转宝石"按钮，如图 8-47 所示。

图 8-46　打开图形文件

图 8-47　单击"反转宝石"命令

还有以下 3 种方法可以反转宝石。

● 在命令行中输入 GemFlip 命令。

● 单击"RhinoGold" | "宝石" | "反转宝石"命令。

● 切换至 RhinoGold 选项卡，单击"宝石"右侧的下拉按钮，在弹出的面板中单击"反转宝石"按钮 。

步骤 ③ 根据命令行提示，在绘图区中选择宝石，如图 8-48 所示。

步骤 ④ 执行操作后，按【Enter】键确认，即可反转宝石，如图 8-49 所示。

图 8-48　选择宝石

图 8-49　反转宝石

8.2.2　单曲线排石

在 Rhino 5.0 中，使用 RhinoGold 命令中的"单曲线排石"命令可以将宝石沿单曲线排列。

素材文件	光盘\素材\第 8 章\8-50.3dm
效果文件	光盘\效果\第 8 章\8-55.3dm
视频文件	光盘\视频\第 8 章\8.2.2 单曲线排石.mp4

步骤 ① 按【Ctrl＋O】组合键，打开图形文件，如图 8-50 所示。

步骤 ② 在"宝石"选项卡中单击"单曲线排石"按钮 ，如图 8-51 所示。

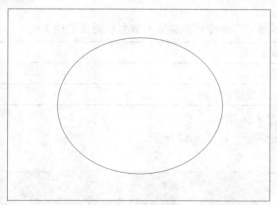

图 8-50　打开图形文件

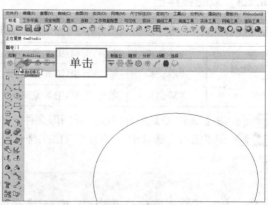

图 8-51　单击"单曲线排石"按钮

步骤 ③ 在 RhinoGold 面板中单击"选取一条曲线"按钮 ，如图 8-52 所示。

步骤 ④ 根据命令行提示，在绘图区中选择曲线，然后在"列表"选项卡中设置相应的参数，如图 8-53 所示。

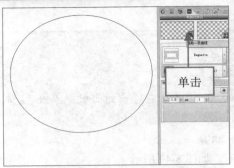

图 8-52　单击"选取一条曲线"按钮

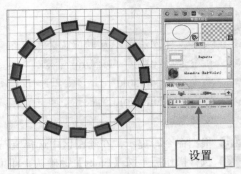

图 8-53　设置参数

步骤 5 切换至"参数"选项卡，单击"居中"按钮 ≡，如图 8-54 所示。

步骤 6 执行操作后，即可单曲线排石，如图 8-55 所示。

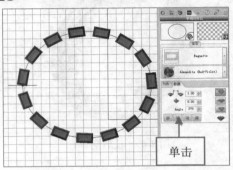

图 8-54　单击"居中"按钮

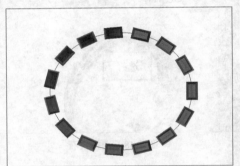

图 8-55　单曲线排石

专家提醒

还有以下 3 种方法可以单曲线排石。

- 在命令行中输入 GemsByCurve 命令。
- 单击"RhinoGold"｜"宝石"｜"单曲线排石"命令。
- 切换至 RhinoGold 选项卡，单击"宝石"右侧的下拉按钮，在弹出的面板中单击"单曲线宝石"按钮 。

8.2.3　双曲线排石

在 Rhino 5.0 中，使用 RhinoGold 命令中的"双曲线排石"命令可以将宝石放置在两条曲线中间。

素材文件	光盘\素材\第 8 章\8-56.3dm
效果文件	光盘\效果\第 8 章\8-61.3dm
视频文件	光盘\视频\第 8 章\8.2.3 双曲线排石.mp4

步骤 1 按【Ctrl＋O】组合键，打开图形文件，如图 8-56 所示。

步骤 2 在"宝石"选项卡中单击"双曲线排石"按钮 ，如图 8-57 所示。

专家提醒

还有以下 3 种方法可以双曲线排石。

- 在命令行中输入 GemsBy2Curves 命令。
- 单击"RhinoGold"｜"宝石"｜"双曲线排石"命令。
- 切换至 RhinoGold 选项卡，单击"宝石"右侧的下拉按钮，在弹出的面板中单击"双曲线宝石"按钮 。

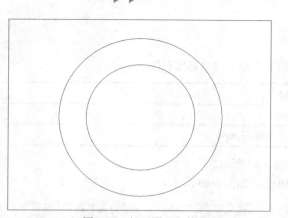

图 8-56　打开图形文件

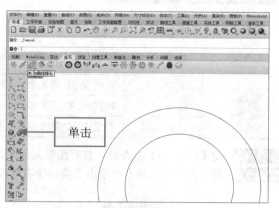

图 8-57　单击"双曲线排石"按钮

步骤 3 在 RhinoGold 面板中单击"选取一条曲线"按钮 ⓒ，如图 8-58 所示。

步骤 4 根据命令行提示，在绘图区中依次选择小圆和大圆，然后单击"反转"按钮 ⇄，如图 8-59 所示。

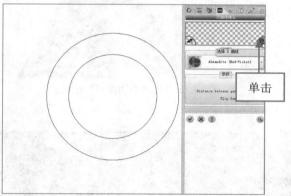

图 8-58　单击"选取一条曲线"按钮

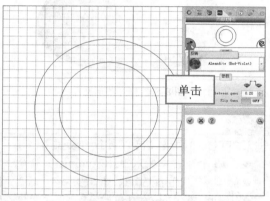

图 8-59　单击"反转"按钮

专家提醒

在进行双曲线排石时，选取曲线的顺序不同，排石的效果也不相同。

步骤 5 稍等片刻后，单击"确定"按钮 ✓，如图 8-60 所示。

步骤 6 执行操作后，即可双曲线排石，如图 8-61 所示。

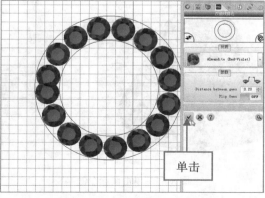

图 8-60　单击"确定"按钮

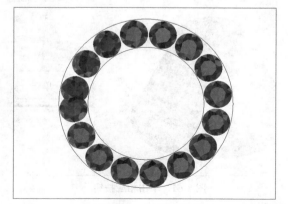

图 8-61　双曲线排石

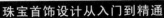
8.2.4 自动排石

在 Rhino 5.0 中，使用 RhinoGold 命令中的"自动排石"命令可以将宝石任意排列。

	素材文件	光盘\素材\第 8 章\8-62.3dm
	效果文件	光盘\效果\第 8 章\8-66.3dm
	视频文件	光盘\视频\第 8 章\8.2.4 自动排石.mp4

步骤 1 按【Ctrl＋O】组合键，打开图形文件，如图 8-62 所示。

步骤 2 在"宝石"选项卡中单击"自动排石"按钮 ，如图 8-63 所示。

图 8-62　打开图形文件

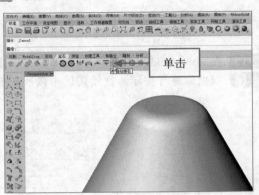

图 8-63　单击"自动排石"按钮

专家提醒

还有以下 3 种方法可以进行自动排石。

● 在命令行中输入 PaveAutomatic 命令。

● 单击"RhinoGold"｜"宝石"｜"自动排石"命令。

● 切换至 RhinoGold 选项卡，单击"宝石"右侧的下拉按钮，在弹出的面板中单击"自动排石"按钮 。

步骤 3 在 RhinoGold 面板中单击"选择对象"按钮 ，在绘图区中选择合适的模型，根据命令行提示，单击"添加一颗宝石"按钮 ，如图 8-64 所示。

步骤 4 执行操作后，在绘图区中的合适位置单击鼠标左键，如图 8-65 所示。

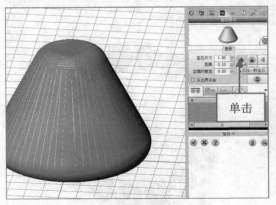

图 8-64　单击相应按钮

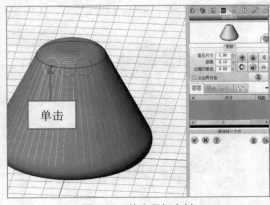

图 8-65　单击鼠标左键

步骤 5 执行操作后，单击"确定"按钮 ，即可自动排石，如图 8-66 所示。

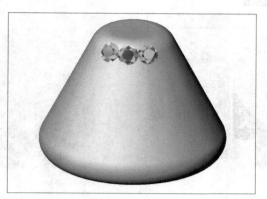

图 8-66　自动排石

8.2.5　UV 排石

在 Rhino 5.0 中，使用 RhinoGold 命令中的 "UV 排石" 命令可以将宝石在 UV 方向上排列。

素材文件	光盘\素材\第 8 章\8-82.3dm
效果文件	光盘\效果\第 8 章\8-88.3dm
视频文件	无

步骤 ① 按【Ctrl＋O】组合键，打开图形文件，如图 8-67 所示。

步骤 ② 在 "宝石" 选项卡中单击 "UV 排石" 按钮，如图 8-68 所示。

专家提醒

还有以下 3 种方法可以进行 UV 排石。

● 在命令行中输入 PaveUV 命令。

● 单击 "RhinoGold" ｜ "宝石" ｜ "UV 排石" 命令。

● 切换至 RhinoGold 选项卡，单击 "宝石" 右侧的下拉按钮，在弹出的面板中单击 "UV 排石" 按钮。

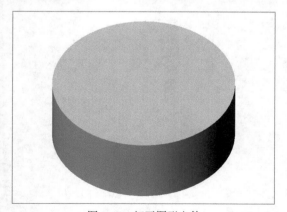

图 8-67　打开图形文件

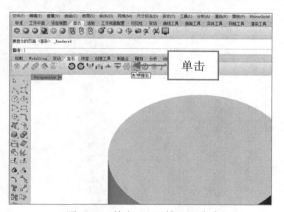

图 8-68　单击 "UV 排石" 命令

步骤 ③ 在 RhinoGold 面板中单击 "选取一个曲面" 按钮，在绘图区中选择合适的曲面，如图 8-69 所示。

步骤 ④ 单击 "添加一颗宝石" 按钮，如图 8-70 所示。

步骤 ⑤ 根据命令行提示，在绘图区中的相应位置单击鼠标左键，接受默认的参数，单击 "确定" 按钮，如图 8-71 所示。

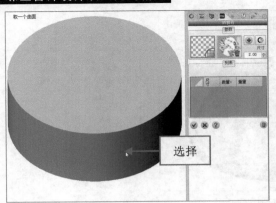

图 8-69　选择合适的曲面

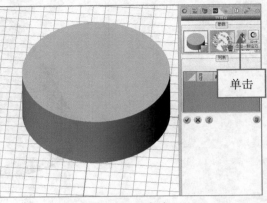

图 8-70　添加宝石

步骤 6 执行操作后，即可 UV 排石，如图 8-72 所示。

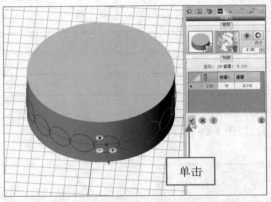

图 8-71　单击"确定"按钮

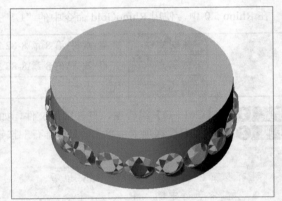

图 8-72　UV 排石

第9章 珠宝首饰的渲染

学前提示

由于 Rhino 自带的渲染器功能不强大，所以本章主要介绍 Rhino 的渲染插件 KeyShot 4.0，使用 KeyShot 4.0 相关操作命令，对 Rhino 5.0 所构建的珠宝首饰进行后期渲染处理，直到最终输出为符合设计要求的渲染图。

本章知识重点

- KeyShot 渲染器
- KeyShot 4.0 的基本操作
- KeyShot 4.0 的渲染设置

学完本章后你能掌握什么

- 掌握 KeyShot 渲染器的基本知识，包括安装、启动 KeyShot 4.0 等
- 掌握 KeyShot 4.0 的基本操作，包括打开文件、导入文件等
- 掌握 KeyShot 4.0 的渲染设置，包括赋予材质、设置环境等

9.1 KeyShot 渲染器

KeyShot 是一款优良的光线跟踪和全局光照渲染程序，无需复杂的设定即可产生照片般真实的 3D 渲染影像。无论渲染效率还是渲染质量均非常优秀，非常适合作为即时方案展示效果渲染。同时 KeyShot 支持目前绝大多数主流建模软件，尤其是 Rhino 模型文件。KeyShot 的出现让原来需要专业人员才能进行的渲染工作变得轻松起来，真正实现了渲染的"平民化"。

KeyShot 能够在几秒之内渲染出令人惊讶的镜头效果。沟通早期理念，尝试设计决策，创建市场和销售图像，无论用户想要做什么，KeyShot 都能打破一切复杂限制，帮助用户创建照片级的逼真图像。

9.1.1 安装 KeyShot 4.0

在使用 KeyShot 4.0 之前，首先需要对软件进行安装。

	素材文件	无
	效果文件	无
	视频文件	光盘\视频\第 9 章\9.1.1 安装 KeyShot 4.0.mp4

步骤 ① 双击系统安装目录下的安装程序，等待片刻后，弹出相应的对话框，单击 Next 按钮，如图 9-1 所示。

步骤 ② 进入 License Agreement 界面，单击 I Agree 按钮，如图 9-2 所示。

图 9-1 单击 Next 按钮

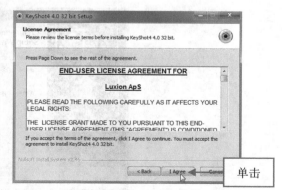

图 9-2 单击 I Agree 按钮

在安装 KeyShot 4.0 的时候，安装目录和安装路径名称都不能为中文，否则软件无法启动，文件也无法打开。

步骤 ③ 进入 Choose Users 界面，接受默认的选项，单击 Next 按钮，如图 9-3 所示。

步骤 ④ 进入 Choose Install Location 界面，更改路径，单击 Next 按钮，如图 9-4 所示。

步骤 ⑤ 进入 KeyShot resource location 界面，更改路径，单击 Install 按钮，如图 9-5 所示。

步骤 ⑥ 进入 Installing 界面，显示安装进度，如图 9-6 所示。

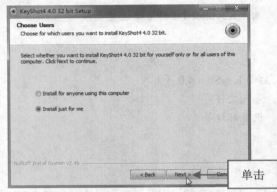

图 9-3　单击 Next 按钮 1

图 9-4　单击 Next 按钮 2

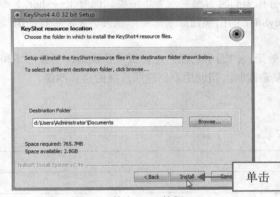

图 9-5　单击 Next 按钮 3

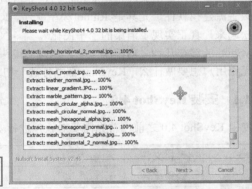

图 9-6　显示安装进度

步骤 ⑦ 稍等片刻，进入相应的界面，取消选中 Run KeyShot 4 复选框，单击 Finish 按钮，如图 9-7 所示，即可完成 KeyShot 4.0 的安装。

图 9-7　单击 Finish 按钮

　　在安装完 KeyShot 4.0 后，电脑桌面上会出现 KeyShot 4.0 图标 和 KeyShot 4.0 材质贴图文件夹。

9.1.2　启动 KeyShot 4.0

如果需要使用 KeyShot 4.0 对模型进行渲染，首先需要启动该软件。

	素材文件	无
	效果文件	无
	视频文件	光盘\视频\第 9 章\9.1.2 启动 KeyShot 4.0.mp4

步骤 ① 在电脑桌面上选择 KeyShot 4 程序图标 ，如图 9-8 所示。

步骤 ② 双击鼠标左键，弹出欢迎界面，如图 9-9 所示。

图 9-8　选择 KeyShot 4.0 程序图标

图 9-9　弹出欢迎界面

　　还有以下 3 种方法可以启动 KeyShot 4.0。

● 在 KeyShot 4.0 的程序图标上单击鼠标右键，在弹出的快捷菜单中选择"打开"选项。

● 单击"开始" | "所有程序" | KeyShot 4 | KeyShot 4 命令。

● 双击格式为.bip 的文件。

步骤 ③ 欢迎界面消失后，系统自动进入软件界面，此时即可启动 KeyShot 4.0，如图 9-10 所示。

图 9-10　启动 KeyShot 4.0

9.1.3　退出 KeyShot 4.0

KeyShot 4.0 的退出与大部分软件一样，单击"标题栏"右上角的"关闭"按钮 ▨ 即可。若在软件中进行了部分操作，之前也未保存，在退出该软件时，将弹出 KeyShot 4 对话框，如图 9-11 所示；若对软件中的模型进行了保存，在退出软件时，将弹出 KeyShot 4 对话框，如图 9-12 所示。

 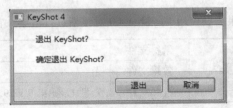

图 9-11　KeyShot 4 对话框　　　　　　　　　　　　　图 9-12　KeyShot 4 对话框

专家提醒

还有以下 4 种方法可以退出 KeyShot 4.0。
- 按【Alt + F4】组合键。
- 在标题栏上单击鼠标右键，在弹出的快捷菜单中选择"关闭"选项。
- 单击"文件"｜"退出"命令。
- 按【Ctrl + Q】组合键。

9.2　KeyShot 4.0 的基本操作

在使用 KeyShot 4.0 渲染珠宝首饰模型之前，首先需要掌握 KeyShot 4.0 的一些基本操作，如新建文件、打开文件、导入文件、另存文件等。

9.2.1　新建文件

启动 KeyShot 4.0 之后，系统将自动新建一个名为 untitled 的文件，根据需要用户也可以新建文件，以完成相应的操作。

专家提醒

有以下两种方法可以新建文件。
- 单击"文件"｜"新建"命令。
- 按【Ctrl + N】组合键。

9.2.2　打开文件

在 KeyShot 4.0 中，常常需要对文件进行改动，此时就需要打开需要的文件。

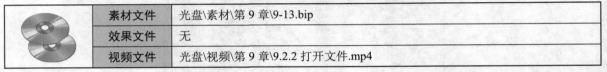

	素材文件	光盘\素材\第 9 章\9-13.bip
	效果文件	无
	视频文件	光盘\视频\第 9 章\9.2.2 打开文件.mp4

步骤① 单击"文件"｜"打开"命令，如图 9-13 所示。
步骤② 弹出"打开文件"对话框，在其中选择相应的文件，单击"打开"按钮，如图 9-14 所示。

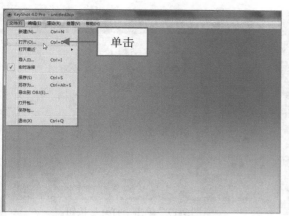

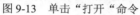

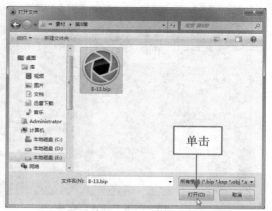

图 9-13　单击"打开"命令　　　　　　　　　　　图 9-14　单击"打开"按钮

还有以下两种方法可以打开文件。

● 　按【Ctrl + O】组合键。

● 　选择要打开的文件，将其拖曳至软件中。

步骤 3 执行操作后，即可打开文件，如图 9-15 所示。

图 9-15　打开文件

9.2.3　导入文件

在 KeyShot 4.0 中，使用"导入"命令可以将其他格式的文件导入至软件中。

素材文件	光盘\素材\第 9 章\9-16.3dm	
效果文件	光盘\效果\第 9 章\9-20.bip	
视频文件	光盘\视频\第 9 章\9.2.3 导入文件.mp4	

步骤 1 单击"文件" | "导入"命令，如图 9-16 所示。

步骤 2 弹出"导入文件"对话框，在其中选择合适的文件，单击"打开"按钮，如图 9-17 所示。

步骤 3 弹出"KeyShot 导入"对话框，单击"导入"按钮，如图 9-18 所示。

步骤 4 执行操作后，显示导入进度条，如图 9-19 所示。

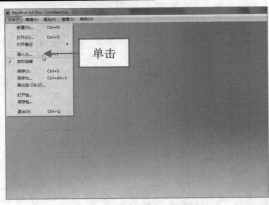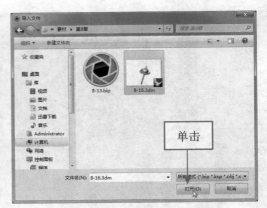

图 9-16　单击"导入"命令　　　　　　　图 9-17　单击"打开"按钮

还有以下两种方法可以导入文件。

- 单击"导入"按钮 。
- 选择要导入的文件，将其拖曳至软件中。

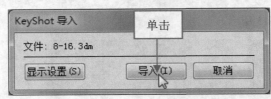

图 9-18　单击"导入"按钮　　　　　　图 9-19　显示导入进度条

步骤 5 稍等片刻后，即可导入文件，如图 9-20 所示。

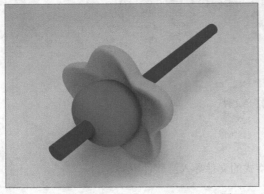

图 9-20　导入文件

9.2.4　另存文件

在 KeyShot 4.0 中，使用"另存为"命令可以将文件存入其他文件夹或磁盘中。

	素材文件	光盘\素材\第 9 章\9-21.3dm
	效果文件	光盘\效果\第 9 章\9-24.3dm
	视频文件	光盘\视频\第 9 章\9.2.4 另存文件.mp4

步骤 ① 按【Ctrl＋O】组合键，打开图形文件，如图 9-21 所示。

步骤 ② 单击"文件"｜"另存为"命令，如图 9-22 所示。

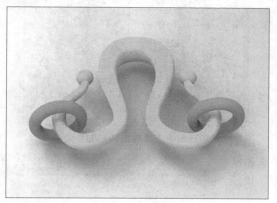

图 9-21 打开图形文件

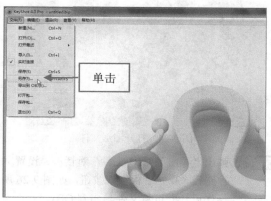

图 9-22 单击"另存为"命令

用户还可以通过按【Ctrl＋Alt＋S】组合键来另存文件。

步骤 ③ 弹出"保存 BIP 文件为"对话框，在其中设置文件名和保存路径，单击"保存"按钮，如图 9-23 所示，执行操作后，即可另存文件。

图 9-23 单击"保存"按钮

在 KeyShot 4.0 中存储文件时要养成分类命名存储的习惯，同时应注意文件名称与目录路径均不能出现中文字符。

9.2.5 导出到 OBJ

在 KeyShot 4.0 中，使用"导出到 OBJ"命令可以将文件以*.obj 的格式导出。

	素材文件	光盘\素材\第 9 章\9-24.3dm
	效果文件	光盘\效果\第 9 章\9-89.obj
	视频文件	光盘\视频\第 9 章\9.2.5 导出到 OBJ.mp4

步骤 ① 按【Ctrl＋O】组合键，打开图形文件，如图 9-24 所示。

步骤 ② 在菜单栏中单击"文件"按钮，在弹出的列表中单击"导出到 OBJ"命令，如图 9-25 所示。

图 9-24　打开图形文件

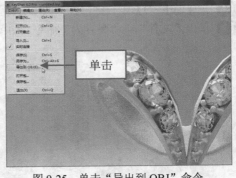

图 9-25　单击"导出到 OBJ"命令

步骤 3 弹出"导出到 OBJ 文件"对话框，设置文件名和保存路径，单击"保存"按钮，如图 9-26 所示，执行操作后，即可将文件导出到 OBJ。

9.3　KeyShot 4.0 的渲染设置

在 KeyShot 4.0 中，模型渲染命令的设置是渲染过程中不可或缺的一部分，在开始渲染之前必须充分了解设置 KeyShot 4.0 渲染命令的方式与方法。

图 9-26　单击"保存"按钮

9.3.1　赋予材质

由于在 Rhino 5.0 中绘制的珠宝首饰并没有材质效果，所以将其导入 KeyShot 4.0 时，需要为其赋予材质。在 KeyShot 4.0 中，用户可以从库中调用材质。

	素材文件	光盘\素材\第 9 章\9-27.3dm
	效果文件	光盘\效果\第 9 章\9-52.3dm
	视频文件	光盘\视频\第 9 章\9.3.1 赋予材质.mp4

步骤 1 按【Ctrl＋O】组合键，打开图形文件，如图 9-27 所示。

步骤 2 单击"库"按钮，如图 9-28 所示。

图 9-27　打开图形文件

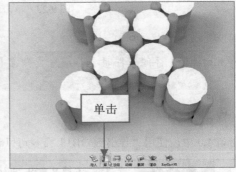

图 9-28　单击"库"按钮

步骤 3 弹出"KeyShot 库"面板，在下拉列表框中选择 Metal 选项，然后选择相应的材质球，并将其拖曳至镶口上，如图 9-29 所示。

步骤 4 执行操作后，即可为镶口赋予材质；在下拉列表框中选择 Gem Stones 选项，然后选择相应的材质球，并将其拖曳至钻石上，如图 9-30 所示。

图 9-29　拖曳材质球

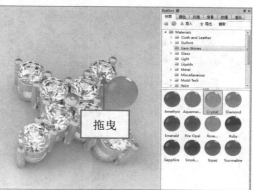

图 9-30　拖曳材质球

在 KeyShot 库中，各主要材质的说明如下。

- Cloth and Leather：布和皮革效果。
- Gem Stones：宝石效果。
- Glass：玻璃效果。
- Light：灯光效果。
- Liquids：液体效果。
- Metal：金属效果。
- Miscellaneous：杂物效果。
- Paint：油漆、喷漆效果。
- Plastic：塑料效果。
- Soft Touch：软接触效果。
- Stone：石头效果。
- Translucent：半透明效果。
- Wood：木质效果。

步骤 5 执行操作后，即可为钻石赋予材质，此时即可完成模型材质的赋予，如图 9-31 所示。

图 9-31　为模型赋予材质

专家提醒

在"KeyShot 库"面板中的材质球上单击鼠标右键，弹出快捷菜单，在其中可以调节材质球视图的大小，也可以对材质球进行复制、删除、重命名及排序等操作。

9.3.2　设置环境

环境其实就是用来打灯光用的，很多初学者一般直接把环境贴图用来当背景。在 KeyShot 4.0 中，用户可以根据需要设置环境。

	素材文件	光盘\素材\第 9 章\9-32.3dm
	效果文件	光盘\效果\第 9 章\9-34.3dm
	视频文件	光盘\视频\第 9 章\9.3.2 设置环境.mp4

步骤 1 按【Ctrl＋O】组合键，打开图形文件，如图 9-32 所示。

步骤 2 在"KeyShot 库"面板中切换至"环境"选项卡，在下拉列表框中选择相应的环境，并将其拖曳至工作视窗，如图 9-33 所示。

步骤 3 执行操作后，即可完成环境的设置，如图 9-34 所示。

图 9-32　打开图形文件

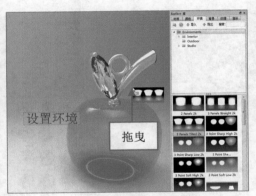

图 9-33　拖曳环境

图 9-34　设置环境

9.3.3　设置背景图

　　背景图片为常用的 JPEG、TIFF 等主流图片格式，软件自身提供了一些背景图，用户也可以往其中添加背景图。

素材文件	光盘\素材\第 9 章\1.jpg、9-35.bip
效果文件	光盘\效果\第 9 章\9-39.3dm
视频文件	光盘\视频\第 9 章\9.3.3 设置背景图.mp4

步骤 ① 按【Ctrl＋O】组合键，打开图形文件，如图 9-35 所示。

步骤 ② 在"KeyShot 库"面板的"背景"选项卡中单击"导入"按钮，如图 9-36 所示。

图 9-35　打开图形文件

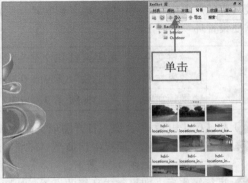

图 9-36　单击"导入"按钮

步骤 3　弹出"选择要导入的文件"对话框，在其中选择合适的图片，单击"打开"按钮，如图 9-37 所示。

步骤 4　执行操作后，即可添加背景，选择刚添加的背景，将其拖曳至工作界面，此时即可完成背景图的设置，如图 9-38 所示。

图 9-37　单击"打开"按钮

图 9-38　设置背景图

9.3.4　截屏

在 KeyShot 4.0 中，截图是一个简单的屏幕截取工具。像 KeyShot 这样的即时渲染器，在初期渲染要求不高的情况下，只要截图就可以了。单击"截图"命令，渲染器就会自动将截屏的图像保存到桌面上 KeyShot 4 Resources 的 Renderings 文件夹中。

9.3.5　设置纹理

在 KeyShot 4.0 中，用户可以根据需要设置纹理，其设置方法与设置环境、背景图等相同。

	素材文件	光盘\素材\第 9 章\9-39.3dm
	效果文件	光盘\效果\第 9 章\9-41.3dm
	视频文件	光盘\视频\第 9 章\9.3.5 设置纹理.mp4

步骤 1　按【Ctrl＋O】组合键，打开图形文件，如图 9-39 所示。

步骤 2　在"KeyShot 库"面板的"纹理"选项卡中选择相应的纹理，并将其拖曳至工作视窗，如图 9-40 所示。

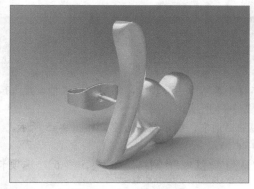

图 9-39　打开图形文件

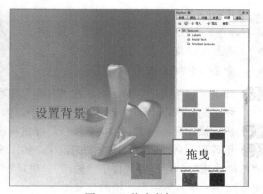

图 9-40　拖曳鼠标

步骤 3　执行操作后，即可为模型设置纹理，如图 9-41 所示。

图 9-41　设置纹理

9.3.6　渲染模型

在 KeyShot 4.0 中，使用"渲染"命令可使珠宝模型快速地渲染出来，并输出渲染图。

	素材文件	光盘\素材\第 9 章\9-42.3dm
	效果文件	光盘\效果\第 9 章\9-46.3dm
	视频文件	光盘\视频\第 9 章\9.3.6 渲染模型.mp4

步骤 ① 按【Ctrl＋O】组合键，打开图形文件，如图 9-42 所示。

步骤 ② 单击"渲染"按钮，如图 9-43 所示。

图 9-42　打开图形文件

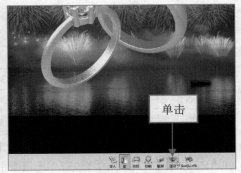

单击

图 9-43　单击"渲染"按钮

专家提醒

还有以下两种方法可以渲染模型。

● 单击"渲染"｜"渲染"命令。

● 按【Ctrl + P】组合键。

步骤 ③ 弹出"渲染选项"对话框，在"名称"文本框中输入 9-46.33.jpg，然后单击"预设置"按钮，在弹出的列表框中选择 1280×1032 选项，如图 9-44 所示。

步骤 ④ 执行操作后，单击"渲染"按钮，弹出相应的对话框，显示渲染进度，如图 9-45 所示。

步骤 ⑤ 稍等片刻后，即可完成模型的渲染，如图 9-46 所示。

在"渲染选项"对话框中包含了"输出""重量""队列""区域""网络"和"通道" 6 个选项卡，其中在"输出"选项卡中，各主要选项的含义如下。

● 名称：用于设置保存文件的名称，不能出现中文字符。

● 文件夹：渲染后图片的保存位置，默认情况下为 Renderings 文件夹。如果需要保存到其他文件夹，路径中不能出现中文字符。

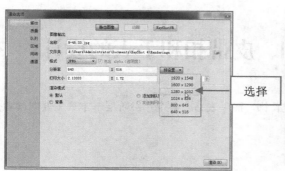

图 9-44　选择相应选项　　　　　　　　　　图 9-45　显示渲染进度

● 　格式：用于设置文件的保存格式。在"格式"选项中，KeyShot 4.0 支持 5 种格式的输出，即 JPEG、TIFF、EXR、TIFF 32 BIT 和 PNG。通常选择 JPEG 格式保存，TIFF 文件可以在 Photoshop 中为图片去背景，EXR 是涉及色彩渠道、阶数的格式，简单来说就是 HDR 格式的 32 位文件。

● 　包含 Alpha（透明度）：这个选项的选中是为了以 TIFF 格式输出文件，在 Photoshop 等软件处理中自带一个渲染对象及投影的选区。

● 　分辨率：改变图片的纵横大小。

● 　打印大小：保持纵横比例与打印图像尺寸单位选项。

在"阵列"选项卡中，各主要选项的含义如下，其中"阵列"选项卡如图 9-47 所示。

图 9-46　渲染模型　　　　　　　　　　图 9-47　"阵列"选项卡

● 　采样：扩展图像每个像素的采样数量。在大场景的渲染中，模型的自身反射与光线折射的强度或质量需要较高的采样数量。较高的采样数量设置可以配合较高的抗锯齿设置。

● 　光线反射：扩展光线在每个物体上反射的次数。

● 　抗锯齿：提高抗锯齿级别可以将物体的锯齿边缘细化，这个参数值越大，物体的抗锯齿质量越高。

● 　阴影品质：扩展物体在地面的阴影质量。

● 　全局照明质量：提高这个参数值可以获得更加详细的照明和细小的光线处理。一般情况下这个参数无需调整。如果需要在阴影和光线的效果上做处理，可以考虑改变它的参数。

● 　像素过滤器大小：一般使用 1.5～1.8 的参数值，不过在渲染珠宝首饰的时候，大部分情况下有必要将参数值降低到 1 和 1.2 之间。

● 　DOF 质量：增加这个选项的数值将导致画面出现一些小颗粒状的像素点，以体现景深效果。一般将参数值设置为 3 即可。需注意的是，数值的增大将会增加渲染的时间。

● 　阴影锐化：这个复选框是选中的，通常情况下不要改动，否则将会影响到画面小细节方面的阴影锐利程度。

● 　锐化纹理过滤：检查当前所选中的材质与各贴图，开启可以得到更加清晰的纹理效果，通常情况下是没有必要开启的。

第 10 章　袖扣、皮带扣和手表的设计

学前提示

　　袖扣、皮带扣是男士较为常用的一类珠宝首饰，而手表适合各个年龄阶层。本章主要向读者介绍袖扣、皮带扣，以及手表的设计。

本章知识重点

- ■　袖扣的建模设计
- ■　皮带扣的建模设计
- ■　手表的建模设计

学完本章后你能掌握什么

- ■　掌握袖扣的建模设计，包括创建圆柱体、渲染模型等
- ■　掌握皮带扣的建模设计，包括绘制圆弧、偏移曲面等
- ■　掌握手表的建模设计，包括挤出模型、更改材质颜色等

10.1　袖扣的建模设计

　　本实例介绍袖扣的建模设计。袖扣用于袖口两翼皆有钮扣孔但是没有扣子的衬衫。袖扣可见的部分常有字母或是某种装饰、装置的设计。设计的方式有多种类型，可以有新潮的、传统的、实用的（像是镶嵌上时钟、指南针）或是诙谐的设计。袖扣效果如图 10-1 所示。

图 10-1　袖扣

	素材文件	无
	效果文件	光盘\效果\第 10 章\10-47.3dm、10-53.jpg
	视频文件	光盘\视频\第 10 章\10.1 袖扣的建模设计.mp4

10.1.1　袖扣概述

　　袖扣是用在专门的袖扣衬衫上，代替袖口扣子部分的，它的大小和普通的扣子相差无几，却因为精美的材质和造型，更多的造型款式和个性化需求的定制，起到了很好的装饰作用，在不经意间，让男人原本单调的礼服和西装风景无限。

　　袖扣相传起源于古希腊 14 至 17 世纪之间，也就是哥德文艺复兴时期到巴洛克时期，在欧洲广为流行的男士装扮艺术之一。对于讲求品位的男人而言，也许除了戒指之外，袖扣就是面积最小的装饰了。因为其材质多选用贵重金属，有的还要镶嵌钻石、宝石等，所以从诞生起就被戴上了贵族的光环，袖扣也因此成为人们衡量男人品位的不二单品，而挑选、搭配、使用统统都是男人的一门学问。

　　袖扣虽小，可款式却千变万化，除了传统的圆形和方形，还有水滴、螺纹、中国结等形状，图案也有图腾、国旗、太极、方向盘、水果、卡通、生肖、星座等各式各样，风格上有优雅、俏皮、不羁等。

袖扣在不同的场合，搭配也不尽相同。

- 办公的场合：白色衬衫搭配透明色或深蓝色袖扣，领带建议选用深蓝色或黑色，会产生令人信赖的感觉。
- 竞争的场合：深蓝色粗直条纹衬衫搭配金属质感袖扣，领带选用暗色系，易制造信服人的效果。
- 派对的场合：粉色衬衫搭配深色系袖扣，再搭配牛津风斜条纹领带，有让人放松、休闲的感觉。
- 欢乐的场合：粉色衬衫搭配金属色袖扣，领带选用粉紫双色，可以让自己更显活力无限。
- 重要的场合：灰色衬衫搭配银色袖扣，用亮银单色领带，有沉稳高贵的效果，也有形象加分效益。

10.1.2　设计前的构思

从设计上来说，该款袖扣典雅大方、不落俗套，金色与蓝色的搭配更显气质的非凡，该款袖扣较为适合正装。

10.1.3　制作袖扣主体

步骤 ① 单击"标准"选项卡中的"编辑图层"按钮，进入"图层"选项卡，将图层 1 的名称更改为"宝石"，并将预设图层置为当前图层，如图 10-2 所示。

步骤 ② 在工具列中单击"圆弧：中心点、起点、角度"右侧的下拉按钮，在弹出的面板中单击"圆弧：起点、终点、通过点"按钮，将鼠标指针移至 Front 视图，根据命令行提示，依次输入（-10,0,0）、（10,0,0）和（0,6,0），然后按【Enter】键确认，绘制圆弧，如图 10-3 所示。

图 10-2　"图层"选项卡

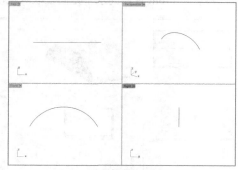

图 10-3　绘制圆弧

步骤 ③ 在工具列中单击"多重直线"按钮，在 Front 视图中绘制一条长为 20、宽为 0.5 的多重直线，如图 10-4 所示。

步骤 ④ 在工具列中单击"曲线圆角"按钮，依次设置"半径"为 1 和 0.5、"组合"为"是"，在绘图区中圆角曲线，如图 10-5 所示。

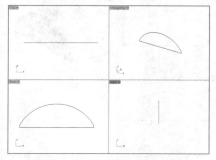

图 10-4　绘制多重直线

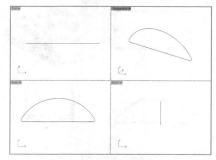

图 10-5　圆角曲线

步骤 ⑤ 单击"曲面"｜"挤出曲线"｜"直线"命令，根据命令行提示，在绘图区中选择曲线，按【Enter】键确认，然后输入 S 和 10，并按【Enter】键确认，即可挤出直线，如图 10-6 所示。

步骤 ⑥ 单击"实体"｜"边缘圆角"｜"不等距边缘圆角"命令，根据命令行提示，设置圆角半径为 0.3，并按【Enter】键确认，在绘图区中选择合适的边缘，对其进行圆角操作，如图 10-7 所示。

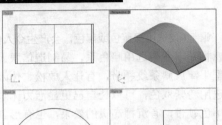
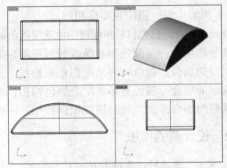

图 10-6　挤出直线　　　　　　　　　　　图 10-7　边缘圆角

专家提醒

在进行边缘圆角时，其圆角半径不能太大，否则会产生不必要的曲面。

步骤 7 在命令行中输入 M（移动）命令，按【Enter】键确认，在绘图区中选择曲线，将其在 Front、Top 视图中向上移动 0.5，如图 10-8 所示。

步骤 8 在命令行中输入 Scale（缩放）命令，按【Enter】键确认，在绘图区中选择曲线，按【Enter】键确认，然后在 Front 视图的水平方向任取两点，将曲线缩放至合适位置，如图 10-9 所示。

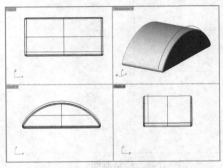
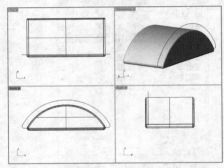

图 10-8　移动曲线　　　　　　　　　　图 10-9　缩放曲线

步骤 9 单击"曲面"|"挤出曲线"|"直线"命令，根据命令行提示，在绘图区中选择曲线，按【Enter】键确认，然后输入 S 和 9，并按【Enter】键确认，即可挤出直线，如图 10-10 所示。

步骤 10 在绘图区中选择第一次挤出的物件，按【Ctrl＋H】组合键，将其隐藏，如图 10-11 所示。

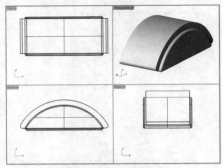
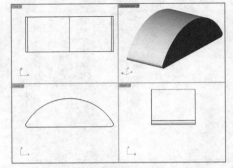

图 10-10　挤出直线　　　　　　　　　图 10-11　隐藏物件

步骤 11 单击"实体"|"边缘圆角"|"不等距边缘圆角"命令，根据命令行提示，设置圆角半径为 0.3，并按【Enter】键确认，在绘图区中选择合适的边缘，对其进行圆角操作，如图 10-12 所示。

步骤 12 按【Ctrl＋Alt＋H】组合键，将隐藏的物件重新显示，如图 10-13 所示。

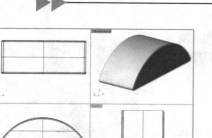 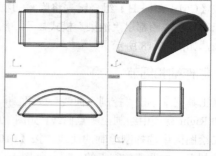

图 10-12　边缘圆角　　　　　　　　　图 10-13　显示隐藏的物件

步骤 ⑬ 在工具列中单击"布尔运算联集"右侧的下拉按钮，在弹出的面板中单击"布尔运算差集"按钮 🔘，在绘图区中依次选择第一次挤出的物件和第二次挤出的物件，并按【Enter】键确认，执行操作后，即可差集运算模型，如图 10-14 所示。

专家提醒

当模型进行布尔运算差集后，用户不能对其进行圆角或倒角操作。

步骤 ⑭ 在命令行中输入 Scale（缩放）命令，按【Enter】键确认，在绘图区中选择曲线，按【Enter】键确认，然后在 Front 视图的水平方向任取两点，将曲线缩放至合适位置，如图 10-15 所示。

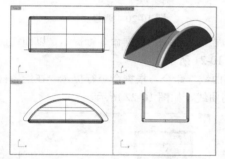 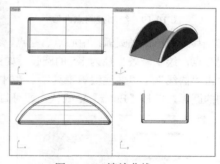

图 10-14　布尔运算差集　　　　　　　图 10-15　缩放曲线

步骤 ⑮ 将曲线的图层切换至"宝石"图层，单击"曲面"|"挤出曲线"|"直线"命令，根据命令行提示，在绘图区中选择曲线，按【Enter】键确认，然后输入 S 和 9，并按【Enter】键确认，即可挤出直线，如图 10-16 所示。

步骤 ⑯ 在绘图区中选择布尔运算后的模型，按【Ctrl＋H】组合键，将其隐藏；单击"实体"|"边缘圆角"|"不等距边缘圆角"命令，根据命令行提示，设置圆角半径为 0.5，并按【Enter】键确认，在绘图区中选择合适的边缘，对其进行圆角操作，如图 10-17 所示。

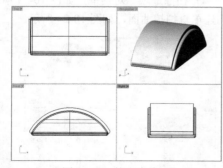 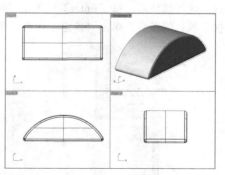

图 10-16　挤出直线　　　　　　　　　图 10-17　边缘圆角

步骤 ⑰ 按【Ctrl＋Alt＋H】组合键，将隐藏的物件重新显示，并将视图都以"渲染"模式显示，然后隐藏曲线，如图 10-18 所示。

10.1.4 制作袖扣细节

步骤 ① 在工具列中单击"控制点曲线"按钮，在绘图区的 Right 视图中绘制控制点曲线，如图 10-19 所示。

步骤 ② 在绘图区中选择刚绘制的曲线，按【F10】键显示控制点，并调整控制点的位置，如图 10-20 所示。

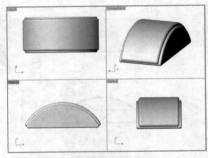

图 10-18　隐藏曲线

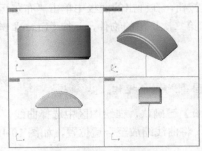

图 10-19　绘制控制点曲线

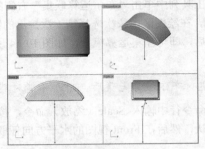

图 10-20　调整控制点

步骤 ③ 在工具列中单击"圆弧：中心点、起点、角度"按钮，根据命令行提示，以曲线的下方端点为圆心点，绘制一条半径为 1.5 的圆弧，如图 10-21 所示。

步骤 ④ 单击"曲线"｜"曲线编辑工具"｜"封闭曲线"命令，根据命令行提示，在绘图区中选择刚绘制的圆弧，并按【Enter】键确认，即可封闭曲线，如图 10-22 所示。

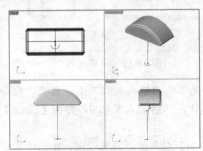

图 10-21　绘制圆弧

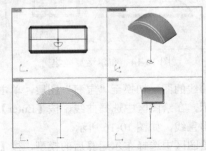

图 10-22　封闭曲线

步骤 ⑤ 单击"曲面"｜"单轨扫掠"命令，根据命令行提示，在绘图区中依次选择控制点曲线和封闭曲线，执行操作后，按【Enter】键确认，弹出"单轨扫掠选项"对话框，如图 10-23 所示。

步骤 ⑥ 接受默认的参数，单击"确定"按钮，即可创建单轨扫掠曲面，如图 10-24 所示。

图 10-23　弹出对话框

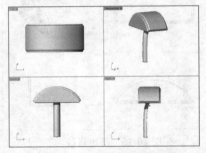

图 10-24　创建单轨扫掠曲面

步骤 7 在工具列中单击"指定三或四个角建立曲面"按钮右侧的下拉按钮，在弹出的面板中单击"以平面曲线建立曲面"按钮 ◎，根据命令行提示，在绘图区中依次选择合适的曲线，执行操作后，按【Enter】键确认，即可创建曲面，如图 10-25 所示。

步骤 8 在工具列中单击"布尔运算联集"右侧的下拉按钮，在弹出的面板中单击"指定建立实体"按钮 ⬚，在绘图区中选择相应曲面，按【Enter】键确认，即可建立实体；在"变动"选项卡中单击"镜像"按钮 ⚎，根据命令行提示，在绘图区中选择合适的实体作为要镜像的曲面，如图 10-26 所示。

图 10-25 创建曲面　　　　　　　　　　图 10-26 选择实体

步骤 9 按【Enter】键确认，根据命令行提示，在绘图区中选择相应的点作为镜像平面的起点和终点，并按【Enter】键确认，即可镜像实体，如图 10-27 所示。

步骤 10 在工具列中单击"布尔运算联集"按钮 ◈，根据命令行提示，在绘图区中选择合适的曲面，如图 10-28 所示，执行操作后，按【Enter】键确认，即可联集运算实体。

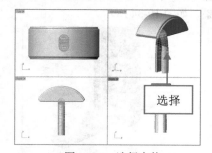

图 10-27 镜像曲面　　　　　　　　　　图 10-28 选择实体

步骤 11 单击"实体"｜"边缘圆角"｜"不等距边缘圆角"命令，根据命令行提示，设置圆角半径为 1，并按【Enter】键确认，在绘图区中选择合适的边缘，对其进行圆角操作，并将曲线隐藏，如图 10-29 所示。

步骤 12 单击"实体"｜"圆柱体"命令，将鼠标指针移至 Right 视图，根据命令行提示，输入（5,-14.8），按【Enter】键确认，指定圆柱体底面圆心，然后依次输入 1.2、A 和 8，并按【Enter】键确认，即可创建圆柱体，如图 10-30 所示。

图 10-29 边缘圆角　　　　　　　　　　图 10-30 创建圆柱体

步骤 13 单击"实体"｜"球体"｜"中心点、半径"命令，将鼠标指针移至 Right 视图，根据命令行提示，输入（5,-14.8，-8），按【Enter】键确认，指定球体中心点，然后输入 1，并按【Enter】键确认，即可创建球体，如图 10-31 所示。

步骤 ⑭ 在绘图区中选择刚创建的球体，在"变动"选项卡中单击"镜像"按钮 ，根据命令行提示，在绘图区中选择相应的点作为镜像平面的起点和终点，执行操作后，即可镜像球体，如图 10-32 所示。

图 10-31 创建球体

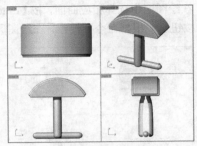

图 10-32 镜像球体

专家提醒

在镜像模型时，除了可以指定起点和终点镜像外，还可以通过指定三点或坐标轴来镜像。

步骤 ⑮ 单击"实体" | "边缘圆角" | "不等距边缘圆角"命令，根据命令行提示，设置圆角半径为 0.1，并按【Enter】键确认，在绘图区中选择合适的边缘，对其进行圆角操作，如图 10-33 所示。

步骤 ⑯ 在工具列中单击"布尔运算联集"按钮 ，根据命令行提示，在绘图区中选择圆柱体和球体，执行操作后，按【Enter】键确认，即可联集运算实体，在联集后的模型上单击鼠标左键，查看联集效果，如图 10-34 所示。

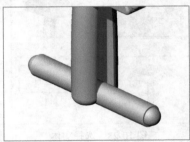

图 10-33 边缘圆角

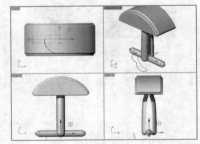

图 10-34 联集效果

步骤 ⑰ 单击"实体" | "圆柱体"命令，将鼠标指针移至 Right 视图，根据命令行提示，输入（5,-14.8），按【Enter】键确认，指定圆柱体底面圆心，然后依次输入 0.2 和 10，并按【Enter】键确认，即可创建圆柱体，如图 10-35 所示。

步骤 ⑱ 在工具列中单击"布尔运算联集"右侧的下拉按钮，在弹出的面板中单击"布尔运算差集"按钮 ，在绘图区中依次选择布尔运算的模型和刚创建的圆柱体，并按【Enter】键确认，即可差集运算模型，如图 10-36 所示。

图 10-35 创建圆柱体

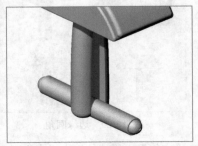

图 10-36 差集运算模型

步骤 ⑲ 单击"实体"｜"边缘圆角"｜"不等距边缘圆角"命令，根据命令行提示，设置圆角半径为 0.1，并按【Enter】键确认，在绘图区中选择合适的边缘，对其进行圆角操作，如图 10-37 所示。

步骤 ⑳ 单击"实体"｜"圆柱体"命令，将鼠标指针移至 Perspective 视图，根据命令行提示，输入（0,5,-14.8），按【Enter】键确认，指定圆柱体底面圆心；然后将鼠标指针移至 Front 视图，并依次输入 0.2 和 3，按【Enter】键确认，即可创建圆柱体，如图 10-38 所示。

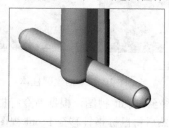

图 10-37　边缘圆角

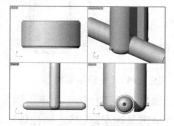

图 10-38　创建圆柱体

步骤 ㉑ 在工具列中单击"布尔运算联集"按钮，根据命令行提示，在绘图区中选择合适的实体，如图 10-39 所示。

步骤 ㉒ 执行操作后，按【Enter】键确认，即可联集运算实体；在工具列中单击"布尔运算联集"右侧的下拉按钮，在弹出的面板中单击"布尔运算差集"按钮，在绘图区中依次选择布尔运算的模型和刚创建的圆柱体，并按【Enter】键确认，即可差集运算模型，如图 10-40 所示。

图 10-39　选择合适的实体

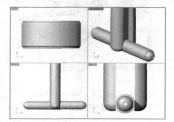

图 10-40　差集运算模型

步骤 ㉓ 单击"实体"｜"圆柱体"命令，将鼠标指针移至 Perspective 视图，根据命令行提示，输入（0,2,-14.8），按【Enter】键确认，指定圆柱体底面圆心，然后将鼠标指针移至 Right 视图，并依次输入 0.5、A 和 -1，按【Enter】键确认，即可创建圆柱体，如图 10-41 所示。

步骤 ㉔ 在绘图区中选择刚创建的圆柱体，在"变动"选项卡中单击"镜像"按钮，根据命令行提示，在绘图区中选择相应的点作为镜像平面的起点和终点，执行操作后，即可镜像圆柱体，如图 10-42 所示。

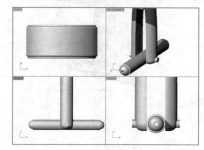

图 10-41　创建圆柱体

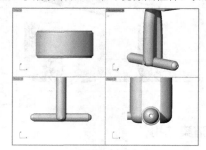

图 10-42　镜像圆柱体

步骤 ㉕ 在工具列中单击"布尔运算联集"右侧的下拉按钮，在弹出的面板中单击"布尔运算差集"按钮，在绘图区中依次选择布尔运算的模型和两个圆柱体，并按【Enter】键确认，即可差集运算模型，如图 10-43 所示。

步骤 ㉖ 单击"实体"｜"圆柱体"命令，将鼠标指针移至 Perspective 视图，根据命令行提示，输入（0,5,-14.8），按【Enter】键确认，指定圆柱体底面圆心，然后将鼠标指针移至 Front 视图，并依次输入 0.2、A

和 2，按【Enter】键确认，即可创建圆柱体，如图 10-44 所示。

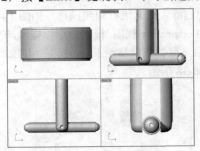

图 10-43　差集运算模型

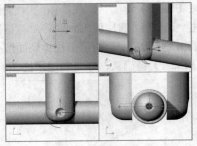

图 10-44　创建圆柱体

步骤 ㉗ 单击"实体"｜"圆柱体"命令，将鼠标指针移至 Right 视图，根据命令行提示，在绘图区中的合适位置单击鼠标左键，指定圆柱体底面圆心，然后将鼠标指针移至 Front 视图，并依次输入 0.45、A 和 0.65，按【Enter】键确认，即可创建圆柱体，如图 10-45 所示。

步骤 ㉘ 单击"实体"｜"边缘圆角"｜"不等距边缘圆角"命令，根据命令行提示，设置圆角半径为 0.3，并按【Enter】键确认，在绘图区中选择合适的边缘，对其进行圆角操作，如图 10-46 所示。

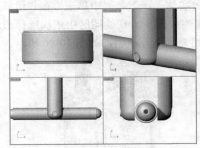

图 10-45　创建圆柱体

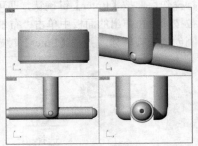

图 10-46　边缘圆角

步骤 ㉙ 在绘图区中选择刚圆角的模型，在"变动"选项卡中单击"镜像"按钮 ⚖，根据命令行提示，在绘图区中选择相应的点作为镜像平面的起点和终点，执行操作后，即可镜像模型，如图 10-47 所示，然后将模型保存。

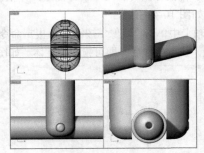

图 10-47　镜像模型

10.1.5　渲染袖扣

步骤 ❶ 启动 KeyShot 4.0，并将保存的文件导入到其中，如图 10-48 所示。

步骤 ❷ 在"KeyShot 库"面板的下拉列表框中选择 Metal 选项，然后选择相应的材质球，并将其拖曳至合适的模型上，如图 10-49 所示。

步骤 ❸ 执行操作后，即可为模型赋予材质；在下拉列表框中选择 DuPont 选项，然后选择相应的材质球，并将其拖曳至宝石上，如图 10-50 所示。

步骤 ❹ 执行操作后，即可为宝石赋予材质；单击"渲染"按钮 ◉，弹出"渲染选项"对话框，在"名称"文本框中输入 10-53.jpg，然后单击"预设置"按钮，在弹出的列表框中选择 1280×1032 选项，如图 10-51 所示。

图 10-48　导入文件

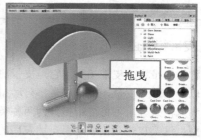

图 10-49　拖曳材质球 1

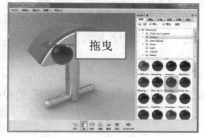

图 10-50　拖曳材质球 2

图 10-51　选择相应选项

步骤 5 执行操作后，单击"渲染"按钮，弹出相应的对话框，显示渲染进度，如图 10-52 所示。

步骤 6 稍等片刻后，即可完成模型的渲染，如图 10-53 所示。

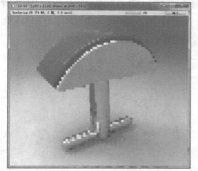

图 10-52　弹出对话框

图 10-53　创建单轨扫掠曲面

10.2　皮带扣的建模设计

本实例介绍皮带扣的建模设计。皮带扣是男士最常用的首饰之一，除了可以固定皮带外，还起装饰作用。皮带扣效果如图 10-54 所示。

图 10-54　皮带扣

素材文件	无
效果文件	光盘\效果\第 10 章\10-100.3dm、10-106.jpg
视频文件	光盘\视频\第 10 章\10.2 皮带扣的建模设计.mp4

10.2.1 皮带扣概述

皮带扣也称为皮带头或皮带扣头，它是皮带前端的一个五金配件，用来装饰和固定整个皮带。

皮带扣可以分为针扣皮带、板扣皮带、自动扣皮带和夹扣皮带。

根据样式和风格来分，可将皮带扣分为两种类型。

普通功能型：这类皮带扣主要是男士朋友用的，一般是表面光滑，没有太华丽的装饰，既有可配正装的也有配休闲装的，如针扣皮带扣、板扣皮带扣（平滑扣）、自动扣皮带扣和新近流行的 LED 皮带扣。

个性化装饰型：有表面镶钻的、花类的、卡通画的、动物图案的、人头的、字母的、心形五角星的，这类皮带的带扣是体现皮带档次和品牌知名度的地方，著名厂商的设计师们设计了各种各样的带扣，纯金的钩扣时常是同高贵、优雅一类的词联系在一起；铜质的钩扣则让人领略到男性的阳刚和力量。

10.2.2 设计前的构思

从设计上来讲，该款皮带扣造型简单、大方，既可搭配正装，也可搭配休闲装，金色的带扣搭配深紫的宝石，使整款皮带扣充满了男性的阳光与力量。

10.2.3 制作皮带扣主体

步骤 ① 单击"标准"选项卡中的"编辑图层"按钮，进入"图层"选项卡，更改图层名称，并将"金属"图层置为当前图层，如图 10-55 所示。

步骤 ② 在工具列中单击"圆弧：中心点、起点、角度"右侧的下拉按钮，在弹出的面板中单击"圆弧：起点、终点、通过点"按钮，根据命令行提示，在命令行中依次输入（-20,0）、（20,0）和（0,1.2），并按【Enter】键确认，执行操作后，即可绘制圆弧，如图 10-56 所示。

图 10-55 "图层"选项卡

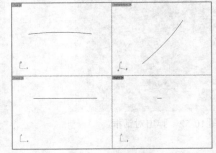

图 10-56 绘制圆弧

步骤 ③ 单击"曲面"|"挤出平面曲线"|"直线"命令，根据命令行提示，在绘图区中选择曲线，按【Enter】键确认，设置"挤出长度"为-30，按【Enter】键确认，执行操作后，即可挤出曲线，如图 10-57 所示。

步骤 ④ 单击"实体"|"偏移"命令，根据命令行提示，在绘图区中选择曲面，然后设置偏移距离为3，执行操作后，即可偏移曲面，如图 10-58 所示。

步骤 ⑤ 单击"实体"|"边缘圆角"|"不等距边缘圆角"命令，根据命令行提示，设置圆角半径为3，并按【Enter】键确认，在绘图区中选择合适的边缘，对其进行圆角操作，然后删除绘图区中的曲线，如图 10-59 所示。

步骤 ⑥ 单击"实体"|"边缘圆角"|"不等距边缘圆角"命令，根据命令行提示，设置圆角半径为 0.5，并按【Enter】键确认，在绘图区中选择合适的边缘，对其进行圆角操作，如图 10-60 所示。

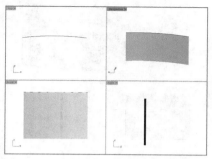

图 10-57　挤出曲线

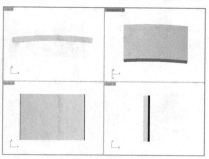

图 10-58　偏移曲面

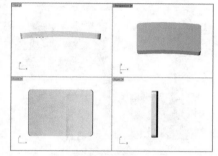

图 10-59　边缘圆角 1

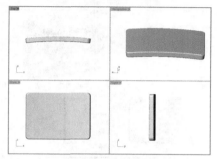

图 10-60　边缘圆角 2

步骤 ⑦ 在工具列中单击"圆弧：中心点、起点、角度"右侧的下拉按钮，在弹出的面板中单击"圆弧：起点、终点、通过点"按钮 ，根据命令行提示，在绘图区的合适位置单击鼠标左键，绘制 3 条圆弧，如图 10-61 所示。

步骤 ⑧ 在工具列中单击"曲线圆角"按钮 ，依次设置"半径"为 3 和 0.5，在绘图区中选择相应的曲线，执行操作后，即可圆角曲线，如图 10-62 所示。

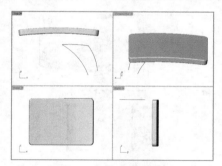

图 10-61　绘制圆弧

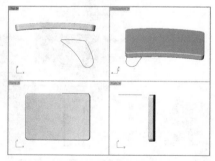

图 10-62　圆角曲线

步骤 ⑨ 在绘图区中选择刚圆角的曲线，将其移至合适位置，如图 10-63 所示。

步骤 ⑩ 单击"实体"｜"挤出平面曲线"｜"直线"命令，根据命令行提示，在绘图区中选择曲线，按【Enter】键确认，设置"挤出长度"为-2，按【Enter】键确认，执行操作后，即可挤出曲线，然后删除绘图区中的曲线，如图 10-64 所示。

步骤 ⑪ 在绘图区中选择刚挤出的模型，在"变动"选项卡中单击"镜像"按钮 ，根据命令行提示，指定镜像平面的起点和终点，并按【Enter】键确认，执行操作后，即可镜像模型，如图 10-65 所示。

步骤 ⑫ 在工具列中单击"布尔运算联集"按钮 ，根据命令行提示，在绘图区中选择合适的曲面，执行操作后，按【Enter】键确认，即可联集运算实体，然后在联集运算的模型上单击鼠标左键，查看效果，如图 10-66 所示。

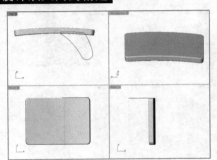

图 10-63　移动曲线

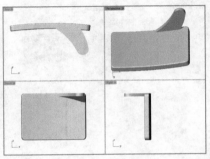

图 10-64　挤出曲线

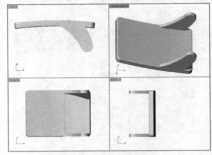

图 10-65　镜像模型

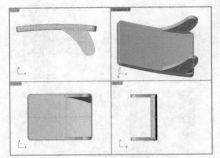

图 10-66　联集运算模型效果

步骤 13　单击"立方体：角对角、高度"右侧的下拉按钮，在弹出的面板中单击"圆柱体"按钮，根据命令行提示，在绘图区中合适的点上单击鼠标左键，执行操作后，即可创建圆柱体，如图 10-67 所示。

步骤 14　单击"布尔运算联集"右侧的下拉按钮，在弹出的列表框中单击"布尔运算差集"按钮，根据命令行提示，在绘图区中依次选择相应的模型，并按【Enter】键确认，执行操作后，即可差集运算模型，如图 10-68 所示。

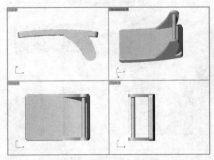

图 10-67　创建圆柱体

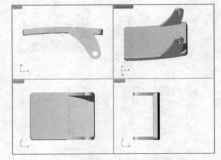

图 10-68　差集运算模型

步骤 15　单击"立方体：角对角、高度"右侧的下拉按钮，在弹出的面板中单击"圆柱体"按钮，根据命令行提示，在绘图区中合适的点上单击鼠标左键，执行操作后，即可创建圆柱体，如图 10-69 所示。

步骤 16　在绘图区中选择刚创建的圆柱体，在"变动"选项卡中单击"移动"按钮，根据命令行提示，输入-2.25，按【Enter】键确认，执行操作后，即可移动圆柱体，如图 10-70 所示。

步骤 17　在工具列中单击"矩形：角对角"按钮，根据命令行提示，在绘图区中依次捕捉合适的点，在Right 视图中绘制一个矩形，如图 10-71 所示。

步骤 18　单击"实体"｜"挤出平面曲线"｜"直线"命令，根据命令行提示，在绘图区中选择曲线，按【Enter】键确认，设置"挤出长度"为 3.8，按【Enter】键确认，执行操作后，即可挤出曲线，如图 10-72 所示。

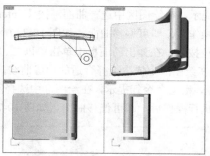

图 10-69　创建圆柱体

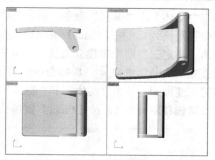

图 10-70　移动圆柱体

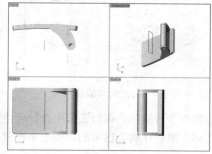

图 10-71　绘制矩形

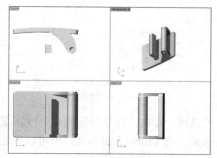

图 10-72　挤出曲线

步骤⑲ 在绘图区中选择刚挤出的模型，将其移至合适位置，然后删除绘图区中的曲线，如图 10-73 所示。

步骤⑳ 在工具列中单击"矩形：角对角"按钮 ▢，根据命令行提示，在绘图区中依次捕捉合适的点，在 Right 视图中绘制一个矩形，如图 10-74 所示。

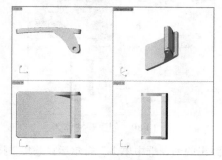

图 10-73　移动模型

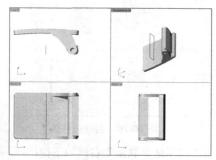

图 10-74　绘制矩形

步骤㉑ 单击"曲面"｜"挤出平面曲线"｜"直线"命令，根据命令行提示，在绘图区中选择曲线，按【Enter】键确认，设置"挤出长度"为 14，按【Enter】键确认，执行操作后，即可挤出曲线，如图 10-75 所示。

步骤㉒ 在绘图区中选择刚挤出的模型，将其移至合适位置，然后删除绘图区中的曲线，如图 10-76 所示。

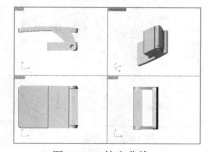

图 10-75　挤出曲线

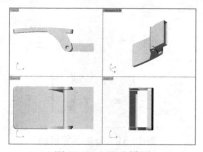

图 10-76　移动模型

步骤㉓ 单击"实体"｜"偏移"命令，根据命令行提示，在绘图区中选择曲面，按【Enter】键确认，设置偏移距离为2，按【Enter】键确认，执行操作后，即可偏移曲面，如图10-77所示。

步骤㉔ 单击"指定三或四个角建立曲面"右侧的下拉按钮，在弹出的面板中单击"以二、三或四个边缘曲线建立曲面"按钮，根据命令行提示，在绘图区中依次选择合适的边缘曲线，执行操作后，即可创建曲面；单击"实体"｜"偏移"命令，根据命令行提示，在绘图区中选择刚创建的曲面，并设置偏移距离为1，按【Enter】键确认，执行操作后，即可偏移曲面，如图10-78所示。

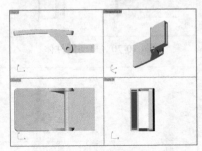

图 10-77　偏移曲面

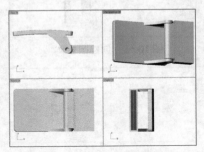

图 10-78　创建并偏移曲面

步骤㉕ 在工具列中单击"布尔运算联集"按钮，根据命令行提示，在绘图区中选择合适的曲面，执行操作后，按【Enter】键确认，即可联集运算实体，然后在联集运算的模型上单击鼠标左键，查看效果，如图10-79所示。

步骤㉖ 单击"立方体：角对角、高度"右侧的下拉按钮，在弹出的面板中单击"圆柱体"按钮，根据命令行提示，在绘图区中合适的点上单击鼠标左键，执行操作后，即可创建圆柱体，如图10-80所示。

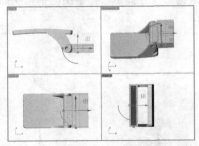

图 10-79　创建圆柱体 1

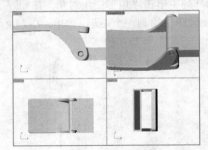

图 10-80　创建圆柱体 2

步骤㉗ 单击"布尔运算联集"右侧的下拉按钮，在弹出的列表框中单击"布尔运算差集"按钮，根据命令行提示，在绘图区中依次选择相应的模型，并按【Enter】键确认，执行操作后，即可差集运算模型，如图10-81所示。

步骤㉘ 单击"实体"｜"边缘圆角"｜"不等距边缘圆角"命令，根据命令行提示，设置圆角半径为0.5，并按【Enter】键确认，在绘图区中选择合适的边缘，对其进行圆角操作，如图10-82所示。

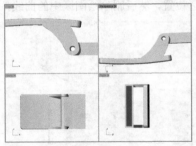

图 10-81　差集运算模型

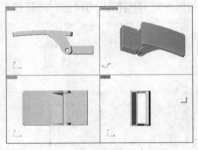

图 10-82　边缘圆角

步骤 ㉙ 单击"立方体：角对角、高度"右侧的下拉按钮，在弹出的面板中单击"圆柱体"按钮 ，根据命令行提示，在绘图区中合适的点上单击鼠标左键，并设置半径为 0.9，执行操作后，即可创建圆柱体，并隐藏相应的模型，如图 10-83 所示。

步骤 ㉚ 在绘图区中选择刚创建的圆柱体，在"变动"选项卡中单击"移动"按钮 ，根据命令行提示，输入 1.125，按【Enter】键确认，执行操作后，即可移动圆柱体，如图 10-84 所示。

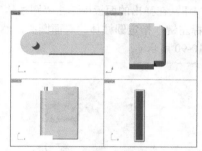 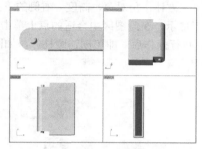

图 10-83　创建圆柱体　　　　　　　　　图 10-84　移动圆柱体

步骤 ㉛ 单击"立方体：角对角、高度"右侧的下拉按钮，在弹出的面板中单击"圆柱体"按钮 ，根据命令行提示，在绘图区中合适的点上单击鼠标左键，并设置半径为 1.1，执行操作后，即可创建圆柱体，如图 10-85 所示。

步骤 ㉜ 单击"实体"｜"边缘圆角"｜"不等距边缘圆角"命令，根据命令行提示，设置圆角半径为 1，并按【Enter】键确认，在绘图区中选择合适的边缘，对其进行圆角操作，如图 10-86 所示。

步骤 ㉝ 在绘图区中选择刚进行圆角的模型，在"变动"选项卡中单击"镜像"按钮 ，根据命令行提示，指定镜像平面的起点和终点，并按【Enter】键确认，执行操作后，即可镜像模型，如图 10-87 所示。

步骤 ㉞ 在工具列中单击"布尔运算联集"按钮 ，根据命令行提示，在绘图区中选择合适的曲面，执行操作后，按【Enter】键确认，即可联集运算模型，按【Ctrl＋Alt＋H】组合键，取消模型的隐藏，如图 10-88 所示。

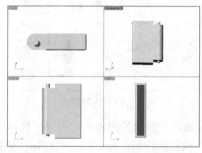 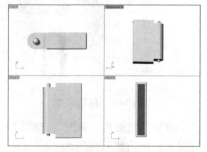

图 10-85　创建圆柱体　　　　　　　　　图 10-86　边缘圆角

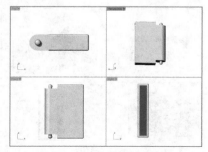 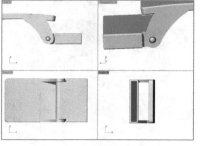

图 10-87　镜像模型　　　　　　　　　图 10-88　取消模型的隐藏

10.2.4 制作皮带扣细节

步骤① 单击"立方体：角对角、高度"右侧的下拉按钮，在弹出的面板中单击"圆柱体"按钮 ，根据命令行提示，在绘图区中合适的点上单击鼠标左键，指定圆柱体的底面圆心，然后依次输入 1.5 和 7，执行操作后，即可创建圆柱体，如图 10-89 所示。

步骤② 单击"立方体：角对角、高度"右侧的下拉按钮，在弹出的面板中单击"圆柱体"按钮，根据命令行提示，在绘图区中合适的点上单击鼠标左键，指定圆柱体的底面圆心，然后依次输入 2.4 和 2，执行操作后，即可创建圆柱体，如图 10-90 所示。

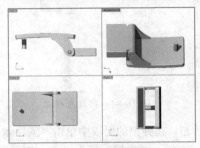
图 10-89 创建圆柱体 1

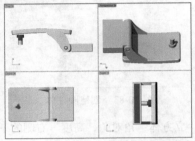
图 10-90 创建圆柱体 2

步骤③ 在绘图区中选择刚创建的圆柱体，将其移至合适位置，如图 10-91 所示。

步骤④ 单击"实体"｜"边缘圆角"｜"不等距边缘圆角"命令，根据命令行提示，设置圆角半径为 0.5 和 1，并按【Enter】键确认，在绘图区中选择合适的边缘，对其进行圆角操作，如图 10-92 所示。

步骤⑤ 在绘图区中选择相应的模型，将其移至合适的位置；在工具列中单击"布尔运算联集"按钮 ，根据命令行提示，在绘图区中选择合适的曲面，执行操作后，按【Enter】键确认，即可联集运算模型，然后在联集运算的模型上单击鼠标左键，查看效果，如图 10-93 所示。

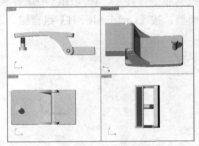
图 10-91 移动模型

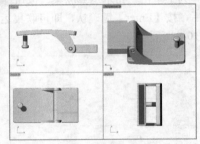
图 10-92 边缘圆角

步骤⑥ 单击"立方体：角对角、高度"右侧的下拉按钮，在弹出的面板中单击"圆柱体"按钮 ，根据命令行提示，依次输入（26.5,-8）、1.4 和 5，执行操作后，即可创建圆柱体，然后将其移至合适位置，如图 10-94 所示。

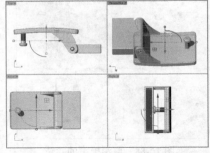
图 10-93 联集运算模型

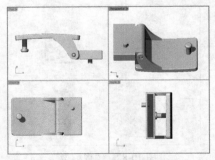
图 10-94 创建并移动圆柱体

步骤 ⑦ 在绘图区中选择刚移动的圆柱体，在"变动"选项卡中单击"镜像"按钮 ⚒，根据命令行提示，指定镜像平面的起点和终点，并按【Enter】键确认，执行操作后，即可镜像模型，如图 10-95 所示。

步骤 ⑧ 单击"布尔运算联集"右侧的下拉按钮，在弹出的列表框中单击"布尔运算差集"按钮 🔘，根据命令行提示，在绘图区中依次选择相应的模型，并按【Enter】键确认，执行操作后，即可差集运算模型，如图 10-96 所示。

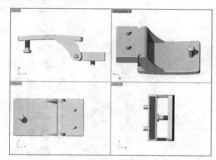
图 10-95　镜像模型

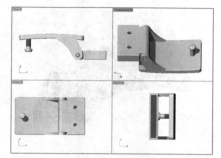
图 10-96　差集运算模型

步骤 ⑨ 将"宝石"图层置为当前图层，单击"曲线"|"偏移"|"偏移曲线"命令，根据命令行提示，在绘图区中选择需要偏移的边缘曲线，并设置偏移距离为 2，然后指定偏移侧，即可偏移曲线，如图 10-97 所示。

步骤 ⑩ 单击"曲面"|"挤出平面曲线"|"直线"命令，根据命令行提示，在绘图区中选择曲线，按【Enter】键确认，设置"挤出长度"为-27，按【Enter】键确认，执行操作后，即可挤出曲线，如图 10-98 所示。

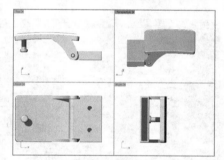
图 10-97　偏移曲线

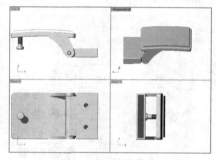
图 10-98　挤出曲线

步骤 ⑪ 单击"实体"|"偏移"命令，根据命令行提示，在绘图区中选择曲面，按【Enter】键确认，设置偏移距离为 2，按【Enter】键确认，执行操作后，即可偏移曲面，如图 10-99 所示。

步骤 ⑫ 单击"实体"|"边缘圆角"|"不等距边缘圆角"命令，根据命令行提示，设置圆角半径为 4 和 1，并按【Enter】键确认，在绘图区中选择合适的边缘，对其进行圆角操作，然后删除绘图区中的曲线，如图 10-100 所示。

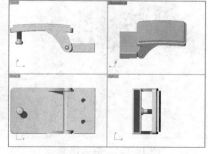
图 10-99　偏移曲面

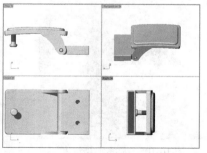
图 10-100　边缘圆角

10.2.5 渲染皮带扣

步骤 ① 启动 KeyShot 4.0，导入保存的文件，如图 10-101 所示。

步骤 ② 在"KeyShot 库"面板的下拉列表框中选择 Metal 选项，然后选择相应的材质球，并将其拖曳至合适的模型上，如图 10-102 所示。

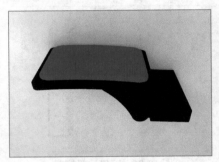

图 10-101　导入文件

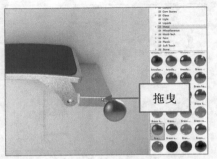

图 10-102　拖曳材质球

步骤 ③ 执行操作后，即可为模型赋予材质；在下拉列表框中选择 DuPont 选项，然后选择相应的材质球，并将其拖曳至宝石上，如图 10-103 所示。

步骤 ④ 执行操作后，即可为宝石赋予材质；单击"渲染"按钮，弹出"渲染选项"对话框，在"名称"文本框中输入 10-106.jpg，然后单击"预设置"按钮，在弹出的列表框中选择 1280×1167 选项，如图 10-104 所示。

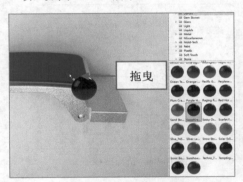

图 10-103　拖曳材质球

图 10-104　单击"渲染"按钮

步骤 ⑤ 执行操作后，单击"渲染"按钮，弹出相应的对话框，显示渲染进度，如图 10-105 所示。

步骤 ⑥ 稍等片刻后，即可完成模型的渲染，如图 10-106 所示。

图 10-105　显示渲染进度

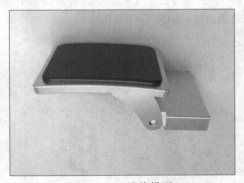

图 10-106　渲染模型

10.3　手表的建模设计

本实例介绍手表的建模设计。手表是一种显示时间的精密仪器，通常比钟小。该款手表只有分针与时针，其余部分与大部分手表大致相似，另外，该手表比较适合搭配一根皮带，且适合男士佩戴。手表效果如图 10-107 所示。

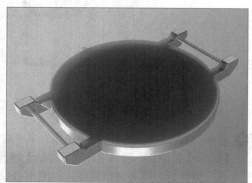

图 10-107　手表

素材文件	无
效果文件	光盘\效果\第 10 章\10-149.3dm、10-157.jpg
视频文件	光盘\视频\第 10 章\10.3 手表的建模设计.mp4

10.3.1　手表概述

手表，或称为腕表，是指戴在手腕上，用以计时/显示时间的仪器。手表通常是利用皮革、橡胶、尼龙布、不锈钢等材料制成表带，将显示时间的"表头"束在手腕上。

10.3.2　设计前的构思

手表一直是男人所钟爱的一类首饰，该款手表造型简单，但就是这不平凡的造型给了它独特的气质。

10.3.3　制作手表主体

步骤 ① 单击"标准"选项卡中的"编辑图层"按钮，进入"图层"选项卡，更改图层名称，并将"表壳"图层置为当前图层，如图 10-108 所示。

步骤 ② 在工具列中单击"圆：中心点、半径"按钮，根据命令行提示，以（0,0,0）为圆的中心点，设置直径为 30，绘制圆，如图 10-109 所示。

图 10-108　"图层"选项卡

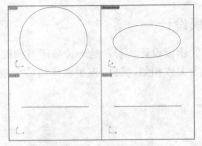

图 10-109　绘制圆

步骤 ③ 单击"实体"|"挤出平面曲线"|"直线"命令，根据命令行提示，在绘图区中选择曲线，按【Enter】键确认，设置"挤出长度"为 4，按【Enter】键确认，执行操作后，即可挤出曲线，如图 10-110 所示。

步骤 ④ 在工具列中单击"圆：中心点、半径"按钮 ⊘，根据命令行提示，将鼠标指针移至 Front 视图，输入（0,4），设置直径为 26，在 Top 视图中绘制圆，如图 10-111 所示。

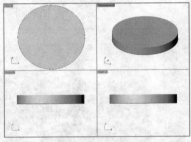

图 10-110　挤出直线

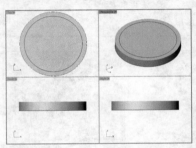

图 10-111　绘制圆

步骤 ⑤ 单击"实体"|"挤出平面曲线"|"直线"命令，根据命令行提示，在绘图区中选择曲线，按【Enter】键确认，输入 B，按【Enter】键确认，然后设置"挤出长度"为 1.5，按【Enter】键确认，执行操作后，即可挤出曲线，如图 10-112 所示。

步骤 ⑥ 单击"布尔运算联集"右侧的下拉按钮，在弹出的列表框中单击"布尔运算差集"按钮 ⊘，根据命令行提示，在绘图区中依次选择第一次挤出的模型和第二次挤出的模型，并按【Enter】键确认，执行操作后，即可差集运算模型，如图 10-113 所示。

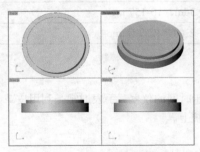

图 10-112　挤出直线

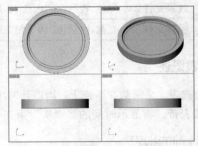

图 10-113　差集运算模型

步骤 ⑦ 单击"实体"|"边缘圆角"|"不等距边缘斜角"命令，根据命令行提示，设置斜角半径为 1.5，并按【Enter】键确认，在绘图区中选择合适的边缘，对其进行斜角操作，然后删除绘图区中的曲线，如图 10-114 所示。

步骤 ⑧ 单击"实体"|"挤出平面曲线"|"直线"命令，根据命令行提示，在绘图区中选择曲线，按【Enter】键确认，设置"挤出长度"为 0.5，按【Enter】键确认，执行操作后，即可挤出曲线，如图 10-115 所示。

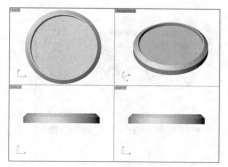

图 10-114 边缘斜角

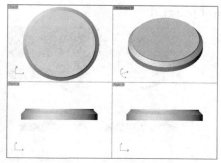

图 10-115 挤出曲线

步骤 ⑨ 单击"布尔运算联集"右侧的下拉按钮，在弹出的列表框中单击"布尔运算差集"按钮 ，根据命令行提示，在绘图区中依次选择布尔运算后的模型和刚挤出的模型，并按【Enter】键确认，执行操作后，即可差集运算模型，如图 10-116 所示。

步骤 ⑩ 在工具列中单击"多重直线"按钮 ∧，根据命令行提示，依次输入（-15,2.3）、5、（-21.8,0.5）、1.5、3、（-18,0）、（-15,0），在绘图区的 Front 视图中绘制多重直线，如图 10-117 所示。

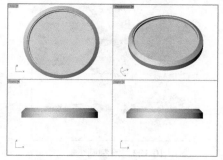

图 10-116 差集运算模型

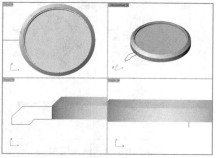

图 10-117 绘制多重直线

步骤 ⑪ 单击"实体"｜"挤出平面曲线"｜"直线"命令，根据命令行提示，在绘图区中选择曲线，按【Enter】键确认，设置"挤出长度"为 1，按【Enter】键确认，执行操作后，即可挤出曲线，如图 10-118 所示。

步骤 ⑫ 在绘图区中选择刚挤出的模型，将其移至合适位置，然后删除绘图区中的曲线，如图 10-119 所示。

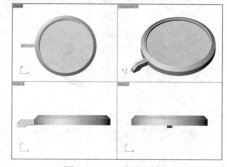

图 10-118 边缘圆角

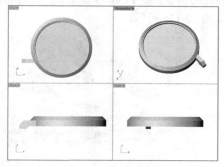

图 10-119 移动模型

步骤 ⑬ 单击"实体"｜"边缘圆角"｜"不等距边缘圆角"命令，根据命令行提示，设置圆角半径为 0.25，并按【Enter】键确认，在绘图区中选择合适的边缘，对其进行圆角操作，如图 10-120 所示。

步骤 ⑭ 在"变动"选项卡中单击"镜像"按钮 ⚏，根据命令行提示，在绘图区中选择合适的实体作为要镜像的模型，按【Enter】键确认，然后指定镜像平面的起点和终点，执行操作后，即可镜像模型，如图 10-121 所示。

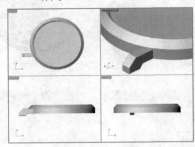

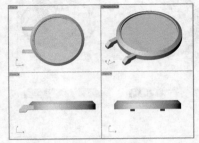

图 10-120　边缘圆角　　　　　　　　　　图 10-121　镜像模型

步骤 ⑮ 在"变动"选项卡中单击"镜像"按钮，根据命令行提示，在绘图区中选择合适的实体作为要镜像的模型，按【Enter】键确认，然后指定镜像平面的起点和终点，执行操作后，即可镜像模型，如图 10-122 所示。

步骤 ⑯ 在工具列中单击"圆：中心点、半径"按钮，根据命令行提示，将鼠标指针移至 Front 视图，输入（-17.3,0.4），设置直径为 0.9，绘制圆，如图 10-123 所示。

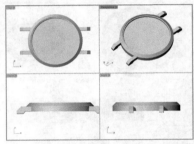

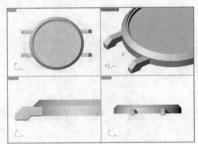

图 10-122　镜像模型　　　　　　　　　　图 10-123　绘制圆

步骤 ⑰ 单击"实体"｜"挤出平面曲线"｜"直线"命令，根据命令行提示，在绘图区中选择曲线，按【Enter】键确认，设置"挤出长度"为 6，按【Enter】键确认，执行操作后，即可挤出曲线，然后删除绘图区中的曲线，如图 10-124 所示。

步骤 ⑱ 在"变动"选项卡中单击"镜像"按钮，根据命令行提示，在绘图区中选择合适的实体作为要镜像的模型，按【Enter】键确认，然后指定镜像平面的起点和终点，执行操作后，即可镜像模型，如图 10-125 所示。

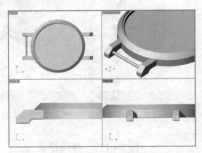

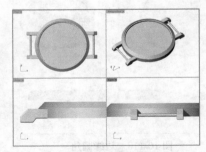

图 10-124　隐藏曲线　　　　　　　　　　图 10-125　镜像模型

步骤 ⑲ 单击"实体"｜"边缘圆角"｜"不等距边缘圆角"命令，根据命令行提示，设置圆角半径为 0.5，并按【Enter】键确认，在绘图区中选择合适的边缘，对其进行圆角操作，如图 10-126 所示。

步骤 ⑳ 在工具列中单击"圆：中心点、半径"按钮，根据命令行提示，输入（0,1.3），设置直径为 1.5，在 Front 视图中绘制圆，并将其移至合适位置，如图 10-127 所示。

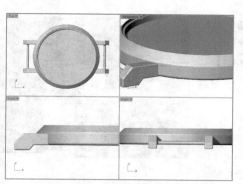

图 10-126　边缘圆角　　　　图 10-127　绘制圆

步骤 21 单击"实体"｜"挤出平面曲线"｜"直线"命令，根据命令行提示，在绘图区中选择曲线，按【Enter】键确认，设置"挤出长度"为-6，按【Enter】键确认，执行操作后，即可挤出曲线，然后删除绘图区中的曲线，如图 10-128 所示。

步骤 22 单击"立方体：角对角、高度"右侧的下拉按钮，在弹出的面板中单击"圆柱体"按钮，根据命令行提示，依次输入（0,1.3,15.5）、1.3 和-1.8，执行操作后，即可创建圆柱体，如图 10-129 所示。

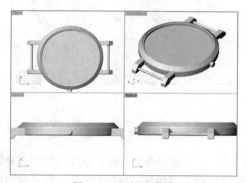

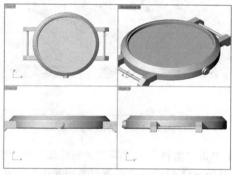

图 10-128　挤出曲线　　　　图 10-129　创建圆柱体

步骤 23 单击"布尔运算联集"右侧的下拉按钮，在弹出的列表框中单击"布尔运算差集"按钮，根据命令行提示，在绘图区中依次选择相应的模型，并按【Enter】键确认，执行操作后，即可差集运算模型，如图 10-130 所示。

步骤 24 单击"立方体：角对角、高度"右侧的下拉按钮，在弹出的面板中单击"圆柱体"按钮，根据命令行提示，依次输入（0,0.55,16）、0.05 和-1，执行操作后，即可创建圆柱体，如图 10-131 所示。

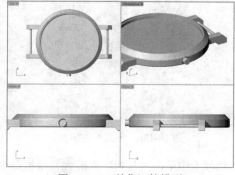

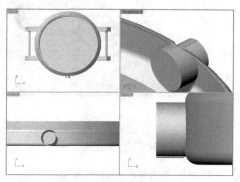

图 10-130　差集运算模型　　　　图 10-131　创建圆柱体

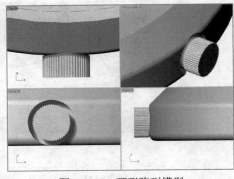

步骤 ㉕ 在绘图区中选择刚创建的圆柱体，在"变动"选
项卡中单击"环形阵列"按钮，根据命令行提
示，依次输入（0,1.3）、50，并连续按【Enter】
键确认，执行操作后，即可环形阵列模型，如图
10-132 所示。

图 10-132　环形阵列模型

10.3.4　制作手表细节

步骤 ❶ 将"白底"图层置为当前图层，单击"实体"|
"挤出平面曲线"|"直线"命令，根据命令行提
示，在绘图区中选择曲线，按【Enter】键确认，
设置"挤出长度"为 0.1，按【Enter】键确认，执
行操作后，即可挤出曲线，如图 10-133 所示。

步骤 ❷ 将"指针"图层置为当前图层，在工具列中单击"圆：中心点、半径"按钮，根据命令行提示，
输入（0,2.6），指定圆的圆心，然后设置直径为 0.8，在 Top 视图中绘制圆，如图 10-134 所示。

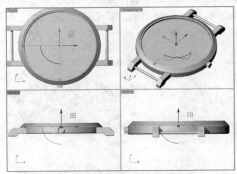

图 10-133　挤出曲线

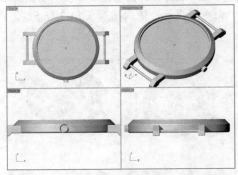

图 10-134　绘制圆

步骤 ❸ 单击"实体"|"挤出平面曲线"|"直线"命令，根据命令行提示，在绘图区中选择曲线，按
【Enter】键确认，设置"挤出长度"为 0.7，按【Enter】键确认，执行操作后，即可挤出曲线，如
图 10-135 所示。

步骤 ❹ 单击"立方体：角对角、高度"右侧的下拉按钮，在弹出的面板中单击"圆柱体"按钮，根据
命令行提示，将鼠标指针移至 Front 视图，然后依次输入（0,2.6）、0.7 和 0.1，执行操作后，即
可创建圆柱体，如图 10-136 所示。

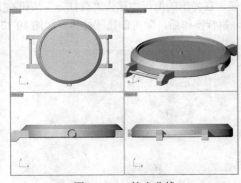

图 10-135　挤出曲线

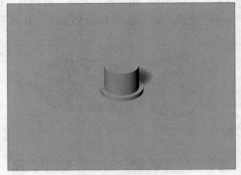

图 10-136　创建圆柱体

步骤 ❺ 在绘图区中选择刚创建的圆柱体，在"变动"选项卡中单击"复制"按钮，根据命令行提示，
在绘图区中指定复制的起点和终点，执行操作后，即可复制模型，如图 10-137 所示。

步骤 ⑥ 在工具列中单击"立方体：角对角、高度"按钮 ，在绘图区中的任意位置单击鼠标左键，然后依次输入 0.8、7 和 0.1，执行操作后，即可创建立方体，如图 10-138 所示。

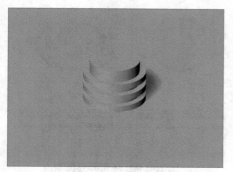

图 10-137　复制模型

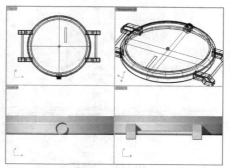

图 10-138　创建立方体

步骤 ⑦ 在绘图区中选择刚创建的立方体，将其移至合适位置，如图 10-139 所示。

步骤 ⑧ 在绘图区中选择刚移动的模型，在"变动"选项卡中单击"旋转"按钮 ，根据命令行提示，输入 C，然后指定旋转的中点和参考点，旋转模型，并将其移至合适位置，如图 10-140 所示。

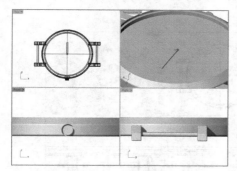

图 10-139　移动模型

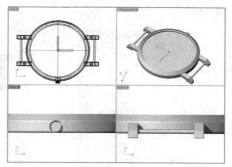

图 10-140　旋转并移动模型

步骤 ⑨ 单击"实体"｜"边缘圆角"｜"不等距边缘斜角"命令，根据命令行提示，设置斜角半径为 0.4，并按【Enter】键确认，在绘图区中选择合适的边缘，对其进行斜角操作，如图 10-141 所示。

步骤 ⑩ 在绘图区中选择相应的模型，调整其形状，如图 10-142 所示。

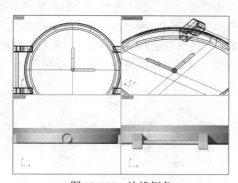

图 10-141　边缘倒角

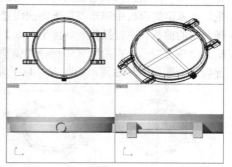

图 10-142　调整形状

步骤 ⑪ 单击"实体"｜"球体"命令，将鼠标指针移至 Front 视图，根据命令行提示，输入（0,2.6,11.5），按【Enter】键确认，指定球体中心点，然后输入 0.3，并按【Enter】键确认，即可创建球体，如图 10-143 所示。

步骤 ⑫ 在绘图区中选择刚创建的球体，在"变动"选项卡中单击"环形阵列"按钮 ，根据命令行提示，输入（0,0），按【Enter】键确认，然后设置"阵列数"为12，执行操作后，即可环形阵列模型，如图10-144所示。

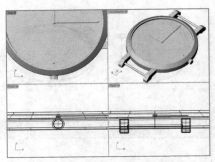

图10-143　创建球体

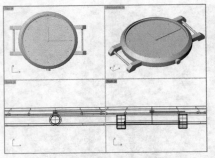

图10-144　环形阵列模型

步骤 13 在工具列中单击"文字物件"按钮，弹出"文字物件"对话框，在"要建立的文字"文本框中输入12，在"建立"选项区中选中"实体"单选按钮，在"文字大小"选项区中设置"文字高度"为2、"实体厚度"为0.05，单击"确定"按钮，如图10-145所示。

步骤 14 执行操作后，在绘图区中的合适位置单击鼠标左键，即可创建文字，并将其移至合适位置，如图10-146所示。

图10-145　单击"确定"按钮

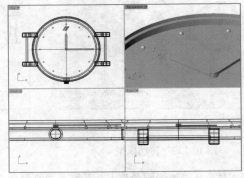

图10-146　创建文字

步骤 15 用与上同样的方法，创建其他的文字，并将其移至合适位置，如图10-147所示。

步骤 16 将"玻璃"图层置为当前图层，在工具列中单击"指定三或四个角建立曲面"按钮右侧的下拉按钮，在弹出的面板中单击"以平面曲线建立曲面"按钮，根据命令行提示，在绘图区中依次选择合适的曲线，执行操作后，按【Enter】键确认，即可创建曲面；单击"实体"|"偏移"命令，根据命令行提示，在绘图区中选择要偏移的曲面，设置偏移距离为0.5，执行操作后，按【Enter】键确认，即可偏移曲面，如图10-148所示。

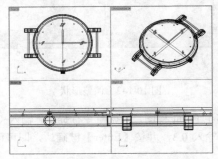

图10-147　创建其他文字

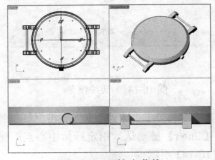

图10-148　挤出曲线

步骤 ⑰ 在工具列中单击"指定三或四个角建立曲面"按钮右侧的下拉按钮，在弹出的面板中单击"以平面曲线建立曲面"按钮 ⊙，根据命令行提示，在绘图区中依次选择合适的曲线，执行操作后，按【Enter】键确认，即可创建曲面，如图 10-149 所示。

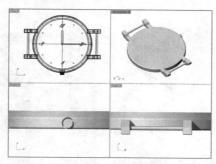

图 10-149　创建平面

10.3.5　渲染手表

步骤 ① 启动 KeyShot 4.0，导入保存的文件，如图 10-150 所示。

步骤 ② 在"KeyShot 库"面板的下拉列表框中选择 Metal 选项，然后选择相应的材质球，并将其拖曳至合适的模型上，如图 10-151 所示。

图 10-150　导入文件

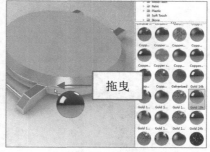

图 10-151　拖曳材质球

步骤 ③ 执行操作后，即可为模型赋予材质；在下拉列表框中选择 Glass 选项，然后选择相应的材质球，并将其拖曳至玻璃上，如图 10-152 所示。

步骤 ④ 执行操作后，即可为玻璃赋予材质；单击"查看"｜"项目"｜"材质"命令，弹出"项目"对话框，在"指针"材质球上双击鼠标左键，在"属性"选项卡中单击"漫反射"右侧的颜色色块，如图 10-153 所示。

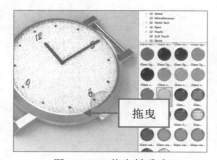

图 10-152　拖曳材质球

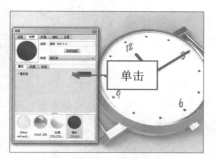

图 10-153　单击颜色色块

步骤 ⑤ 弹出"选择颜色"对话框，设置 R、G、B 参数值为 0，单击"确定"按钮，如图 10-154 所示。

步骤 6 单击"关闭"按钮，即可调整指针的颜色，单击"渲染"按钮，弹出相应的对话框，显示渲染进度，单击"渲染"按钮 ，弹出"渲染选项"对话框，在"名称"文本框中输入 10-157.jpg，然后单击"预设置"按钮，在弹出的列表框中选择 1280×1032 选项，单击"渲染"按钮，如图 10-155 所示。

图 10-154　单击"确定"按钮

图 10-155　单击"渲染"按钮

步骤 7 弹出相应的对话框，显示渲染进度，如图 10-156 所示。

步骤 8 稍等片刻后，即可完成模型的渲染，如图 10-157 所示。

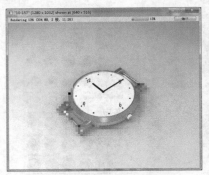

图 10-156　显示渲染进度

图 10-157　渲染模型

第 11 章　手镯、手链和戒指的设计

学前提示

手镯、手链、戒指是一类佩戴在手上的珠宝首饰。本章主要向读者介绍手镯、手链和戒指的设计。

本章知识重点

- 手镯的建模设计
- 手链的建模设计
- 戒指的建模设计

学完本章后你能掌握什么

- 掌握手镯的建模设计，包括创建球体、椭圆体等
- 掌握手链的建模设计，包括调用宝石、绘制控制点曲线等
- 掌握戒指的建模设计，包括调用宝石、旋转模型等

11.1　手镯的建模设计

本实例介绍手镯的建模设计。手镯是首饰中较为常见的一种，其主要适合儿童与女性佩戴，手镯不同于手链，其为一个整体，如圈状。在设计手镯时，除了需要考虑手镯的造型外，寓意也是十分重要的，特别是儿童的手镯。手镯效果如图 11-1 所示。

图 11-1　手镯

	素材文件	无
	效果文件	光盘\效果\第 11 章\11-43.3dm、11-50.jpg
	视频文件	光盘\视频\第 11 章\11.1 手镯的建模设计.mp4

11.1.1 手镯概述

手镯是一种套在手腕上的环形饰品。按结构一般可分为两种：一是封闭形圆环，以玉石材料为多；二是有断口或数个链片，以金属材料居多。按制作材料，可分为金手镯、银手镯、玉手镯、镶宝石手镯等。

11.1.2 设计前的构思

从设计上来讲，该款手镯简洁大方，其适合年轻女性佩戴。铃铛的设计，使其也较为适合小孩佩戴。

11.1.3 制作手镯主体

步骤 ❶ 单击"标准"选项卡中的"编辑图层"按钮 ，进入"图层"选项卡，更改图层名称，并将"金属圈"图层置为当前图层，如图 11-2 所示。

步骤 ❷ 在工具列中单击"圆弧：中心点、起点、角度"按钮 ，将鼠标指针移至 Front 视图，根据命令行提示，输入（0,0,0），指定圆弧中点，然后输入 25，并在右侧单击鼠标左键，并输入 120，指定圆弧角度，按【Enter】键确认，绘制圆弧，如图 11-3 所示。

图 11-2 "图层"选项卡

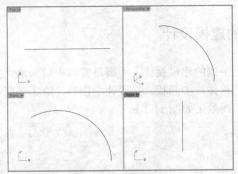

图 11-3 绘制圆弧

步骤 ❸ 在工具列中单击"多重直线"按钮 ，根据命令行提示，输入（0,0,0），然后在圆弧中点上单击鼠标左键，执行操作后，按【Enter】键确认，绘制多重直线；按空格键，重复执行"多重直线"命令，在 Front 视图中绘制一条水平直线，如图 11-4 所示。

步骤 ❹ 在工具列中单击"圆：中心点、半径"按钮 ，根据命令行提示，在绘图区中选择圆弧的右端点为圆的中心点，设置半径为 1.6，绘制圆，如图 11-5 所示。

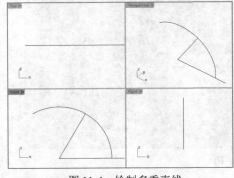

图 11-4 绘制多重直线

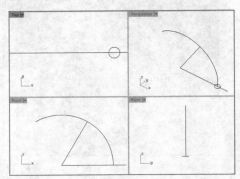

图 11-5 绘制圆

步骤 ❺ 单击"曲面"｜"单轨扫掠"命令，根据命令行提示，在绘图区中依次选择圆弧和圆，连续按两次【Enter】键确认，执行操作后，弹出"单轨扫掠选项"对话框，如图 11-6 所示。

步骤 ❻ 接受默认的参数，单击"确定"按钮，即可创建单轨扫掠曲面，如图 11-7 所示。

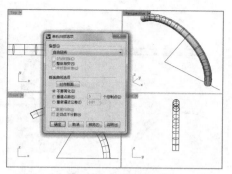
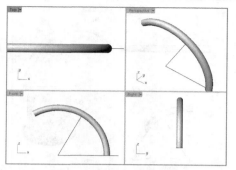

图 11-6 弹出对话框　　　　　　　　　图 11-7 创建单轨扫掠曲面

步骤 7 在工具列中单击"指定三或四个角建立曲面"按钮右侧的下拉按钮，在弹出的面板中单击"以平面曲线建立曲面"按钮 ，根据命令行提示，在绘图区中依次选择合适的边缘曲线，执行操作后，按【Enter】键确认，即可创建曲面，如图 11-8 所示。

步骤 8 在工具列中单击"布尔运算联集"右侧的下拉按钮，在弹出的面板中单击"指定建立实体"按钮 ，在绘图区中选择所有的曲面，按【Enter】键确认，即可建立实体，在实体上单击鼠标左键，查看效果，如图 11-9 所示。

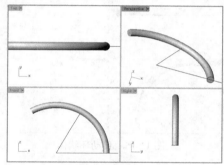
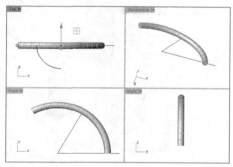

图 11-8 创建曲面　　　　　　　　　图 11-9 实体效果

步骤 9 单击"实体"｜"边缘圆角"｜"不等距边缘圆角"命令，根据命令行提示，设置圆角半径为 1，并按【Enter】键确认，在绘图区中选择合适的边缘，对其进行圆角操作，如图 11-10 所示。

步骤 10 单击"实体"｜"球体"命令，根据命令行提示，以圆弧的右端点为球体中心点，创建一个半径为 2 的球体，如图 11-11 所示。

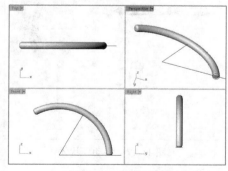
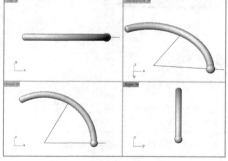

图 11-10 边缘圆角　　　　　　　　　图 11-11 创建球体

步骤 11 在绘图区中选择球体，然后在坐标控制点上单击鼠标左键，调整球体的形状，并将球体移至合适位置，如图 11-12 所示。

步骤 12 在绘图区中选择变形后的球体，在"变动"选项卡中单击"镜像"按钮 ，根据命令行提示，在绘图区中捕捉合适的点作为镜像平面的起点和终点，执行操作后，即可镜像模型，如图 11-13 所示。

Rhino
珠宝首饰设计从入门到精通

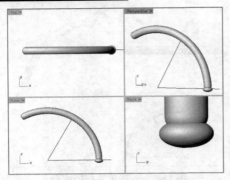 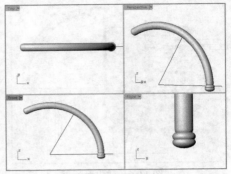

图 11-12　调整并移动球体　　　　　图 11-13　镜像模型

步骤 ⑬ 在工具列中单击"立方体：角对角、高度"右侧的下拉按钮，在弹出的面板中单击"环状体"按钮 ◎，在 Front 视图中绘制一个半径为 2.5、第二半径为 0.6 的环状体，如图 11-14 所示。

步骤 ⑭ 在绘图区中选择刚绘制的环状体，将其移至合适位置，如图 11-15 所示。

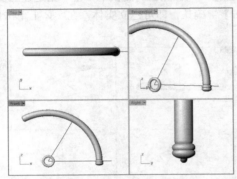 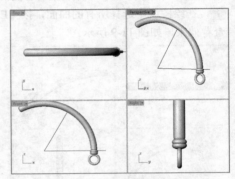

图 11-14　创建环状体　　　　　　　图 11-15　移动环状体

步骤 ⑮ 在工具列中单击"立方体：角对角、高度"右侧的下拉按钮，在弹出的面板中单击"环状体"按钮 ◎，在 Right 视图中绘制一个半径为 2.5、第二半径为 0.6 的环状体，如图 11-16 所示。

步骤 ⑯ 在绘图区中选择刚绘制的环状体，将其移至合适位置，如图 11-17 所示。

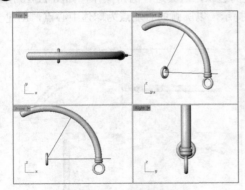 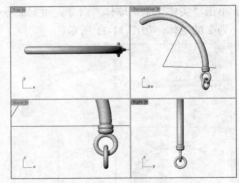

图 11-16　创建环状体　　　　　　　图 11-17　移动环状体

步骤 ⑰ 在绘图区中选择合适的模型，在"变动"选项卡中单击"镜像"按钮 ⚏，根据命令行提示，在绘图区中捕捉合适的点作为镜像平面的起点和终点，执行操作后，即可镜像模型，如图 11-18 所示。

步骤 ⑱ 将"珠子"图层置为当前图层，在工具列中单击"立方体：角对角、高度"右侧的下拉按钮，在弹出的面板中单击"球体"按钮 ◎，在 Front 视图中绘制一个半径为 3.5 的球体，如图 11-19 所示。

●●●●●●●● **Rhino**

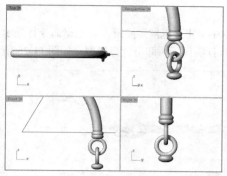

图 11-18　镜像模型

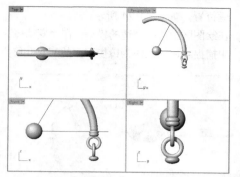

图 11-19　绘制球体

 在绘图区中选择刚绘制的球体，将其移至合适位置，如图 11-20 所示。

步骤 ⑳ 将"金属圈"图层置为当前图层，在绘图区中选择合适的模型，在"变动"选项卡中单击"镜像"按钮 ⚒，根据命令行提示，在绘图区中捕捉合适的点作为镜像平面的起点和终点，执行操作后，即可镜像模型，如图 11-21 所示。

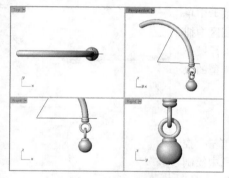

图 11-20　移动球体

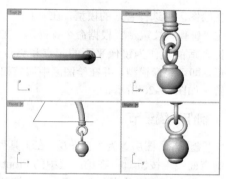

图 11-21　镜像模型

步骤 ㉑ 在"变动"选项卡中单击"旋转"按钮 ⚒，根据命令行提示，在绘图区中选择合适的模型，并指定旋转中心点和参考点，旋转模型，然后将其移至合适位置，如图 11-22 所示。

步骤 ㉒ 将"玉石"图层置为当前图层，在工具列中单击"立方体：角对角、高度"右侧的下拉按钮，在弹出的面板中单击"椭圆体：直径"按钮 ⬭，根据命令行提示，将鼠标指针移至 Front 视图，输入 15 和 4，并依次在左侧和上方单击鼠标左键，将鼠标指针移至 Top 视图，并单击鼠标左键，执行操作后，即可绘制椭圆体，如图 11-23 所示。

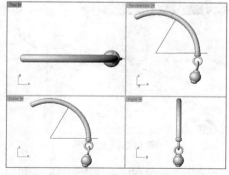

图 11-22　旋转并移动模型

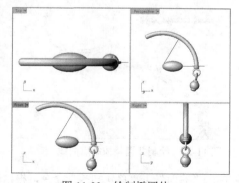

图 11-23　绘制椭圆体

步骤 ㉓ 在绘图区中选择椭圆体，将其移至合适位置；在"变动"选项卡中单击"旋转"按钮 ⚒，根据命令行提示，在绘图区中选择椭圆体，并指定旋转中心点和参考点，旋转椭圆体，然后将其移至合适位置，如图 11-24 所示。

步骤 ㉔ 在绘图区中选择合适的模型，在"变动"选项卡中单击"镜像"按钮，根据命令行提示，在绘图区中捕捉合适的点作为镜像平面的起点和终点，执行操作后，即可镜像模型，如图 11-25 所示。

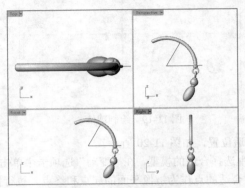

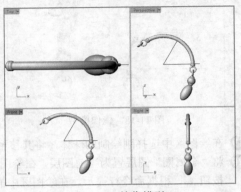

图 11-24　旋转并移动椭圆体　　　　　　图 11-25　镜像模型 1

步骤 ㉕ 在绘图区中选择合适的模型，在"变动"选项卡中单击"镜像"按钮，根据命令行提示，在绘图区中捕捉合适的点作为镜像平面的起点和终点，执行操作后，即可镜像模型，并在绘图区中调整相应模型的位置，如图 11-26 所示。

11.1.4　制作手镯细节

步骤 ① 将"金属圈"图层置为当前图层，在工具列中单击"控制点曲线"按钮，在绘图区中的 Front 视图中绘制控制点曲线，然后单击"编辑"｜"控制点"｜"开启控制点"命令，开启控制点，并调整其位置，如图 11-27 所示。

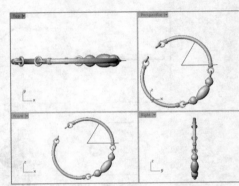

图 11-26　镜像模型 2

步骤 ② 在工具列中单击"圆：中心点、半径"按钮，根据命令行提示，在绘图区中曲线的端点上单击鼠标左键，确定圆心，然后输入 0.6，并按【Enter】键，绘制圆，如图 11-28 所示。

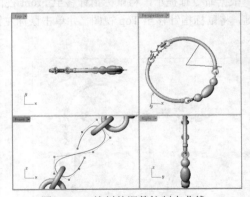

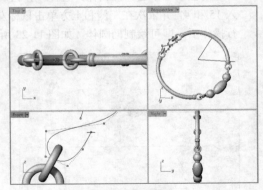

图 11-27　绘制并调整控制点曲线　　　　　　图 11-28　绘制圆

步骤 ③ 单击"曲面"｜"单轨扫掠"命令，根据命令行提示，在绘图区中依次选择圆弧和圆，连续按两次【Enter】键确认，执行操作后，弹出"单轨扫掠选项"对话框，如图 11-29 所示。

步骤 ④ 接受默认的参数，单击"确定"按钮，即可创建单轨扫掠曲面，如图 11-30 所示。

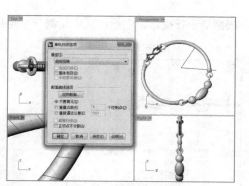

图 11-29　弹出对话框

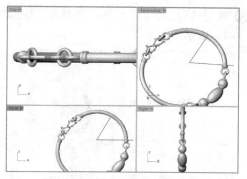

图 11-30　创建的单轨扫掠曲面

步骤 5 在工具列中单击"指定三或四个角建立曲面"按钮右侧的下拉按钮，在弹出的面板中单击"以平面曲线建立曲面"按钮 ⊙，根据命令行提示，在绘图区中依次选择合适的曲线，执行操作后，按【Enter】键确认，即可创建曲面；在工具列中单击"布尔运算联集"右侧的下拉按钮，在弹出的面板中单击"指定建立实体"按钮 ⬚，在绘图区中选择所有的曲面，按【Enter】键确认，即可建立实体，在实体上单击鼠标左键，查看效果，如图 11-31 所示。

步骤 6 单击"实体"｜"边缘圆角"｜"不等距边缘圆角"命令，根据命令行提示，设置圆角半径为 0.3，并按【Enter】键确认，在绘图区中选择合适的边缘，对其进行圆角操作，如图 11-32 所示。

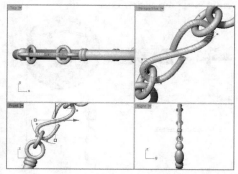

图 11-31　建立实体效果

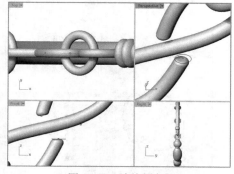

图 11-32　边缘圆角

步骤 7 在绘图区中选择合适的模型，在"变动"选项卡中单击"缩放"按钮 ⬚，根据命令行提示，指定基点和参考点，缩放模型，如图 11-33 所示。

步骤 8 在绘图区中选择刚缩放的模型，将其移至合适位置，并删除绘图区中的曲线，如图 11-34 所示。

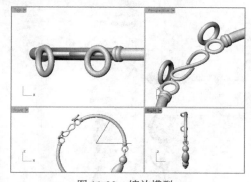

图 11-33　缩放模型

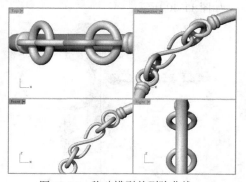

图 11-34　移动模型并删除曲线

步骤 9 在工具列中单击"立方体：角对角、高度"右侧的下拉按钮，在弹出的面板中单击"球体"按钮 ⚪，在 Front 视图中绘制半径为 3.5 和 3 的球体，如图 11-35 所示。

步骤⑩ 在工具列中单击"矩形：角对角"按钮▢，根据命令行提示，在绘图区中绘制一个矩形，如图11-36所示。

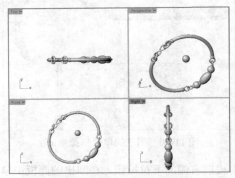
图11-35 绘制球体

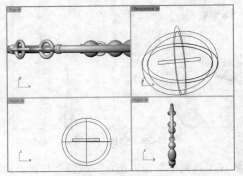
图11-36 绘制矩形

步骤⑪ 单击"实体"|"挤出平面曲线"|"直线"命令，根据命令行提示，在绘图区中选择矩形，按【Enter】键确认，然后输入S和4，并按【Enter】键确认，即可挤出直线，如图11-37所示。

步骤⑫ 在工具列中单击"布尔运算联集"右侧的下拉按钮，在弹出的面板中单击"布尔运算差集"按钮🔘，在绘图区中选择半径为3.5的球体，按【Enter】键确认，然后依次选择半径为3的球体和挤出的模型，并按【Enter】键确认，即可差集运算模型，如图11-38所示。

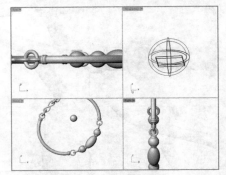
图11-37 挤出直线

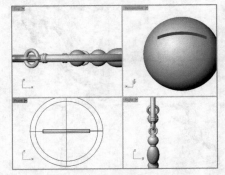
图11-38 差集运算模型

步骤⑬ 在绘图区中选择合适的模型，在"变动"选项卡中单击"复制"按钮🔠，根据命令行提示，指定复制的起点和终点，并按【Enter】键确认，执行操作后，即可复制模型，如图11-39所示。

步骤⑭ 在绘图区中选择合适的模型，将其旋转至合适位置，然后选择刚复制的模型，将其移至合适位置，如图11-40所示。

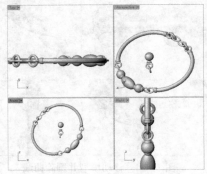
图11-39 复制模型

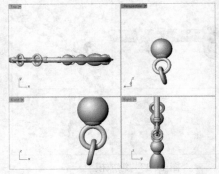
图11-40 旋转并移动模型

步骤⑮ 在绘图区中选择合适的模型，在"变动"选项卡中单击"缩放"按钮🔲，根据命令行提示，指定缩放的基点和参考点，缩放模型，然后在绘图区中选择相应的模型，调整其位置，如图 11-41 所示。

步骤 ⑯ 在绘图区中选择合适的模型，将其移至合适位置，并进行旋转，如图 11-42 所示。

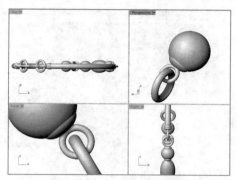

图 11-41　缩放并移动模型

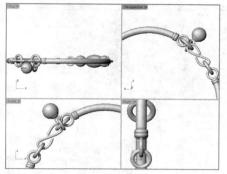

图 11-42　调整模型位置

步骤 ⑰ 在绘图区中选择合适的模型，在"变动"选项卡中单击"镜像"按钮 ⚖，根据命令行提示，在绘图区中捕捉合适的点作为镜像平面的起点和终点，执行操作后，即可镜像模型，并在绘图区中调整相应模型的位置，如图 11-43 所示。

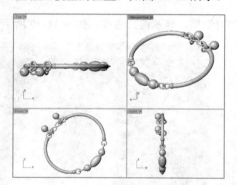

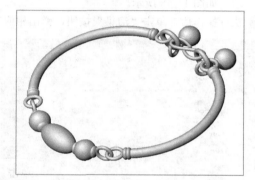

图 11-43　镜像模型并调整其位置

11.1.5　渲染手镯

步骤 ❶ 启动 KeyShot 4.0，并将保存的文件导入到其中，如图 11-44 所示。

步骤 ❷ 在 "KeyShot 库"面板的下拉列表框中选择 Metal 选项，然后选择相应的材质球，并将其拖曳至合适的模型上，如图 11-45 所示。

图 11-44　导入文件

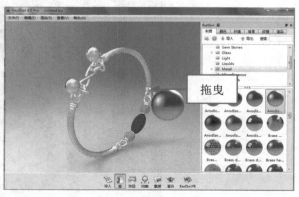

图 11-45　拖曳材质球 1

步骤 3 执行操作后，即可为模型赋予材质；在下拉列表框中选择 DuPont 选项，然后选择相应的材质球，并将其拖曳至宝石上，如图 11-46 和图 11-47 所示。

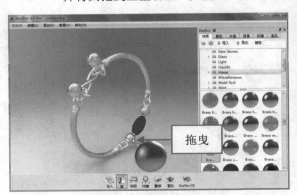
图 11-46　拖曳材质球 2

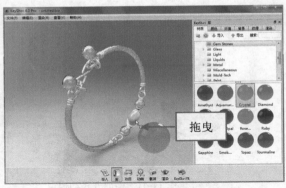
图 11-47　拖曳材质球 3

步骤 4 执行操作后，即可为宝石赋予材质；单击"渲染"按钮 ，弹出"渲染选项"对话框，在"名称"文本框中输入 11-51.jpg，然后单击"预设置"按钮，在弹出的列表框中选择 1280×1027 选项，如图 11-48 所示。

步骤 5 执行操作后，单击"渲染"按钮，弹出相应的对话框，显示渲染进度，如图 11-49 所示。

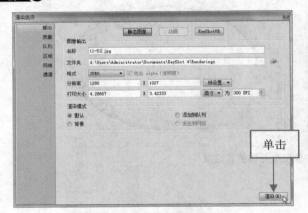
图 11-48　单击"渲染"按钮

图 11-49　显示进度

步骤 6 稍等片刻后，即可完成模型的渲染，如图 11-50 所示。

图 11-50　渲染模型

11.2　手链的建模设计

本实例介绍手链的建模设计。手链是一种佩戴在手腕上的首饰，款式灵活多变。手链多为女生佩戴，所以造型需要精致、美观，且不失灵动。手链效果如图 11-51 所示。

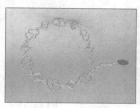

图 11-51　手链

	素材文件	无
	效果文件	光盘\效果\第 11 章\11-96.3dm、11-103.jpg
	视频文件	光盘\视频\第 11 章\11.2 手链的建模设计.mp4

11.2.1　手链概述

手链是一种首饰，佩戴在手腕部位的链条，多为金属制，以银制手链居多，也有矿石、水晶等材料。区别于手镯和手环，手链是链状的，以祈求平安和美观为主要用途。一般来讲，手链是戴在右手上的，而左手则用来戴手表。

11.2.2　设计前的构思

从设计上来讲，该款手链造型时尚、简洁，适合年轻女性佩戴。

11.2.3　制作手链主体

步骤① 单击"标准"选项卡中的"编辑图层"按钮，进入"图层"选项卡，更改图层名称，并将"链饰"图层置为当前图层，如图 11-52 所示。

步骤② 在工具列中单击"控制点曲线"按钮，在绘图区的 Front 视图中绘制控制点曲线，如图 11-53 所示。

步骤③ 在"变动"选项卡中单击"镜像"按钮，根据命令行提示，在绘图区中选择需要镜像的曲线，按【Enter】键确认，然后在绘图区中捕捉合适的点作为镜像平面的起点和终点，执行操作后，即可镜像曲线，如图 11-54 所示。

图 11-52　"图层"选项卡

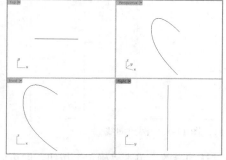

图 11-53　绘制控制点曲线

步骤④ 在工具列中单击"曲线圆角"按钮，根据命令行提示，设置"半径"为 0.5、"组合"为"是"，在绘图区中依次选择合适的曲线，执行操作后，即可圆角曲线，如图 11-55 所示。

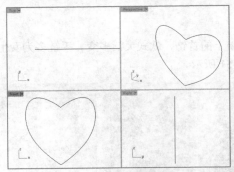
图 11-54　绘制多重直线

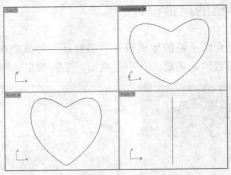
图 11-55　圆角曲线

步骤 5　在工具列中单击"控制点曲线"按钮 ，在绘图区的 Front 视图中绘制控制点曲线，然后开启控制点，并适当调整控制点的位置，调整完成后关闭控制点的显示，如图 11-56 所示。

步骤 6　在工具列中单击"矩形：角对角"按钮 ，根据命令行提示，指定矩形的角点，在 Top 视图中绘制一个矩形，如图 11-57 所示。

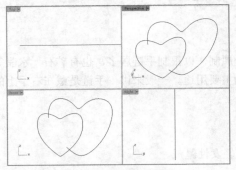
图 11-56　调整曲线

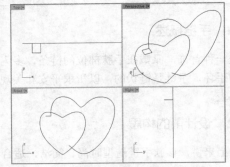
图 11-57　绘制矩形

步骤 7　在工具列中单击"曲线圆角"按钮 ，根据命令行提示，设置"半径"为 0.5 和 0.3、"组合"为"是"，在绘图区中依次选择合适的曲线，执行操作后，即可圆角曲线，如图 11-58 所示。

步骤 8　单击"曲面"｜"单轨扫掠"命令，根据命令行提示，在绘图区中依次选择合适的曲线，连续按两次【Enter】键确认，执行操作后，弹出"单轨扫掠选项"对话框，如图 11-59 所示。

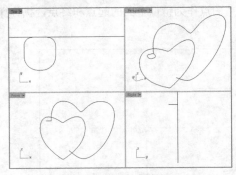
图 11-58　圆角曲线

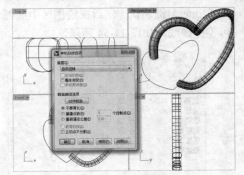
图 11-59　弹出对话框

步骤 9　接受默认的参数，单击"确定"按钮，即可创建单轨扫掠曲面，如图 11-60 所示。

步骤 10　在工具列中单击"矩形：角对角"按钮 ，根据命令行提示，指定矩形的角点，在 Right 视图中绘制一个矩形，如图 11-61 所示。

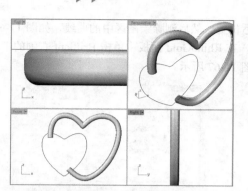

图 11-60　创建单轨扫掠曲面

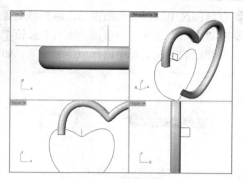

图 11-61　绘制矩形

步骤 ⑪ 在工具列中单击"曲线圆角"按钮 ，根据命令行提示，设置"半径"为 0.5 和 0.3、"组合"为"是"，在绘图区中依次选择合适的曲线，执行操作后，即可圆角曲线，如图 11-62 所示。

步骤 ⑫ 单击"曲面"｜"单轨扫掠"命令，根据命令行提示，在绘图区中依次选择合适的曲线，连续按两次【Enter】键确认，执行操作后，弹出"单轨扫掠选项"对话框，接受默认的参数，单击"确定"按钮，即可创建单轨扫掠曲面，如图 11-63 所示。

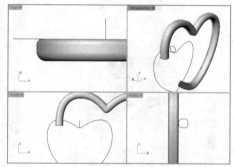

图 11-62　圆角曲线

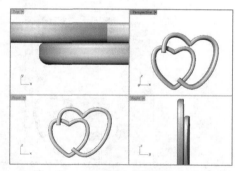

图 11-63　创建单轨扫掠曲面

步骤 ⑬ 在工具列中单击"指定三或四个角建立曲面"按钮右侧的下拉按钮，在弹出的面板中单击"以平面曲线建立曲面"按钮 ，根据命令行提示，在绘图区中依次选择合适的曲线，执行操作后，按【Enter】键确认，即可创建曲面，如图 11-64 所示。

步骤 ⑭ 在工具列中单击"布尔运算联集"右侧的下拉按钮，在弹出的面板中单击"指定建立实体"按钮 ，在绘图区中选择所有的曲面，按【Enter】键确认，即可建立实体；单击"实体"｜"边缘圆角"｜"不等距边缘圆角"命令，根据命令行提示，设置圆角半径为 0.2，并按【Enter】键确认，在绘图区中选择合适的边缘，对其进行圆角操作，如图 11-65 所示。

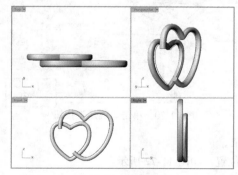

图 11-64　创建曲面

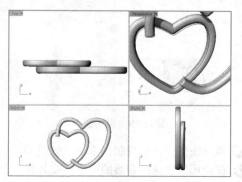

图 11-65　边缘圆角

步骤 ⑮ 在绘图区中选择合适的模型，将其移至合适位置，然后删除绘图区中的曲线，如图 11-66 所示。

步骤 ⑯ 在"宝石"选项卡中单击"宝石"按钮，在 RhinoGold 面板中单击 Brilliant 右侧的下拉按钮，在弹出的下拉面板中选择相应的选项，如图 11-67 所示。

图 11-66　移动模型

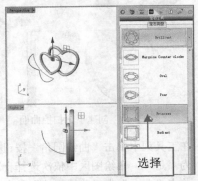

图 11-67　选择相应选项

步骤 ⑰ 在"大小"选项区中设置相应的参数，如图 11-68 所示。

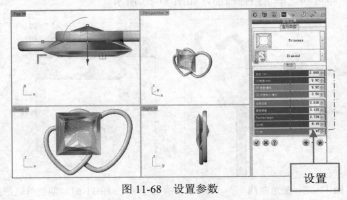

图 11-68　设置参数

步骤 ⑱ 执行操作后，单击"确定"按钮，即可调用宝石，如图 11-69 所示。

步骤 ⑲ 在"珠宝"选项卡中单击"爪镶工具"按钮，然后在 RhinoGold 面板中单击"选择所有宝石"按钮，在"钉镶"选项卡中设置"创业板内"为 50%，"插脚数目"为 2，单击"确定"按钮，如图 11-70 所示。

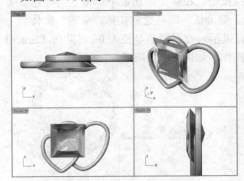

图 11-69　调用宝石

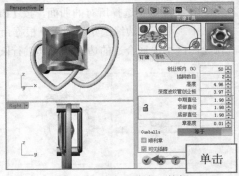

图 11-70　单击"确定"按钮

步骤 ⑳ 执行操作后，即可制作爪镶，如图 11-71 所示。

步骤 ㉑ 在绘图区中选择合适的模型，将其移至合适位置，如图 11-72 所示。

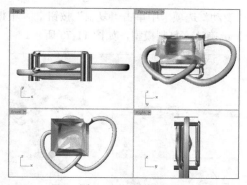
图 11-71　制作爪镶

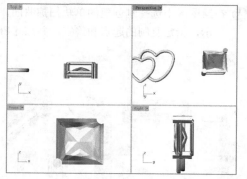
图 11-72　移动爪镶

 22 单击"实体"|"边缘圆角"|"不等距边缘圆角"命令，根据命令行提示，设置圆角半径为 0.8，并按【Enter】键确认，在绘图区中选择合适的边缘，对其进行圆角操作，如图 11-73 所示。

 23 将宝石置于"宝石"图层上，在绘图区中选择合适的模型，在"变动"选项卡中单击"旋转"按钮，根据命令行提示，指定旋转中心点和参考点，旋转模型，如图 11-74 所示。

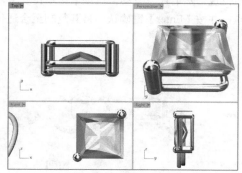
图 11-73　边缘圆角

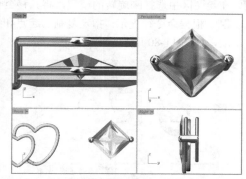
图 11-74　旋转模型

 24 在工具列中单击"圆：中心点、半径"按钮，根据命令行提示，在 Front 视图中绘制一个半径为 2 的圆，如图 11-75 所示。

 25 在工具列中单击"圆：中心点、半径"按钮，根据命令行提示，在 Top 视图中绘制一个半径为 0.5 的圆，如图 11-76 所示。

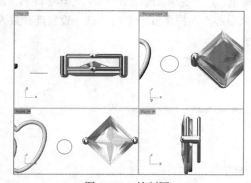
图 11-75　绘制圆

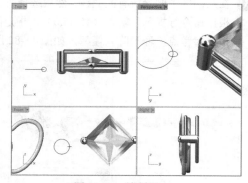
图 11-76　绘制圆

 26 单击"曲面"|"单轨扫掠"命令，根据命令行提示，在绘图区中依次选择大圆和小圆，连续按两次【Enter】键确认，执行操作后，弹出"单轨扫掠选项"对话框，接受默认的参数，单击"确定"按钮，即可创建单轨扫掠曲面，如图 11-77 所示。

步骤 ㉗ 在绘图区中选择刚创建的单轨扫掠曲面，在"变动"选项卡中单击"复制"按钮 ⊞，根据命令行提示，指定复制的起点和终点，并按【Enter】键确认，复制模型，如图 11-78 所示。

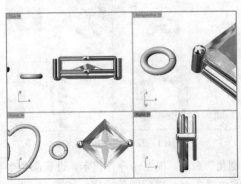

图 11-77　创建单轨扫掠曲面

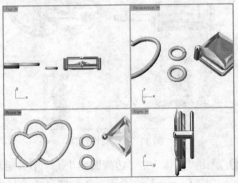

图 11-78　复制曲面

步骤 ㉘ 在绘图区中选择刚复制的模型，将其旋转至合适位置，如图 11-79 所示。

步骤 ㉙ 在绘图区中选择刚旋转的模型，将其移至合适位置，然后在"变动"选项卡中单击"复制"按钮 ⊞，根据命令行提示，指定复制的起点和终点，并按【Enter】键确认，将其复制至合适位置并移动，如图 11-80 所示。

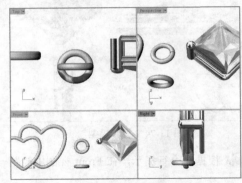

图 11-79　旋转模型

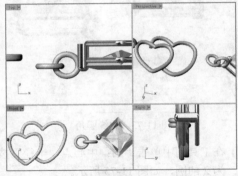

图 11-80　复制并移动模型

步骤 ㉚ 在绘图区中选择合适的模型，然后将其移动、旋转、复制至相应位置，如图 11-81 所示。

步骤 ㉛ 在绘图区中删除所有的曲线，然后选择所有模型，在"变动"选项卡中单击"环形阵列"按钮 ⊞，根据命令行提示，输入（15,45,0），指定阵列中心点，按【Enter】键确认，设置阵列数为 6，并指定参考点，环形阵列模型，如图 11-82 所示。

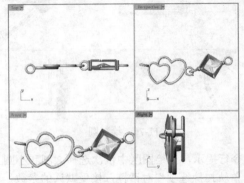

图 11-81　移动、旋转与复制模型

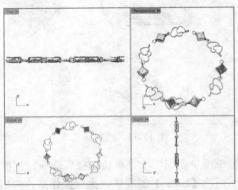

图 11-82　环形阵列模型

步骤 (32) 在绘图区中选择相应的模型，将其移动、旋转至合适位置，如图 11-83 所示。

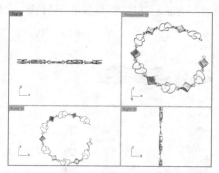

图 11-83　移动、旋转模型

11.2.4　制作手链细节

步骤 ① 在绘图区中选择相应的模型，在"变动"选项卡中单击"复制"按钮 ，根据命令行提示，指定
复制的起点和终点，并按【Enter】键确认，将其复制至合适位置并移动，如图 11-84 所示。

步骤 ② 在工具列中单击"椭圆：从中心点"按钮 ，根据命令行提示，在绘图区中指定椭圆的中心点和
第一轴和第二轴的端点，绘制椭圆，并调整其大小，如图 11-85 所示。

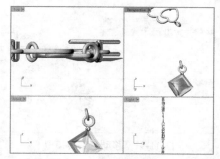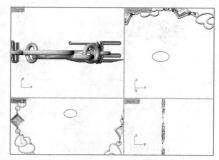

图 11-84　复制并移动模型　　　　　　　图 11-85　绘制椭圆

步骤 ③ 在工具列中单击"圆：中心点、半径"按钮 ，根据命令行提示，在 Perspective 视图中绘制一个
半径为 1 的圆，如图 11-86 所示。

步骤 ④ 单击"曲面"｜"单轨扫掠"命令，根据命令行提示，在绘图区中依次选择控制点曲线和封闭曲
线，执行操作后，弹出"单轨扫掠选项"对话框，接受默认的参数，单击"确定"按钮，即可创
建单轨扫掠曲面，如图 11-87 所示。

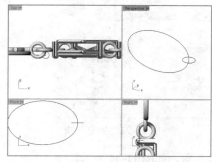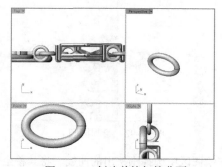

图 11-86　绘制圆　　　　　　　　图 11-87　创建单轨扫掠曲面

步骤 ⑤ 在绘图区中选择相应的模型，在"变动"选项卡中单击"复制"按钮 ，根据命令行提示，指定

复制的起点和终点，按【Enter】键确认，复制模型，如图 11-88 所示。

步骤 6 在绘图区中选择刚复制的模型，将其旋转至合适位置，然后将其移动、缩放至合适位置，如图 11-89 所示。

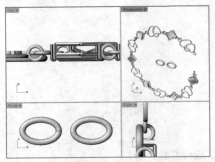

图 11-88　复制模型

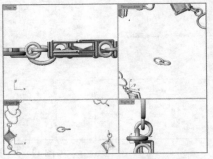

图 11-89　旋转并移动模型

步骤 7 在绘图区中选择合适的模型，在"变动"选项卡中单击"矩形阵列"右侧的下拉按钮，在弹出的面板中单击"直线阵列"按钮 ，根据命令行提示，设置"阵列数"为 5，按【Enter】键确认，指定阵列参考点，直线阵列模型，如图 11-90 所示。

步骤 8 在绘图区中选择合适的模型，将其移动、旋转至合适位置，如图 11-91 所示。

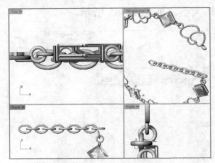

图 11-90　直线阵列模型

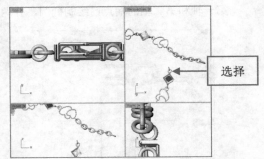

选择

图 11-91　移动、旋转模型

步骤 9 在工具列中单击"椭圆：从中心点"按钮 ，根据命令行提示，在绘图区中指定椭圆的中心点，以及第一轴和第二轴的端点，绘制椭圆，如图 11-92 所示。

步骤 10 单击"实体"｜"挤出平面曲线"｜"直线"命令，根据命令行提示，在绘图区中选择椭圆曲线，按【Enter】键确认，然后输入 1.5，并按【Enter】键确认，即可挤出曲线，如图 11-93 所示。

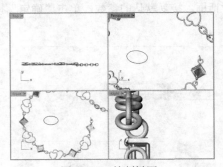

图 11-92　绘制椭圆

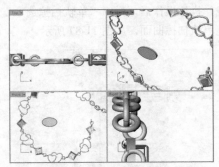

图 11-93　挤出曲线

步骤 11 在绘图区中选择刚挤出的曲线，将其移至合适位置，如图 11-94 所示。

步骤 12 单击"实体"｜"圆柱体"命令，将鼠标指针移至 Front 视图，根据命令行提示，在绘图区中的相应位置单击鼠标左键，创建两个圆柱体，如图 11-95 所示。

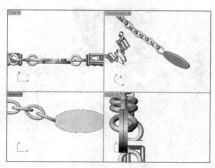
图 11-94　移动曲线

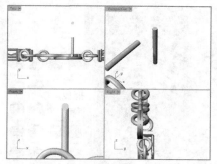
图 11-95　创建圆柱体

步骤 13 在绘图区中选择相应的模型，将其移至合适位置，如图 11-96 所示，然后保存模型。

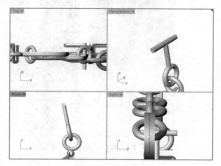
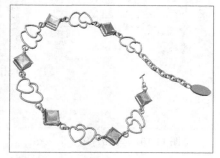
图 11-96　创建球体

11.2.5　渲染手链

步骤 1 启动 KeyShot 4.0，导入保存的文件，如图 11-97 所示。

步骤 2 在"KeyShot 库"面板的下拉列表框中选择 Metal 选项，然后选择相应的材质球，并将其拖曳至合适的模型上，如图 11-98 所示。

图 11-97　导入文件

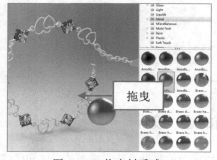
图 11-98　拖曳材质球 1

步骤 3 执行操作后，即可为模型赋予材质；在材质库中选择相应选项，然后选择相应的材质球，并将其拖曳至模型上，如图 11-99 所示。

步骤 4 执行操作后，即可为模型赋予材质；在下拉列表框中选择 Gem Stones 选项，然后选择相应的材质球，并将其拖曳至宝石上，如图 11-100 所示。

步骤 5 执行操作后，即可为宝石赋予材质；单击"渲染"按钮 👁，弹出"渲染选项"对话框，在"名称"文本框中输入 11-103.jpg，然后单击"预设置"按钮，在弹出的列表框中选择 1280×1141 选项，执行操作后，单击"渲染"按钮，如图 11-101 所示。

步骤 6 弹出相应的对话框，显示渲染进度，如图 11-102 所示。

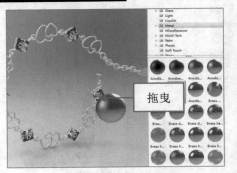

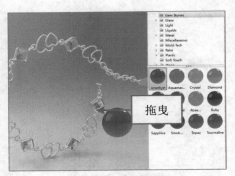

图 11-99　拖曳材质球 2　　　　　　　　　图 11-100　拖曳材质球 3

图 11-101　单击"渲染"按钮　　　　　　　图 11-102　显示进度条

步骤 7 稍等片刻后，即可完成模型的渲染，如图 11-103 所示。

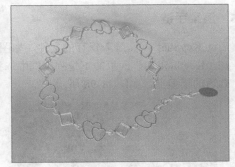

图 11-103　渲染模型

11.3　戒指的建模设计

　　本实例介绍戒指的建模设计。戒指是爱情和婚姻的象征，由于佩戴方便，它是市面上销售量最大是首饰之一。因为戒指在佩戴时与手指直接接触，所以戒指的设计需要考虑佩戴是否舒适，尤其是戒指两侧与手指接触的金属壁不能太厚。戒指效果如图 11-104 所示。

图 11-104　戒指

素材文件	无
效果文件	光盘\效果\第 11 章\11-142.3dm、11-148.jpg
视频文件	光盘\视频\第 11 章\11.3 戒指的建模设计.mp4

11.3.1　戒指概述

戒指是一种戴在手指上的装饰珠宝。戒指可由女性和男性佩戴，材料可以是金属、宝石、塑料、木或骨质。有史以来，戒指被认为是爱情的信物。

11.3.2　设计前的构思

从设计上来讲，该款戒指简单大方，使用心型图形作为戒指的主题，充分体现了简单时尚的特征。

11.3.3　制作戒指主体

步骤 ① 单击"标准"选项卡中的"编辑图层"按钮，进入"图层"选项卡，更改图层名称，并将"戒圈"图层置为当前图层，如图 11-105 所示。

步骤 ② 在工具列中单击"圆弧：中心点、起点、角度"按钮，将鼠标指针移至 Front 视图，根据命令行提示，输入（0,0,0），指定圆弧中点，然后输入 7.25，并在正上方单击鼠标左键，然后输入 315，指定圆弧角度，按【Enter】键确认，绘制圆弧，如图 11-106 所示。

图 11-105　"图层"选项卡

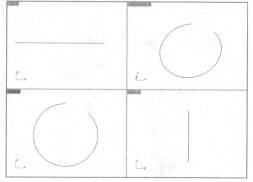

图 11-106　绘制圆弧

步骤 ③ 在工具列中单击"矩形：角对角"按钮，根据命令行提示，以圆弧的端点为矩形的第一点，设置矩形的长度和宽度分别为 1.5 和 1，在 Right 视图中绘制一个矩形，如图 11-107 所示。

步骤 ④ 在工具列中单击"曲线圆角"按钮，根据命令行提示，设置"半径"为 0.1，在绘图区中依次选择合适的曲线，执行操作后，即可圆角曲线，如图 11-108 所示。

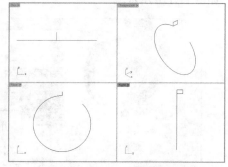

图 11-107　绘制多重直线

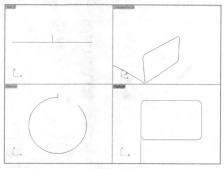

图 11-108　圆角曲线

步骤 5 单击"曲面"丨"单轨扫掠"命令，根据命令行提示，在绘图区中依次选择合适的曲线，连续按两次【Enter】键确认，执行操作后，弹出"单轨扫掠选项"对话框，如图 11-109 所示。

步骤 6 接受默认的参数，单击"确定"按钮，即可创建单轨扫掠曲面，如图 11-110 所示。

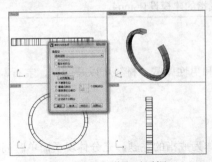

图 11-109　弹出对话框

图 11-110　创建单轨扫掠曲面

步骤 7 在工具列中单击"指定三或四个角建立曲面"按钮右侧的下拉按钮，在弹出的面板中单击"以平面曲线建立曲面"按钮 ，根据命令行提示，在绘图区中依次选择合适的曲线，执行操作后，按【Enter】键确认，即可创建曲面，如图 11-111 所示。

步骤 8 在工具列中单击"布尔运算联集"右侧的下拉按钮，在弹出的面板中单击"指定建立实体"按钮 ，在绘图区中选择所有的曲面，按【Enter】键确认，即可建立实体，然后在实体上单击鼠标左键，查看效果，如图 11-112 所示。

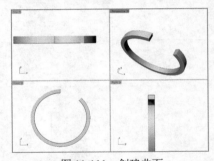

图 11-111　创建曲面

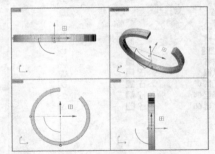

图 11-112　实体效果

步骤 9 在"宝石"选项卡中单击"宝石"按钮 ，在 RhinoGold 面板中单击 Brilliant 右侧的下拉按钮，在弹出的下拉面板中选择相应的选项，如图 11-113 所示。

步骤 10 在"大小"选项区中设置"克拉"为 0.26，"深度共计"为 3.81，单击"确定"按钮 ，如图 11-114 所示。

步骤 11 执行操作后，即可调入宝石，如图 11-115 所示。

步骤 12 在绘图区中选择宝石，将其旋转至合适位置，如图 11-116 所示。

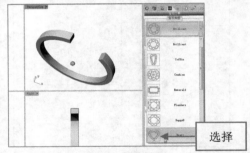

图 11-113　选择相应选项

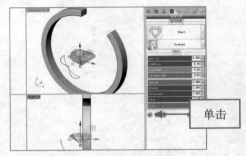

图 11-114　单击"确定"按钮

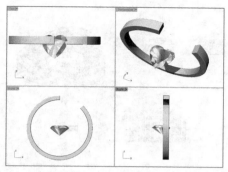

图 11-115　调入宝石

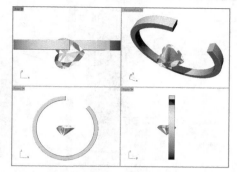

图 11-116　旋转宝石

步骤 ⑬ 在工具列中单击"控制点曲线"按钮，在绘图区的 Top 视图中绘制控制点曲线，然后按【Ctrl ＋H】组合键，隐藏宝石，查看曲线，如图 11-117 所示。

步骤 ⑭ 在"变动"选项卡中单击"镜像"按钮，根据命令行提示，在绘图区中选择需要镜像的曲线，按【Enter】键确认，然后在绘图区中捕捉曲线的端点作为镜像平面的起点和终点，执行操作后，即可镜像曲线，如图 11-118 所示。

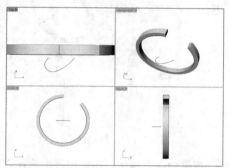

图 11-117　绘制控制点曲线

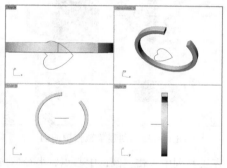

图 11-118　镜像曲线

步骤 ⑮ 在工具列中单击"曲线圆角"按钮，根据命令行提示，设置"半径"为 0.1，在绘图区中依次选择合适的曲线，执行操作后，即可圆角曲线，如图 11-119 所示。

步骤 ⑯ 在工具列中单击"矩形：角对角"按钮，根据命令行提示，以圆弧的端点为矩形的第一点，设置矩形的长度和宽度分别为 0.3 和-1.5，在 Front 视图中绘制一个矩形，如图 11-120 所示。

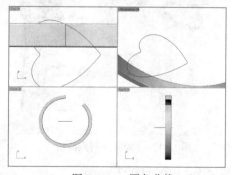

图 11-119　圆角曲线

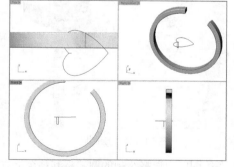

图 11-120　绘制矩形

步骤 ⑰ 在工具列中单击"曲线圆角"按钮，根据命令行提示，设置"半径"为 0.15 和 0.1，在绘图区中依次选择合适的曲线，执行操作后，即可圆角曲线，如图 11-121 所示。

步骤 ⑱ 单击"曲面"｜"单轨扫掠"命令，根据命令行提示，在绘图区中依次选择合适的曲线，连续按两次【Enter】键确认，执行操作后，弹出"单轨扫掠选项"对话框，如图 11-122 所示。

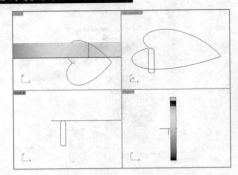

图 11-121　圆角曲线

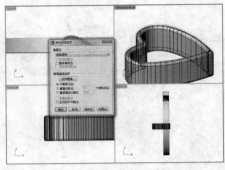

图 11-122　弹出对话框

步骤 ⑲ 接受默认的参数，单击"确定"按钮，即可创建单轨扫掠曲面，然后按【Ctrl＋Alt＋H】组合键，显示隐藏的宝石，如图 11-123 所示。

步骤 ⑳ 在绘图区中选择刚创建的曲面，将其移至合适位置，如图 11-124 所示。

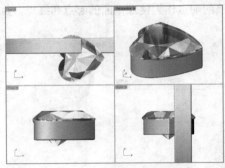

图 11-123　创建单轨扫掠曲面

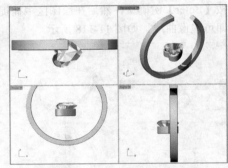

图 11-124　移动曲面

步骤 ㉑ 在工具列中单击"圆：中心点、半径"按钮，根据命令行提示，在绘图区中选择合适的点为圆的中心点，设置半径为 0.6，绘制圆，如图 11-125 所示。

步骤 ㉒ 在工具列中单击"控制点曲线"按钮，在绘图区的 Right 视图中绘制控制点曲线，如图 11-126 所示。

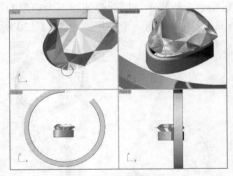

图 11-125　绘制圆

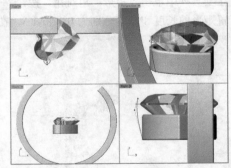

图 11-126　绘制控制点曲线

步骤 ㉓ 在绘图区中选择绘制的圆，将其移至上方合适位置，如图 11-127 所示。

步骤 ㉔ 单击"曲面"｜"单轨扫掠"命令，根据命令行提示，在绘图区中依次选择合适的曲线，连续按两次【Enter】键确认，执行操作后，弹出"单轨扫掠选项"对话框，接受默认的参数，单击"确定"按钮，即可创建单轨扫掠曲面，如图 11-128 所示。

步骤 ㉕ 在工具列中单击"指定三或四个角建立曲面"按钮右侧的下拉按钮，在弹出的面板中单击"以平面曲线建立曲面"按钮，根据命令行提示，在绘图区中依次选择合适的曲线，执行操作后，按

【Enter】键确认，即可创建曲面，如图 11-129 所示。

步骤 26 在工具列中单击"布尔运算联集"右侧的下拉按钮，在弹出的面板中单击"指定建立实体"按钮，在绘图区中选择相应的曲面，按【Enter】键确认，即可建立实体；单击"实体"｜"边缘圆角"｜"不等距边缘圆角"命令，根据命令行提示，设置圆角半径为 0.2，并按【Enter】键确认，在绘图区中选择合适的边缘，对其进行圆角操作，如图 11-130 所示。

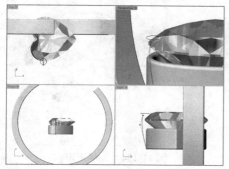

图 11-127　移动圆

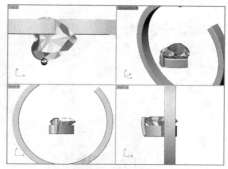

图 11-128　创建单轨扫掠曲面

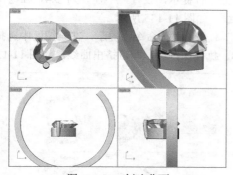

图 11-129　创建曲面

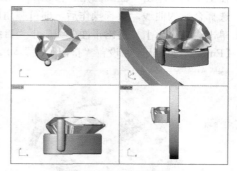

图 11-130　边缘圆角

步骤 27 在"变动"选项卡中单击"镜像"按钮，根据命令行提示，在绘图区中选择需要镜像的模型，按【Enter】键确认，然后在绘图区中捕捉合适的端点作为镜像平面的起点和终点，执行操作后，即可镜像模型，并删除绘图区中的曲线，如图 11-131 所示。

步骤 28 在绘图区中选择相应的模型，将其移至合适位置，如图 11-132 所示。

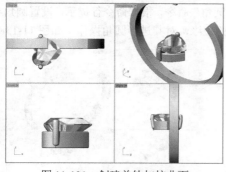

图 11-131　创建单轨扫掠曲面

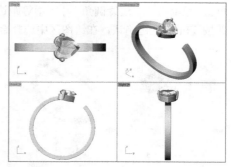

图 11-132　移动模型

11.3.4　制作戒指细节

步骤 1 在绘图区中选择相应的模型，在"变动"选项卡中单击"镜像"按钮，根据命令行提示，在绘图区中捕捉合适的端点作为镜像平面的起点和终点，执行操作后，即可镜像模型，如图 11-133 所示。

步骤 2 在工具列中单击"矩形：角对角"按钮 □，根据命令行提示，在绘图区中任取一点为矩形的第一点，设置矩形的长度和宽度分别为 1 和 2，绘制矩形，如图 11-134 所示。

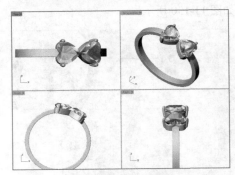

图 11-133 镜像模型

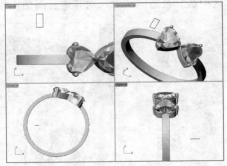

图 11-134 绘制矩形

步骤 3 在工具列中单击"曲线圆角"按钮 ⌐，根据命令行提示，设置"半径"为 0.4，在绘图区中依次选择合适的曲线，执行操作后，即可圆角曲线，如图 11-135 所示。

步骤 4 单击"实体"｜"挤出平面曲线"｜"直线"命令，根据命令行提示，在绘图区中选择曲线，按【Enter】键确认，并设置"挤出长度"为 2.8，执行操作后，即可挤出曲线，如图 11-136 所示。

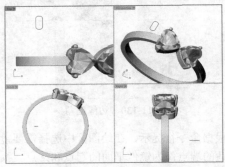

图 11-135 圆角曲线

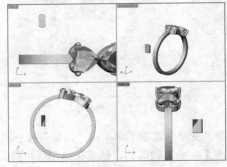

图 11-136 挤出曲线

步骤 5 在绘图区中选择刚挤出的模型，将其移动、旋转至合适位置，然后删除曲线，如图 11-137 所示。

步骤 6 单击"实体"｜"边缘圆角"｜"不等距边缘圆角"命令，根据命令行提示，设置圆角半径为 0.3，并按【Enter】键确认，在绘图区中选择合适的边缘，对其进行圆角操作，如图 11-138 所示。

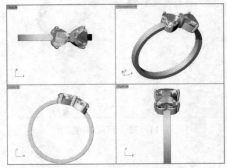

图 11-137 移动、旋转模型

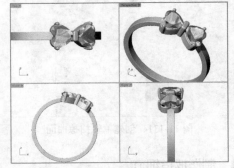

图 11-138 边缘圆角

步骤 7 在工具列中单击"圆：中心点、半径"按钮 ⊘，根据命令行提示，以（0,0,0）为圆的中心点，设置直径为 14.5，绘制圆，如图 11-139 所示。

步骤⑧ 单击"实体"|"挤出平面曲线"|"直线"命令，根据命令行提示，在绘图区中选择曲线，按【Enter】键确认，输入 B，并在绘图区中指定挤出长度，执行操作后，即可挤出曲线，如图 11-140 所示。

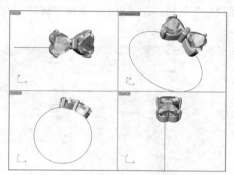 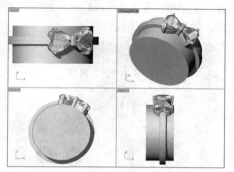

图 11-139　绘制圆　　　　　　　　　　图 11-140　挤出曲线

步骤⑨ 在工具列中单击"布尔运算联集"按钮，根据命令行提示，在绘图区中依次选择合适的模型，并按【Enter】键确认，执行操作后，即可联集运算模型，如图 11-141 所示。

步骤⑩ 在工具列中单击"布尔运算联集"右侧的下拉按钮，在弹出的面板中单击"布尔运算差集"按钮，在绘图区中依次选择相应的模型，并按【Enter】键确认，执行操作后，即可差集运算模型，如图 11-142 所示，删除绘图区中的曲线，然后保存模型。

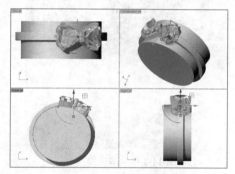 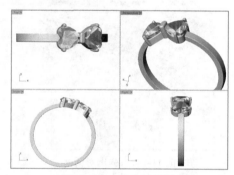

图 11-141　联集运算模型　　　　　　　图 11-142　差集运算模型

11.3.5　渲染戒指

步骤① 启动 KeyShot 4.0，导入保存的文件，如图 11-143 所示。

步骤② 在"KeyShot 库"面板的下拉列表框中选择 Metal 选项，然后选择相应的材质球，并将其拖曳至合适的模型上，如图 11-144 所示。

图 11-143　导入文件　　　　　　　　　图 11-144　拖曳材质球 1

步骤 3 执行操作后，即可为模型赋予材质；在下拉列表框中选择 Gem Stones 选项，然后选择相应的材质球，并将其拖曳至宝石上，如图 11-145 所示。

步骤 4 执行操作后，即可为宝石赋予材质；单击"渲染"按钮 👁，弹出"渲染选项"对话框，在"名称"文本框中输入 11-148.jpg，然后单击"预设置"按钮，在弹出的列表框中选择 1600×1277 选项，如图 11-146 所示。

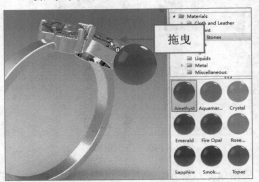

图 11-145　拖曳材质球 2

图 11-146　单击"渲染"按钮

步骤 5 执行操作后，单击"渲染"按钮，弹出相应的对话框，显示渲染进度，如图 11-147 所示。

步骤 6 稍等片刻后，即可完成模型的渲染，如图 11-148 所示。

图 11-147　弹出对话框

图 11-148　渲染模型

第12章 吊坠、耳钉和耳环的设计

学前提示

吊坠是最基本的首饰类型之一，耳钉、耳环是耳饰的两种形式。本章主要向读者介绍吊坠、耳钉、耳环的设计。

本章知识重点

- 吊坠的建模设计
- 耳钉的建模设计
- 耳环的建模设计

学完本章后你能掌握什么

- 掌握吊坠的建模设计，包括调入宝石、创建单轨扫掠曲面等
- 掌握耳钉的建模设计，包括边缘圆角、环形阵列模型等
- 掌握耳环的建模设计，包括创建爪、布尔运算等

12.1 吊坠的建模设计

本实例介绍吊坠的建模设计。吊坠是一类十分常见的首饰，其与人的皮肤距离更近，所以在设计吊坠时除了样式美观外，舒适度也是需要考虑的重要因素。金、银、钻石、宝石、翡翠和珍珠等材料都可以用来制作吊坠，使用不同材料制作出来的吊坠给人的观感也不尽相同。吊坠效果如图 12-1 所示。

图 12-1 吊坠

	素材文件	无
	效果文件	光盘\效果\第 12 章\12-35.3dm，12-42.jpg
	视频文件	光盘\视频\第 12 章\12.1 吊坠的建模设计.mp4

12.1.1 吊坠概述

吊坠，一种首饰，配戴在脖子上的饰品，多为金属制，特别是不锈钢制和银制，也有矿石、水晶、玉石等制的，主要用于祈求平安、镇定心志和美观。

当今主要流行的是钻石吊坠。一般钻石吊坠中比较常见的按材质主要分为铂金钻石吊坠和18K金钻石吊坠。这两种较为常见的钻石吊坠，也是很多结婚新娘购买的吊坠之一。

铂金钻石吊坠是由铂金材质镶上钻石后达到一种完美的效果。铂金钻石吊坠一般较为常见的为PT950材质的钻石吊坠。PT950材质配钻石吊坠效果最佳，其材质决定了它良好的契合性。

K金钻石吊坠也是一种大众化的钻石吊坠，其K金含量不同，会呈现出不同颜色。14K金能呈现6种颜色：红色、红黄色、深黄色、淡黄色、暗黄色和绿黄色，18K金能呈现5种颜色：红色、偏红色、黄色、淡黄色和暗黄色。较为常见的为18K金钻石吊坠。

12.1.2　设计前的构思

从设计上来说，该款吊坠采用心形模型与钻石搭配而成，整体形成一个环，象征着爱情的圆满。

12.1.3　制作吊坠主体

步骤 ① 单击"标准"选项卡中的"编辑图层"按钮，进入"图层"选项卡，更改图层名称，并将"金属"图层置为当前图层，如图12-2所示。

步骤 ② 在"宝石"选项卡中单击"宝石"按钮，在RhinoGold面板中设置"内径"为10，单击"确定"按钮，如图12-3所示。

图12-2　"图层"选项卡

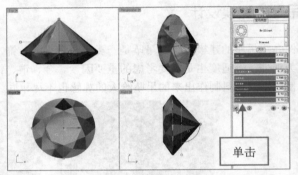

单击

图12-3　单击"确定"按钮

步骤 ③ 执行操作后，即可调用宝石，如图12-4所示。

步骤 ④ 在工具列中单击"圆：中心点、半径"按钮，根据命令行提示，以（0,0,0）为圆的中心点，设置直径为9.5，绘制圆，并隐藏宝石，查看效果，如图12-5所示。

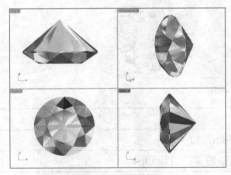

图12-4　调用钻石

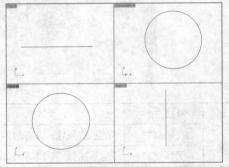

图12-5　绘制圆

步骤 ⑤ 在工具列中单击"矩形：角对角"按钮，根据命令行提示，以圆的四分点为矩形的第一点，设置矩形的长度和宽度分别为-0.6和3.5，在Top视图中绘制一个矩形，如图12-6所示。

步骤 ⑥ 在工具列中单击"曲线圆角"按钮，根据命令行提示，设置"半径"为0.3和0.1，在绘图区中依次选择合适的曲线，执行操作后，即可进行圆角曲线操作，如图 12-7 所示。

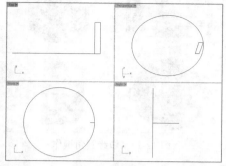

图 12-6　绘制矩形

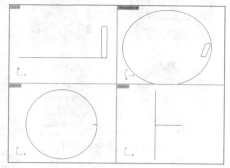

图 12-7　圆角曲线操作

步骤 ⑦ 单击"曲面"|"单轨扫掠"命令，根据命令行提示，在绘图区中依次选择相应的曲线，连续按两次【Enter】键确认，执行操作后，弹出"单轨扫掠选项"对话框，如图 12-8 所示。

步骤 ⑧ 接受默认的参数，单击"确定"按钮，即可创建单轨扫掠曲面，然后删除绘图区中的曲线，如图 12-9 所示。

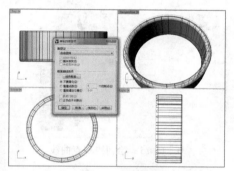

图 12-8　弹出对话框

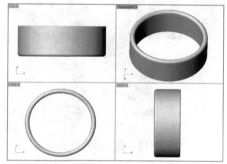

图 12-9　创建单轨扫掠曲面

步骤 ⑨ 按【Ctrl＋Alt＋H】组合键，显示隐藏的宝石，然后将刚才创建的曲面移至合适位置，如图 12-10 所示。

步骤 ⑩ 在"珠宝"选项卡中单击"起钉工具"按钮，在 RhinoGold 面板中单击"选择所有宝石"按钮，然后设置"插脚数目"为 2，设置"总高度"为 6，设置"中间直径""上部直径"和"下部直径"都为 1.5，并取消勾选"顺利章"复选框，单击"确定"按钮，如图 12-11 所示。

图 12-10　移动曲面

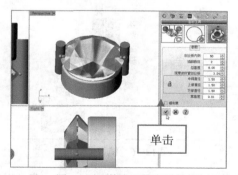

图 12-11　单击"确定"按钮

步骤 ⑪ 执行操作后，即可为宝石起钉，并将其移至合适位置，如图 12-12 所示。

步骤 ⑫ 单击"实体"|"边缘圆角"|"不等距边缘圆角"命令，根据命令行提示，设置圆角半径为 0.6，并按【Enter】键确认，在绘图区中选择合适的边缘，对其进行圆角操作，如图 12-13 所示。

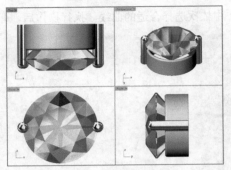

图 12-12　为宝石起钉　　　　　　　　　图 12-13　边缘圆角操作

步骤 ⑬ 在工具列中单击"布尔运算联集"按钮 ，根据命令行提示，在绘图区中依次选择单轨扫掠曲面和爪，执行操作后，按【Enter】键确认，即可联集运算实体，在联集后的模型上单击鼠标左键，查看联集效果，如图 12-14 所示。

步骤 ⑭ 在工具列中单击"控制点曲线"按钮 ，在绘图区的 Front 视图中绘制控制点曲线，如图 12-15 所示。

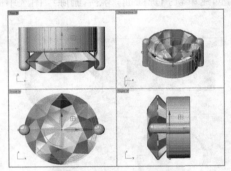

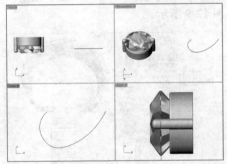

图 12-14　联集运算模型　　　　　　　　图 12-15　绘制控制点曲线

步骤 ⑮ 在绘图区中选择刚绘制的曲线，在"变动"选项卡中单击"镜像"按钮 ，根据命令行提示，在绘图区中捕捉曲线的端点作为镜像平面的起点和终点，执行操作后，即可镜像曲线，如图 12-16 所示。

步骤 ⑯ 在工具列中单击"曲线圆角"按钮 ，根据命令行提示，设置"半径"为 0.5，在绘图区中依次选择合适的曲线，执行操作后，即可进行圆角曲线操作，如图 12-17 所示。

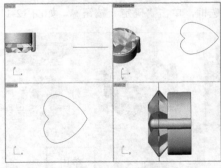

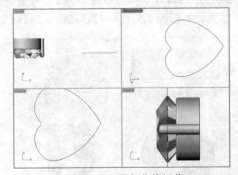

图 12-16　镜像曲线　　　　　　　　　　图 12-17　圆角曲线操作

步骤 ⑰ 在绘图区中选择合适的曲线，在"变动"选项卡中单击"复制"按钮 ，根据命令行提示，在绘图区中指定复制的起点和终点，执行操作后，即可复制曲线，如图 12-18 所示。

步骤 ⑱ 在绘图区中选择合适的曲线，在"变动"选项卡中单击"缩放"按钮 ，根据命令行提示，指定缩放的基点和参考点，缩放曲线，如图 12-19 所示。

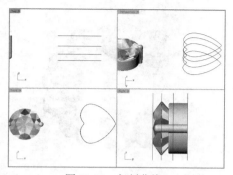

图 12-18 复制曲线

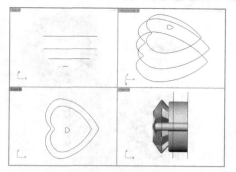

图 12-19 缩放曲线

步骤 ⑲ 单击"曲面"|"放样"命令，根据命令行提示，在绘图区中依次选择合适的曲线，连续两次按【Enter】键确认，弹出"放样选项"对话框，单击"确定"按钮，执行操作后，即可创建放样曲面，如图 12-20 所示。

步骤 ⑳ 在工具列中单击"指定三或四个角建立曲面"按钮右侧的下拉按钮，从弹出的面板中单击"以平面曲线建立曲面"按钮◎，根据命令行提示，在绘图区中依次选择合适的曲线，执行操作后，按【Enter】键确认，即可创建曲面，如图 12-21 所示。

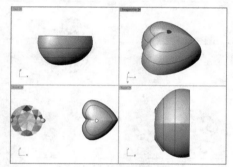

图 12-20 创建放样曲面

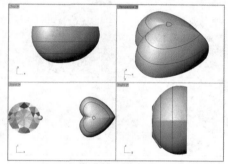

图 12-21 创建曲面

步骤 ㉑ 在工具列中单击"布尔运算联集"右侧的下拉按钮，从弹出的面板中单击"指定建立实体"按钮📦，在绘图区中选择所有的曲面，按【Enter】键确认，即可建立实体，在实体上单击鼠标左键，查看效果，如图 12-22 所示。

步骤 ㉒ 在绘图区中选择合适的模型，将其旋转并移动至合适位置，如图 12-23 所示。

步骤 ㉓ 在"变动"选项卡中单击"环形阵列"按钮🎲，根据命令行提示，在绘图区中选择所有模型，按【Enter】键确认，然后依次输入（0,16,0）、5 和（0,0,0），并连续按 3 次【Enter】键确认，执行操作后，即可环形阵列模型，如图 12-24 所示。

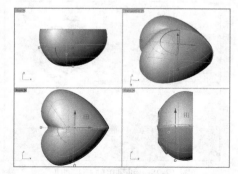

图 12-22 建立实体

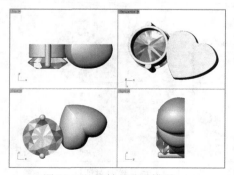

图 12-23 旋转并移动模型

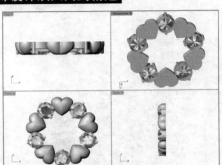
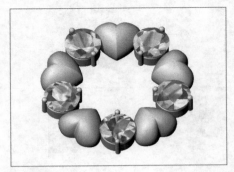

图 12-24　环形阵列模型

12.1.4　制作吊坠细节

步骤 1　在工具列中单击"圆：中心点、半径"按钮 ⊘ ，根据命令行提示，在 Front 视图的任意位置单击鼠标左键，确定圆心，然后设置直径为 8，并按【Enter】键，绘制圆，如图 12-25 所示。

步骤 2　在工具列中单击"圆：中心点、半径"按钮 ⊘ ，根据命令行提示，在绘图区中合适的点上单击鼠标左键，确定圆心，然后设置直径为 2，并按【Enter】键，绘制圆，如图 12-26 所示。

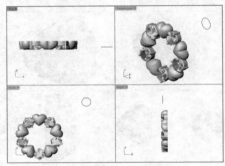
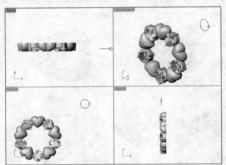

图 12-25　绘制圆 1　　　　　　　　　　　　图 12-26　绘制圆 2

步骤 3　单击"曲面"｜"单轨扫掠"命令，根据命令行提示，在绘图区中依次选择相应的曲线，连续按两次【Enter】键确认，执行操作后，弹出"单轨扫掠选项"对话框，如图 12-27 所示。

步骤 4　接受默认的参数，单击"确定"按钮，即可创建单轨扫掠曲面，如图 12-28 所示。

步骤 5　在绘图区中选择合适的曲线，按【Delete】键删除，然后选择刚创建的曲面，将其移至合适位置，如图 12-29 所示。

步骤 6　在"珠宝"选项卡中单击"调查结果"按钮 ，弹出"调查结果"对话框，在其中选择相应的选项，如图 12-30 所示。

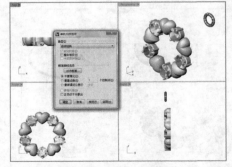
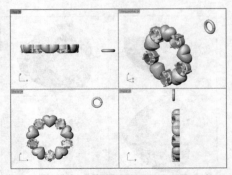

图 12-27　弹出对话框　　　　　　　　　　图 12-28　创建单轨扫掠曲面

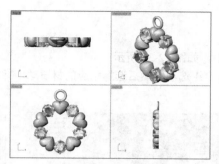

图 12-29　移动模型

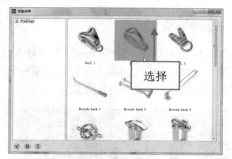

图 12-30　选择相应选项

步骤 7 在选择的选项上双击鼠标左键，执行操作后，即可调出模型，如图 12-31 所示。

步骤 8 在绘图区中选择刚调入的模型，将其旋转至合适位置，如图 12-32 所示。

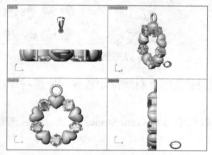

图 12-31　调出模型

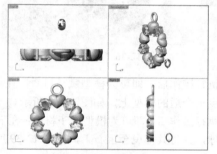

图 12-32　旋转模型

步骤 9 在绘图区中选择相应的模型，将其删除，然后调整模型的形状，如图 12-33 所示。

步骤 10 在绘图区中选择刚调整的模型，将其移至合适位置，如图 12-34 所示。

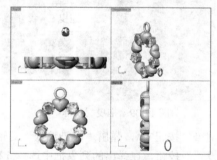

图 12-33　调整模型形状

图 12-34　移动模型

步骤 11 在绘图区中选择刚移动的模型，在"变动"选项卡中单击"缩放"按钮，根据命令行提示，指定基点和参考点，缩放模型，并将模型置于"金属"图层上，如图 12-35 所示，然后保存模型。

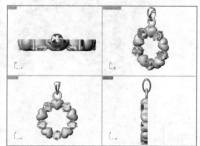

图 12-35　缩放模型

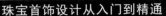
12.1.5 渲染吊坠

步骤 ① 启动 KeyShot 4.0，并将保存的文件导入到其中，如图 12-36 所示。

步骤 ② 在"KeyShot 库"面板的下拉列表框中选择 Metal 选项，然后选择相应的材质球，并将其拖曳至合适的模型上，如图 12-37 所示。

图 12-36 导入文件

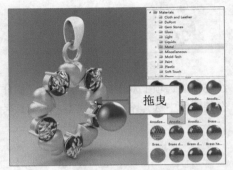

图 12-37 拖曳材质球

步骤 ③ 执行操作后，即可为模型赋予材质；在下拉列表框 Metal 材质库中选择相应的材质球，并将其拖曳至合适的模型上，如图 12-38 所示。

步骤 ④ 执行操作后，即可为模型赋予材质；在下拉列表框中选择 Gem Stones 选项，然后选择相应的材质球，并将其拖曳至宝石上，如图 12-39 所示。

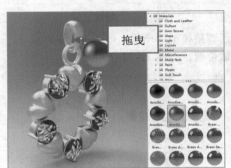

图 12-38 拖曳材质球

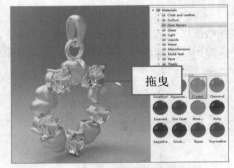

图 12-39 拖曳材质球

步骤 ⑤ 执行操作后，即可为宝石赋予材质，单击"渲染"按钮，弹出"渲染选项"对话框，在"名称"文本框中输入 12-42.jpg，然后单击"预设置"按钮，在弹出的列表框中选择 1280×1032 选项，单击"渲染"按钮，如图 12-40 所示。

步骤 ⑥ 弹出相应的对话框，显示渲染进度，如图 12-41 所示。

图 12-40 单击"渲染"按钮

图 12-41 显示渲染进度

步骤 7　稍等片刻后，即可完成模型的渲染，如图 12-42 所示。

图 12-42　渲染模型

12.2　耳钉的建模设计

本实例介绍耳钉的建模设计。耳钉是在款式主体的背后焊接一根与主平面垂直的钉，该钉穿过耳垂孔后用耳背固定在耳朵上。由于耳背经常要取下来，所以不太牢固，应注意设计耳钉时不能过大或过重。耳钉效果如图 12-43 所示。

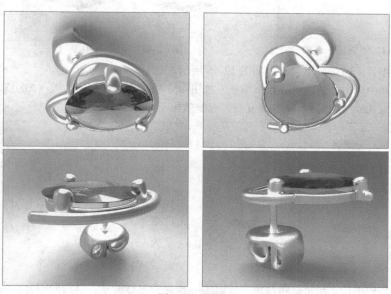

图 12-43　耳钉

素材文件	无
效果文件	光盘\效果\第 12 章\12-74.3dm、12-81.jpg
视频文件	光盘\视频\第 12 章\12.2 耳钉的建模设计.mp4

12.2.1　耳钉概述

耳钉是耳朵上的一种饰物，比耳环小，形如钉状，一般需穿过耳洞才能戴上。耳钉造型千变万化，但它改变不了这样的特点，耳垂前边是耳钉造型，耳垂后边是耳背（也有称之为耳堵）。耳钉通常有银质、金质和塑料材质等类型。耳钉不佩戴的时候，或者佩戴之前，最好放入酒精里浸泡 5 分钟。有些人会对一些金属产生过敏反应，建议最好使用银质的耳钉。

12.2.2 设计前的构思

该款耳钉采用了白金与彩色宝石，这样搭配在一起，突显出首饰的高贵奢华。另外，较为简单的造型，使该款耳钉显得极为简练。

12.2.3 制作耳钉主体

步骤 ① 单击"标准"选项卡中的"编辑图层"按钮，进入"图层"选项卡，更改图层名称，并将"金属"图层置为当前图层，如图 12-44 所示。

步骤 ② 在"宝石"选项卡中单击"宝石"按钮，在 RhinoGold 面板中设置"内径"为 10、"深度共计"为 2，单击"确定"按钮，如图 12-45 所示。

图 12-44 "图层"选项卡

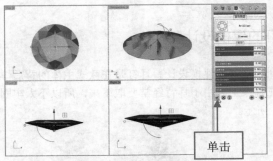
图 12-45 单击"确定"按钮

步骤 ③ 执行操作后，即可调用宝石，如图 12-46 所示。

步骤 ④ 在工具列中单击"圆：中心点、半径"按钮，根据命令行提示，以（0,0,0）为圆的中心点，设置直径为 9.5，绘制圆，并隐藏宝石，查看效果，如图 12-47 所示。

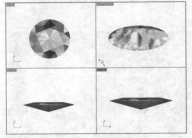
图 12-46 调用钻石

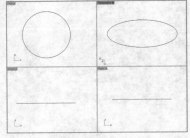
图 12-47 绘制圆

步骤 ⑤ 在工具列中单击"矩形：角对角"按钮，根据命令行提示，以圆的四分点为矩形的第一点，设置矩形的长度和宽度分别为-0.4 和-1，在 Front 视图中绘制一个矩形，如图 12-48 所示。

步骤 ⑥ 在工具列中单击"曲线圆角"按钮，根据命令行提示，设置"半径"为 0.2 和 0.1，在绘图区中依次选择合适的曲线，执行操作后，即可进行圆角曲线操作，如图 12-49 所示。

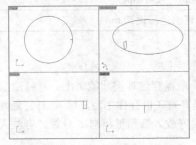
图 12-48 绘制矩形

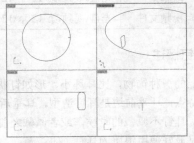
图 12-49 圆角曲线操作

步骤 7 单击"曲面"｜"单轨扫掠"命令，根据命令行提示，在绘图区中依次选择相应的曲线，连续按两次【Enter】键确认，执行操作后，弹出"单轨扫掠选项"对话框，如图 12-50 所示。

步骤 8 接受默认的参数，单击"确定"按钮，即可创建单轨扫掠曲面，然后删除绘图区中的曲线，并按【Ctrl＋Alt＋H】组合键，取消宝石的隐藏，如图 12-51 所示。

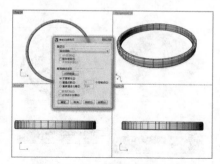

图 12-50　弹出对话框

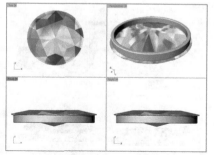

图 12-51　创建单轨扫掠曲面

步骤 9 在绘图区中选择刚创建的曲面，将其移至合适位置，如图 12-52 所示。

步骤 10 在工具列中单击"控制点曲线"按钮，在绘图区的 Front 视图中绘制控制点曲线，如图 12-53 所示。

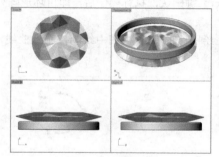

图 12-52　移动曲面

图 12-53　绘制控制点曲线

步骤 11 在工具列中单击"圆：中心点、半径"按钮，根据命令行提示，在绘图区中选择合适的点为圆的中心点，设置直径为 1.6，绘制圆，如图 12-54 所示。

步骤 12 单击"曲面"｜"单轨扫掠"命令，根据命令行提示，在绘图区中依次选择合适的曲线，连续按两次【Enter】键确认，执行操作后，弹出"单轨扫掠选项"对话框，接受默认的参数，单击"确定"按钮，即可创建单轨扫掠曲面，如图 12-55 所示。

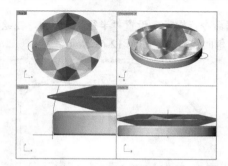

图 12-54　圆角曲线操作

图 12-55　创建单轨扫掠曲面

步骤 13 在工具列中单击"指定三或四个角建立曲面"按钮右侧的下拉按钮，从弹出的面板中单击"以平面曲线建立曲面"按钮，根据命令行提示，在绘图区中依次选择合适的曲线，执行操作后，按【Enter】键确认，即可创建曲面，如图 12-56 所示。

步骤⑭ 在工具列中单击"布尔运算联集"右侧的下拉按钮，从弹出的面板中单击"指定建立实体"按钮，在绘图区中选择所有的曲面，按【Enter】键确认，即可建立实体；单击"实体"｜"边缘圆角"｜"不等距边缘圆角"命令，根据命令行提示，设置圆角半径为 0.6，并按【Enter】键确认，在绘图区中选择合适的边缘，对其进行圆角操作，然后删除绘图区中的曲线，如图 12-57 所示。

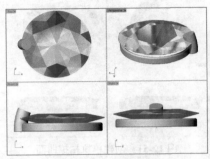

图 12-56　创建曲面

图 12-57　边缘圆角操作

步骤⑮ 在绘图区中选择合适的模型，在"变动"选项卡中单击"环形阵列"按钮，根据命令行提示，依次输入（0,0,0）和 3，并连续按 3 次【Enter】键确认，执行操作后，即可环形阵列模型，如图 12-58 所示。

步骤⑯ 在工具列中单击"控制点曲线"按钮，在绘图区的 Top 视图中绘制控制点曲线，如图 12-59 所示。

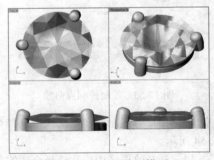

图 12-58　环形阵列模型

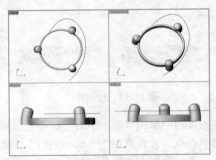

图 12-59　绘制控制点曲线 1

步骤⑰ 在工具列中单击"控制点曲线"按钮，在绘图区的 Top 视图中绘制控制点曲线，如图 12-60 所示。

步骤⑱ 在工具列中单击"曲线圆角"按钮，根据命令行提示，设置"半径"为 0.4，在绘图区中依次选择合适的曲线，执行操作后，即可进行圆角曲线操作，如图 12-61 所示。

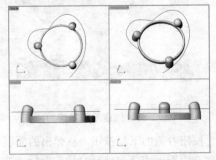

图 12-60　绘制控制点曲线 2

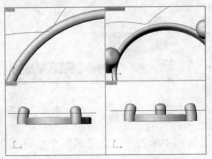

图 12-61　圆角曲线操作

步骤 ⑲ 在工具列中单击"矩形：角对角"按钮□，根据命令行提示，以相应的点为矩形的第一点，设置矩形的长度和宽度分别为 1 和-1，在 Right 视图中绘制一个矩形，如图 12-62 所示。

步骤 ⑳ 在工具列中单击"曲线圆角"按钮，根据命令行提示，设置"半径"为 0.4，在绘图区中依次选择合适的曲线，执行操作后，即可进行圆角矩形操作，如图 12-63 所示，然后将矩形旋转至合适位置。

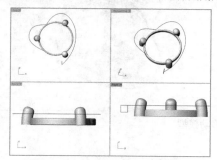

图 12-62　绘制矩形

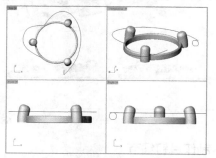

图 12-63　圆角矩形操作

步骤 ㉑ 单击"曲面"｜"单轨扫掠"命令，根据命令行提示，在绘图区中依次选择合适的曲线，连续按两次【Enter】键确认，执行操作后，弹出"单轨扫掠选项"对话框，选中"正切点不分割"复选框，如图 12-64 所示。

步骤 ㉒ 执行操作后，单击"确定"按钮，即可创建单轨扫掠曲面，然后删除绘图区中的曲线，如图 12-65 所示。

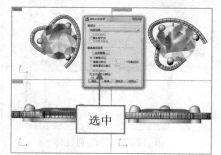

图 12-64　选中相应复选框

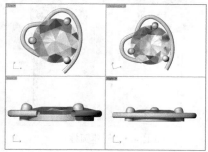

图 12-65　创建单轨扫掠曲面

步骤 ㉓ 在工具列中单击"指定三或四个角建立曲面"按钮右侧的下拉按钮，从弹出的面板中单击"以平面曲线建立曲面"按钮◎，根据命令行提示，在绘图区中依次选择合适的曲线，执行操作后，按【Enter】键确认，即可创建曲面，如图 12-66 所示。

步骤 ㉔ 在工具列中单击"布尔运算联集"右侧的下拉按钮，从弹出的面板中单击"指定建立实体"按钮▥，在绘图区中选择相应的曲面，按【Enter】键确认，即可建立实体；单击"实体"｜"边缘圆角"｜"不等距边缘圆角"命令，根据命令行提示，设置圆角半径为 0.35，并按【Enter】键确认，在绘图区中选择合适的边缘，对其进行圆角操作，如图 12-67 所示。

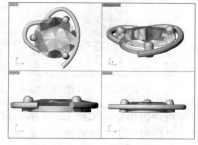

图 12-66　创建曲面

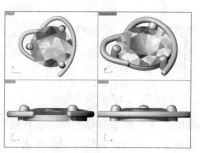

图 12-67　边缘圆角操作

步骤 ㉕ 在绘图区中选择相应的模型，将其移至合适位置，如图 12-68 所示。

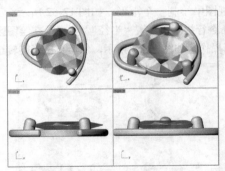

图 12-68　移动模型

12.2.4　制作耳钉细节

步骤 ❶ 单击"实体"｜"圆柱体"命令，根据命令行提示，在绘图区中的合适位置单击鼠标左键，确定
圆心，然后依次输入 0.4 和 10，执行操作后，即可创建圆柱体，如图 12-69 所示。

步骤 ❷ 在绘图区中选择刚创建的圆柱体，将其移至合适位置，如图 12-70 所示。

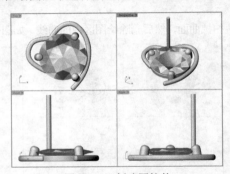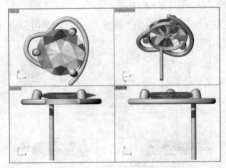

图 12-69　创建圆柱体　　　　　　　　　　　图 12-70　移动圆柱体

步骤 ❸ 单击"实体"｜"边缘圆角"｜"不等距边缘圆角"命令，根据命令行提示，设置圆角半径为 0.35，
并按【Enter】键确认，在绘图区中选择合适的边缘，对其进行圆角操作，如图 12-71 所示。

步骤 ❹ 在"珠宝"选项卡中单击"调查结果"按钮，弹出"调查结果"对话框，在其中选择相应的选
项，如图 12-72 所示。

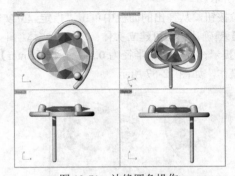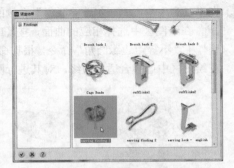

图 12-71　边缘圆角操作　　　　　　　　　　图 12-72　选择相应选项

步骤 ❺ 在选择的选项上双击鼠标左键，执行操作后，即可调出模型，如图 12-73 所示。

步骤 ❻ 在绘图区中选择刚调入的模型，单击"编辑"｜"群组"｜"解散群组"命令，解散群组，并删
除相应的模型，将其移至合适位置，如图 12-74 所示，然后保存模型。

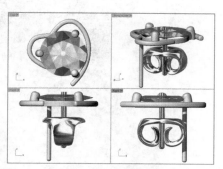

图 12-73　调出模型

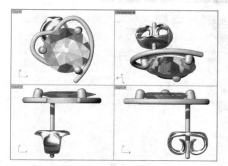

图 12-74　移动模型

12.2.5　渲染耳钉

步骤 ❶ 启动 KeyShot 4.0，并将保存的文件导入到其中，如图 12-75 所示。

步骤 ❷ 在"KeyShot 库"面板的下拉列表框中选择 Metal 选项，然后选择相应的材质球，并将其拖曳至合适的模型上，如图 12-76 所示。

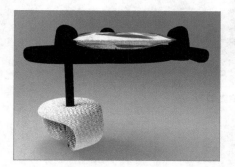

图 12-75　导入文件

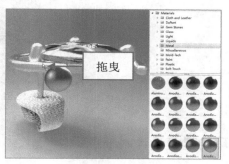

图 12-76　拖曳材质球

步骤 ❸ 执行操作后，即可为模型赋予材质；在下拉列表框中选择 DuPont 选项，然后选择相应的材质球，并将其拖曳至宝石上，如图 12-77 所示。

步骤 ❹ 执行操作后，即可为宝石赋予材质；在下拉列表框中选择 Gem Stones 选项，然后选择相应的材质球，并将其拖曳至合适的模型上，如图 12-78 所示。

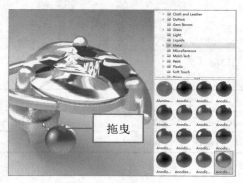

图 12-77　拖曳材质球

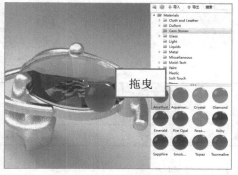

图 12-78　拖曳材质球

步骤 ❺ 执行操作后，即可为宝石赋予材质；单击"渲染"按钮 ，弹出"渲染选项"对话框，在"名称"文本框中输入 12-81.jpg，然后单击"预设置"按钮，在弹出的列表框中选择 1280×1032 选项，执行操作后，单击"渲染"按钮，如图 12-79 所示。

步骤 ❻ 弹出相应的对话框，显示渲染进度，如图 12-80 所示。

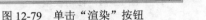

单击

图 12-79　单击"渲染"按钮

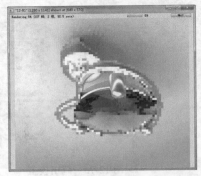

图 12-80　显示渲染进度

步骤 7 稍等片刻后，即可完成模型的渲染，如图 12-81 所示。

图 12-81　渲染模型

12.3　耳环的建模设计

本实例介绍耳环的建模设计。耳环整体呈环状，吊在耳垂上。在设计上耳环通常比耳钉大一些，另外，在设计中注意耳环上所镶宝石在佩戴时应尽可能外露。耳环效果如图 12-82 所示。

图 12-82　耳环

素材文件	无
效果文件	光盘\效果\第 12 章\12-114.3dm、12-122.jpg
视频文件	光盘\视频\第 12 章\12.3 耳环的建模设计.mp4

12.3.1　耳环概述

耳环又称耳坠，是戴在耳朵上的饰品，古代又称珥、珰。大部分耳环都是金属的，有些可能是石头、木或其他相似的硬物料。不管男女都戴耳环，但现今还是女性比较多一点。

耳环可以由金属、塑胶、玻璃、宝石等材质制成。有些是圈状的，有些是垂吊式的，有些是颗粒状的。耳环的重量和大小受人体的承受能力限制，有些习惯戴重耳环的人，戴久了便会发觉耳珠和耳洞都被拉长了。

12.3.2　设计前的构思

从设计上来说，该款耳环的造型极具线条的美感，有着流水一般的流畅感，衬托出了女性自身曲线的优美。

12.3.3　制作耳环主体

步骤 ① 单击"标准"选项卡中的"编辑图层"按钮，进入"图层"选项卡，更改图层名称，并将"金属"图层置为当前图层，如图 12-83 所示。

步骤 ② 在"宝石"选项卡中单击"宝石"按钮，在 RhinoGold 面板中设置"内径"为 8、"深度共计"为 2，单击"确定"按钮，如图 12-84 所示。

图 12-83　"图层"选项卡

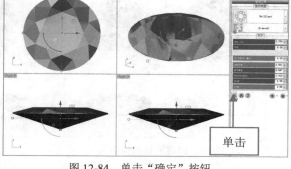

图 12-84　单击"确定"按钮

步骤 ③ 执行操作后，即可调用宝石，如图 12-85 所示。

步骤 ④ 在工具列中单击"圆：中心点、半径"按钮，根据命令行提示，以（0,0,0）为圆的中心点，设置直径为 7.5，绘制圆，并隐藏宝石，查看效果，如图 12-86 所示。

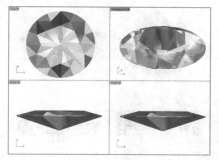

图 12-85　调用钻石

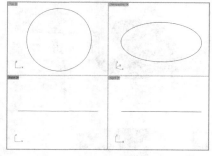

图 12-86　绘制圆

步骤 ⑤ 在工具列中单击"矩形：角对角"按钮，根据命令行提示，以圆的四分点为矩形的第一点，设置矩形的长度和宽度分别为-0.8 和-1.5，在 Front 视图中绘制一个矩形，如图 12-87 所示。

步骤 ⑥ 在工具列中单击"曲线圆角"按钮，根据命令行提示，设置"半径"为 0.4 和 0.2，在绘图区中依次选择合适的曲线，执行操作后，即可进行圆角曲线操作，如图 12-88 所示。

步骤 ⑦ 单击"曲面"|"单轨扫掠"命令，根据命令行提示，在绘图区中依次选择圆弧和圆，连续按两次【Enter】键确认，执行操作后，弹出"单轨扫掠选项"对话框，接受默认的参数，单击"确定"按钮，即可创建单轨扫掠曲面，然后删除绘图区中的曲线，并按【Ctrl＋Alt＋H】组合键，取消宝石的隐藏，如图 12-89 所示。

步骤 ⑧ 在绘图区中选择刚创建的曲面，将其移至合适位置，如图 12-90 所示。

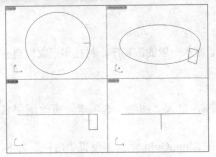

图 12-87 绘制矩形

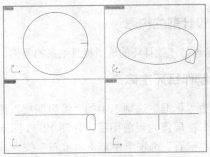

图 12-88 圆角曲线操作

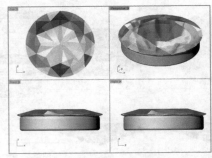

图 12-89 创建单轨扫掠曲面

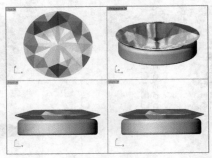

图 12-90 移动曲面

步骤 ⑨ 在"珠宝"选项卡中单击"起钉工具"按钮，然后在 RhinoGold 面板中单击"选择所有宝石"按钮，在"参数"选项区中设置"插脚数目"为 2，设置"总高度"为 3，设置"中间直径""上部直径"和"下部直径"均为 1.5，取消选中"顺利章"复选框，单击"确定"按钮，如图 12-91 所示。

步骤 ⑩ 执行操作后，即可通过起钉工具创建爪，如图 12-92 所示。

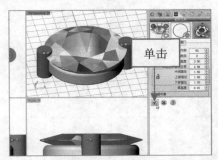

图 12-91 单击"确定"按钮

单击

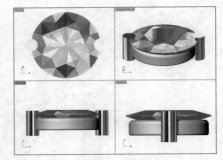

图 12-92 创建爪

步骤 ⑪ 在绘图区中选择刚创建的爪，将其移至合适位置；单击"实体"｜"边缘圆角"｜"不等距边缘圆角"命令，根据命令行提示，设置圆角半径为 0.6，并按【Enter】键确认，在绘图区中选择合适的边缘，对其进行圆角操作，如图 12-93 所示。

步骤 ⑫ 在工具列中单击"布尔运算联集"按钮，根据命令行提示，在绘图区中依次选择单轨扫掠曲面和爪，执行操作后，按【Enter】键确认，即可联集运算实体，在联集后的模型上单击鼠标左键，查看联集效果，如图 12-94 所示。

步骤 ⑬ 在绘图区中选择所有的模型，将其旋转至合适位置；在工具列中单击"控制点曲线"按钮，在绘图区的 Top 视图中绘制控制点曲线，如图 12-95 所示。

步骤 ⑭ 在工具列中单击"曲线圆角"右侧的下拉按钮，从弹出的面板中单击"偏移曲线"按钮，设置"距离"为 2，然后在绘图区中选择要偏移的曲线，并指定偏移方向，偏移曲线的效果如图 12-96 所示。

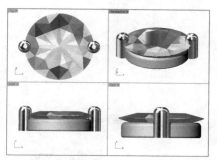

图 12-93　边缘圆角操作

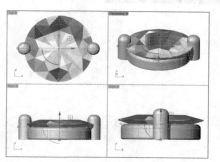

图 12-94　联集运算模型

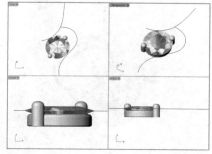

图 12-95　绘制控制点曲线

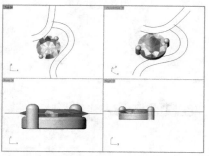

图 12-96　偏移曲线

步骤 ⑮　在工具列中单击"圆弧：中心点、起点、角度"右侧的下拉按钮，从弹出的面板中单击"圆弧：起点、终点、通过点"按钮，根据命令行提示，在绘图区中绘制合适的圆弧，如图 12-97 所示。

步骤 ⑯　在工具列中单击"曲线圆角"按钮，根据命令行提示，设置"半径"为 1，在绘图区中依次选择合适的曲线，执行操作后，即可进行圆角曲线操作，并在圆角的曲线上单击鼠标左键，查看效果，此时曲线为一个整体，如图 12-98 所示。

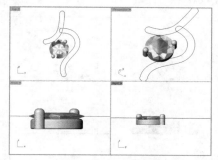

图 12-97　绘制圆弧

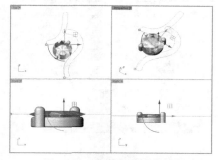

图 12-98　查看圆角曲线效果

步骤 ⑰　单击"实体"｜"挤出平面曲线"｜"直线"命令，根据命令行提示，在绘图区中选择曲线，按【Enter】键确认，并设置"挤出长度"为-1.5，执行操作后，即可挤出曲线，如图 12-99 所示。

步骤 ⑱　单击"实体"｜"边缘圆角"｜"不等距边缘圆角"命令，根据命令行提示，设置圆角半径为 0.75，并按【Enter】键确认，在绘图区中选择合适的边缘，对其进行圆角操作，如图 12-100 所示。

步骤 ⑲　在绘图区中选择合适的模型，将其移至合适位置，然后删除绘图区中的曲线，如图 12-101 所示。

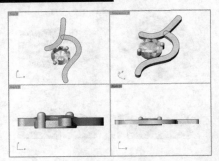 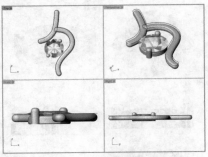

图 12-99　挤出曲线　　　　　　图 12-100　边缘圆角操作

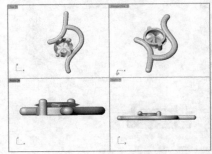

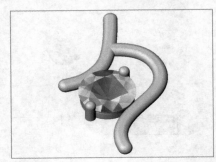

图 12-101　移动模型

12.3.4　制作耳环细节

步骤 ❶ 在绘图区中选择相应的模型，在"变动"选项卡中单击"复制"按钮 ▦，根据命令行提示，在绘图区中捕捉合适的端点作为复制的起点和终点，执行操作后，即可复制模型，如图 12-102 所示。

步骤 ❷ 在工具列中单击"圆：中心点、半径"按钮 ⊘，根据命令行提示，在绘图区中任取一点为圆的中心点，设置直径为 3，绘制圆，如图 12-103 所示。

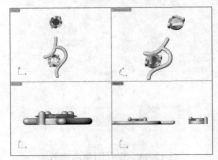 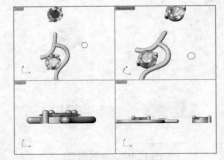

图 12-102　复制模型　　　　　　图 12-103　绘制圆 1

步骤 ❸ 在工具列中单击"圆：中心点、半径"按钮 ⊘，根据命令行提示，在绘图区捕捉圆的四分点为圆的中心点，设置直径为 1，绘制圆，如图 12-104 所示。

步骤 ❹ 单击"曲面"｜"单轨扫掠"命令，根据命令行提示，在绘图区中依次选择相应的曲线，连续按两次【Enter】键确认，执行操作后，弹出"单轨扫掠选项"对话框，接受默认的参数，单击"确定"按钮，即可创建单轨扫掠曲面，如图 12-105 所示。

步骤 ❺ 在绘图区中选择刚创建的曲面，将其移至合适位置，然后删除绘图区中的曲线，如图 12-106 所示。

步骤 ❻ 在绘图区中选择相应的模型，在"变动"选项卡中单击"复制"按钮 ▦，根据命令行提示，在绘图区中捕捉合适的端点作为复制的起点和终点，执行操作后，即可复制模型，如图 12-107 所示。

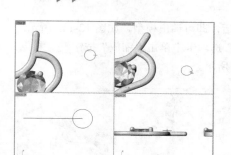

图 12-104　绘制圆 2

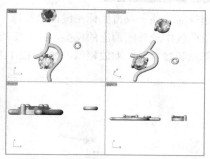

图 12-105　创建单轨扫掠曲面

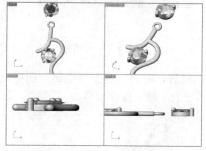

图 12-106　移动曲面

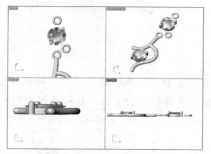

图 12-107　复制模型

步骤 7　在绘图区中选择合适的模型，将其旋转至合适位置，如图 12-108 所示。

步骤 8　在绘图区中选择合适的模型，在"变动"选项卡中单击"缩放"按钮，根据命令行提示，指定基点和参考点，缩放模型，如图 12-109 所示。

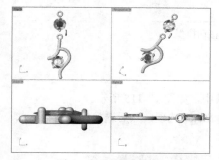

图 12-108　旋转模型

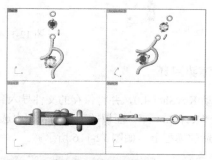

图 12-109　缩放模型

步骤 9　在绘图区中选择相应的模型，将其旋转、移动至合适位置，如图 12-110 所示。

步骤 10　在"珠宝"选项卡中单击"调查结果"按钮，弹出"调查结果"对话框，在其中选择相应的选项，如图 12-111 所示。

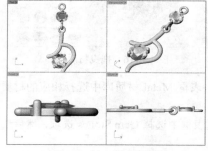

图 12-110　移动模型

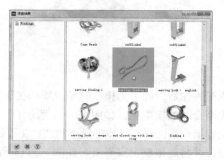

图 12-111　选择相应选项

步骤 ⑪ 在选择的选项上双击鼠标左键，执行操作后，即可调出模型，如图 12-112 所示。

步骤 ⑫ 在绘图区中选择刚调出的模型，在"变动"选项卡中单击"缩放"按钮 📷，根据命令行提示，指定基点和参考点，缩放模型，如图 12-113 所示。

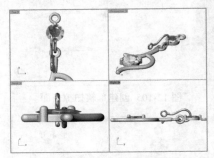

图 12-112　调出模型

图 12-113　缩放模型

步骤 ⑬ 在绘图区中选择刚缩放的模型，将其移至合适位置，并将其移至"金属"图层上，如图 12-114 所示，选择相应的宝石，并将其置于相应的图层上，然后保存模型。

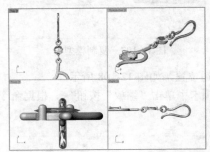

图 12-114　移动模型

12.3.5　渲染耳环

步骤 ❶ 启动 KeyShot 4.0，并将保存的文件导入到其中，如图 12-115 所示。

步骤 ❷ 在"KeyShot 库"面板的下拉列表框中选择 Metal 选项，然后选择相应的材质球，并将其拖曳至合适的模型上，如图 12-116 所示。

图 12-115　导入文件

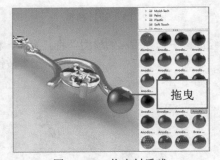

图 12-116　拖曳材质球

步骤 ❸ 执行操作后，即可为模型赋予材质；在下拉列表框 Metal 材质库中选择相应的材质球，并将其拖曳至合适的模型上，如图 12-117 所示。

步骤 ❹ 执行操作后，即可为模型赋予材质；在下拉列表框中选择 Gem Stones 选项，然后选择相应的材质球，并将其拖曳至宝石上，如图 12-118 所示。

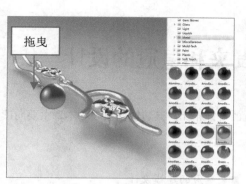

图 12-117　拖曳材质球

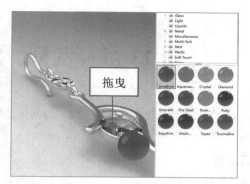

图 12-118　拖曳材质球

步骤 5 执行操作后，即可为模型赋予材质；在下拉列表框 Gem Stones 材质库中选择相应的材质球，并将其拖曳至合适的宝石上，如图 12-119 所示。

步骤 6 执行操作后，即可为宝石赋予材质；单击"渲染"按钮 ，弹出"渲染选项"对话框，在"名称"文本框中输入 12-122.jpg，然后单击"预设置"按钮，在弹出的列表框中选择 1280×1032 选项，单击"渲染"按钮，如图 12-120 所示。

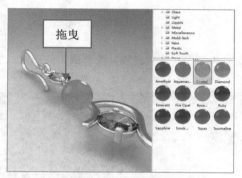

图 12-119　拖曳材质球

图 12-120　单击"渲染"按钮

步骤 7 弹出相应的对话框，显示渲染进度，如图 12-121 所示。

步骤 8 稍等片刻后，即可完成模型的渲染，如图 12-122 所示。

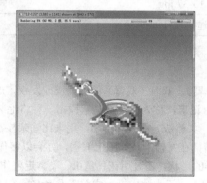

图 12-121　显示渲染进度

图 12-122　渲染模型

第 13 章　发簪、发夹和皇冠的设计

学前提示

发簪、发夹、皇冠是较为常见的头饰，与其他部位的首饰相比，其装饰性很强。本章主要向读者介绍发簪、发夹和皇冠的设计。

本章知识重点

- 发簪的建模设计
- 发夹的建模设计
- 皇冠的建模设计

学完本章后你能掌握什么

- 掌握发簪的建模设计，包括调用宝石、环形阵列模型等
- 掌握发夹的建模设计，包括调用宝石、绘制多重直线等
- 掌握皇冠的建模设计，包括创建椭圆体、布尔运算等

13.1　发簪的建模设计

本实例介绍发簪的建模设计。发簪是插在秀发上的一类头饰，其款式多样，没有固定的形式。发簪效果如图 13-1 所示。

  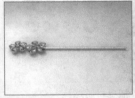 

图 13-1　发簪

素材文件	无
效果文件	光盘\效果\第 13 章\13-29.3dm、13-37.jpg
视频文件	光盘\视频\第 13 章\13.1 发簪的建模设计.mp4

13.1.1　发簪概述

发簪是指用来固定和装饰头发的一种首饰，一般为单股（单臂），双股（双臂）的称为钗或发钗，形似叉。中国古时男女都会用簪来固定发冠，亦有把笔插在头上，方便随时记事，称为簪笔（簪笔原指一种将毛装在簪头的冠饰）。由于戴官帽时会用簪来固定，故簪常借用来指官宦身份，如簪绂、簪缨和簪笏，用来比喻荣显富贵。日本女性的传统发型也常用簪作装饰。朝鲜妇女穿着韩服时，会用簪插在发髻上，如戴上假髻，亦会以簪作装饰。

发簪式样十分丰富，主要变化多集中在簪首。它有各种各样的形状，还爱用花鸟鱼虫、飞禽走兽作簪首形状。常见的花种有梅花、莲花、菊花、桃花、牡丹花和芙蓉花等。明人《天水冰山录》中关于发簪名就有"金桃花顶簪""金梅花宝顶簪""金菊花宝顶簪""金宝石顶簪""金厢倒垂莲簪""金厢猫睛顶簪""金崐点翠梅花簪"等名称。以动物为簪首的发簪，常见的有龙凤、麒麟、燕雀及游鱼等，其中以凤簪最多，制作也最为精致。

13.1.2　设计前的构思

从设计上来说，该款发簪造型简单，宝石的装饰使其具有贵重感。

13.1.3 制作发簪主体

步骤 ① 单击"标准"选项卡中的"编辑图层"按钮，进入"图层"选项卡，更改图层名称，并将"金属"图层置为当前图层，如图 13-2 所示。

步骤 ② 在"宝石"选项卡中单击"宝石"按钮，在 RhinoGold 面板中单击 Brilliant 右侧的下拉按钮，从弹出的下拉面板中选择相应的选项，如图 13-3 所示。

图 13-2 "图层"选项卡

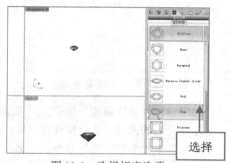

图 13-3 选择相应选项

步骤 ③ 在 RhinoGold 面板中设置"内径"为 10、"深度共计"为 1.5，单击"确定"按钮，如图 13-4 所示。

步骤 ④ 执行操作后，即可调用宝石，如图 13-5 所示。

步骤 ⑤ 在工具列中单击"控制点曲线"按钮，在绘图区的 Top 视图中绘制控制点曲线，然后隐藏宝石，查看效果，如图 13-6 所示。

步骤 ⑥ 在"变动"选项卡中单击"镜像"按钮，根据命令行提示，在绘图区中选择需要镜像的曲线，按【Enter】键确认，然后在绘图区中捕捉合适的点作为镜像平面的起点和终点，执行操作后，即可镜像曲线，如图 13-7 所示。

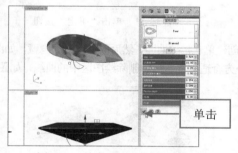

图 13-4 单击"确定"按钮

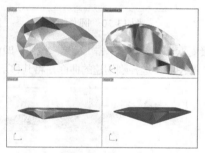

图 13-5 调用宝石

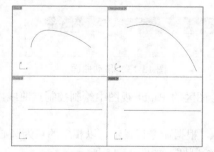

图 13-6 绘制控制点曲线

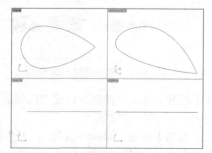

图 13-7 镜像曲线

步骤 ⑦ 在工具列中单击"曲线圆角"按钮，根据命令行提示，设置"半径"为 1 和 0.4，在绘图区中依次选择合适的曲线，执行操作后，即可进行圆角曲线操作，如图 13-8 所示。

步骤 8 在工具列中单击"矩形：角对角"按钮▢，根据命令行提示，以圆的四分点为矩形的第一点，设置矩形的长度和宽度分别为-0.6 和-1，在 Front 视图中绘制一个矩形，如图 13-9 所示。

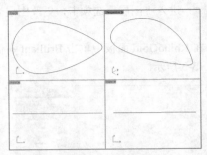

图 13-8 圆角曲线操作

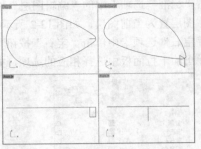

图 13-9 绘制矩形

步骤 9 在工具列中单击"曲线圆角"按钮◥，根据命令行提示，设置"半径"为 0.3 和 0.1，在绘图区中依次选择合适的曲线，执行操作后，即可进行圆角矩形操作，如图 13-10 所示。

步骤 10 单击"曲面"｜"单轨扫掠"命令，根据命令行提示，在绘图区中依次选择圆弧和圆，连续按两次【Enter】键确认，执行操作后，弹出"单轨扫掠选项"对话框，如图 13-11 所示。

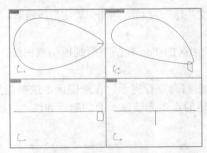

图 13-10 圆角矩形

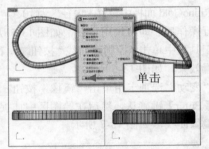

单击

图 13-11 单击"确定"按钮

步骤 11 接受默认的参数，单击"确定"按钮，即可创建单轨扫掠曲面，然后取消宝石的隐藏，如图 13-12 所示。

步骤 12 在绘图区中选择刚创建的曲面，将其移至下方合适位置，然后删除绘图区中的曲线，如图 13-13 所示。

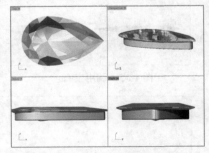

图 13-12 创建单轨扫掠曲面

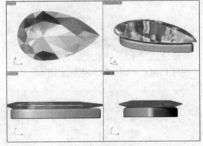

图 13-13 移动曲面

步骤 13 在工具列中单击"控制点曲线"按钮▣，在绘图区的 Right 视图中绘制控制点曲线，如图 13-14 所示。

步骤 14 在工具列中单击"圆：中心点、半径"按钮◷，根据命令行提示，以相应的点为圆心，然后设置直径为 0.6，并按【Enter】键，在 Top 视图中绘制圆，如图 13-15 所示。

步骤 15 单击"曲面"｜"单轨扫掠"命令，根据命令行提示，在绘图区中依次选择相应的曲线，连续按两次【Enter】键确认，执行操作后，弹出"单轨扫掠选项"对话框，接受默认的参数，单击"确定"按钮，即可创建单轨扫掠曲面，如图 13-16 所示。

步骤 ⑯ 在工具列中单击"指定三或四个角建立曲面"按钮右侧的下拉按钮，从弹出的面板中单击"以平面曲线建立曲面"按钮 ，根据命令行提示，在绘图区中依次选择合适的曲线，执行操作后，按【Enter】键确认，即可创建曲面，如图 13-17 所示。

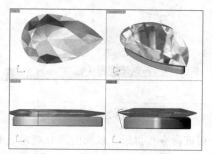

图 13-14　绘制控制点曲线

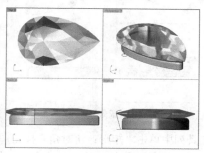

图 13-15　绘制圆

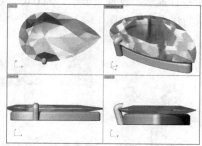

图 13-16　创建单轨扫掠曲面

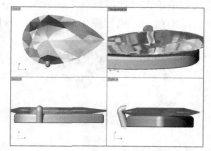

图 13-17　创建曲面

步骤 ⑰ 在工具列中单击"布尔运算联集"右侧的下拉按钮，从弹出的面板中单击"自动建立实体"按钮 ，在绘图区中选择所有的曲面，按【Enter】键确认，即可建立实体；单击"实体"｜"边缘圆角"｜"不等距边缘圆角"命令，根据命令行提示，设置圆角半径为 0.185，并按【Enter】键确认，在绘图区中选择合适的边缘，对其进行圆角操作，如图 13-18 所示。

步骤 ⑱ 在"变动"选项卡中单击"镜像"按钮 ，根据命令行提示，在绘图区中选择需要镜像的模型，按【Enter】键确认，然后在绘图区中捕捉合适的点作为镜像平面的起点和终点，执行操作后，即可镜像模型，如图 13-19 所示。

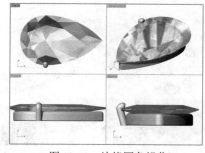

图 13-18　边缘圆角操作

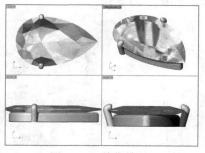

图 13-19　镜像模型

步骤 ⑲ 在绘图区中选择宝石，按【Ctrl＋H】组合键，隐藏宝石；在"宝石"选项卡中单击"宝石"按钮 ，在 RhinoGold 面板中设置"内径"为 1，单击"确定"按钮 ，即可调入宝石，如图 13-20 所示。

步骤 ⑳ 在工具列中单击"圆：中心点、半径"按钮 ，根据命令行提示，以（0,0,0）为圆的中心点，设置直径为 1.2，绘制圆，如图 13-21 所示。

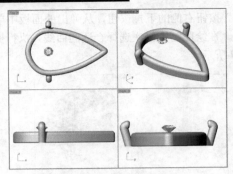

图 13-20 调入宝石

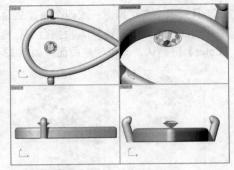

图 13-21 绘制圆

步骤 ㉑ 在工具列中单击"矩形：角对角"按钮□，根据命令行提示，以圆的四分点为矩形的第一点，设置矩形的长度和宽度分别为-0.15 和-1，在 Front 视图中绘制一个矩形，如图 13-22 所示。

步骤 ㉒ 在工具列中单击"曲线圆角"按钮⌐，根据命令行提示，设置"半径"为 0.05，在绘图区中依次选择合适的曲线，执行操作后，即可进行圆角曲线操作，如图 13-23 所示。

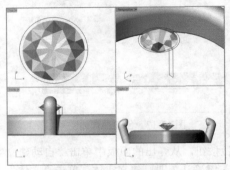

图 13-22 绘制矩形

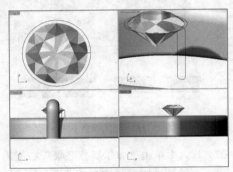

图 13-23 圆角曲线操作

步骤 ㉓ 单击"曲面"｜"单轨扫掠"命令，根据命令行提示，在绘图区中依次选择圆弧和圆，连续按两次【Enter】键确认，执行操作后，弹出"单轨扫掠选项"对话框，接受默认的参数，单击"确定"按钮，即可创建单轨扫掠曲面，如图 13-24 所示。

步骤 ㉔ 在绘图区中选择相应的模型，将其移至合适位置，然后按【Ctrl＋Alt＋H】组合键，取消宝石的隐藏，如图 13-25 所示。

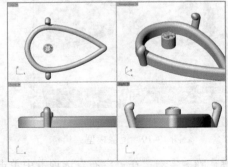

图 13-24 环形阵列模型

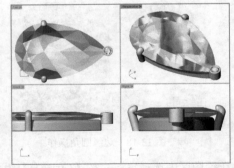

图 13-25 移动模型

步骤 ㉕ 在绘图区中选择相应的模型，在"变动"选项卡中单击"环形阵列"按钮，根据命令行提示，在绘图区中选择合适的点作为阵列中心点，按【Enter】键确认，设置阵列数为 5，然后连续按 3 次【Enter】键确认，即可环形阵列模型，如图 13-26 所示。

步骤 ㉖ 将"宝石 2"图层置为当前图层，在工具列中单击"立方体：角对角、高度"右侧的下拉按钮，从弹出的面板中单击"椭圆体：直径"按钮 ⬭，在绘图区中绘制一个椭圆体，并调整其形状，如图 13-27 所示。

图 13-26　环形阵列模型

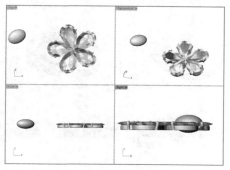

图 13-27　绘制椭圆体

步骤 27 将"金属"图层置为当前图层，在工具列中单击"椭圆：从中心点"按钮 ⬭，在 Top 视图中绘制一个椭圆，然后隐藏椭圆体，查看椭圆效果，如图 13-28 所示。

步骤 28 在工具列中单击"矩形：角对角"按钮 ▭，根据命令行提示，以椭圆的四分点为矩形的第一点，设置矩形的长度和宽度分别为-0.6 和-1，在 Front 视图中绘制一个矩形，如图 13-29 所示。

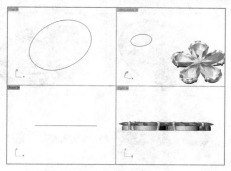

图 13-28　绘制椭圆

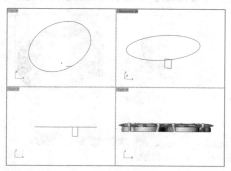

图 13-29　绘制矩形

步骤 29 在工具列中单击"曲线圆角"按钮 ⤵，根据命令行提示，设置"半径"为 0.3 和 0.1，在绘图区中依次选择合适的曲线，执行操作后，即可进行圆角曲线操作，如图 13-30 所示。

步骤 30 单击"曲面"|"单轨扫掠"命令，根据命令行提示，在绘图区中依次选择圆弧和圆，连续按两次【Enter】键确认，执行操作后，弹出"单轨扫掠选项"对话框，接受默认的参数，单击"确定"按钮，即可创建单轨扫掠曲面，然后删除曲线，并取消椭圆体的隐藏，如图 13-31 所示。

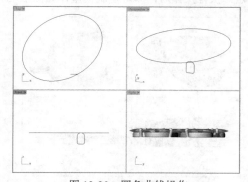

图 13-30　圆角曲线操作

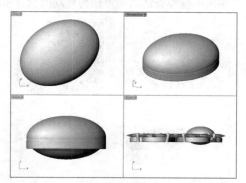

图 13-31　创建单轨扫掠曲面

步骤 31 在绘图区中选择相应的模型，将其移至合适位置，并调整椭圆体的形状，如图 13-32 所示。

步骤 32 在工具列中单击"圆：中心点、半径"按钮 ⊙，根据命令行提示，以（0,0,0）为圆的中心点，设置直径为 0.8，在 Top 视图中绘制圆，如图 13-33 所示。

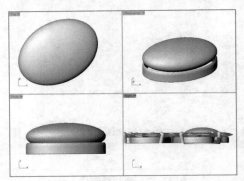

图 13-32　移动模型

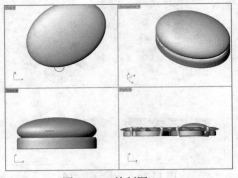

图 13-33　绘制圆

步骤 ㉝ 单击"实体"｜"挤出平面曲线"｜"直线"命令，根据命令行提示，在绘图区中选择曲线，按【Enter】键确认，输入-2.5，并按【Enter】键确认，即可挤出曲线，然后将其移至合适位置，如图 13-34 所示。

步骤 ㉞ 单击"实体"｜"边缘圆角"｜"不等距边缘圆角"命令，根据命令行提示，设置圆角半径为 0.3，并按【Enter】键确认，在绘图区中选择合适的边缘，对其进行圆角操作，如图 13-35 所示。

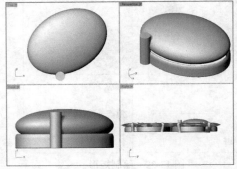

图 13-34　挤出曲线并移动模型

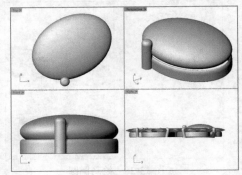

图 13-35　边缘圆角操作

步骤 ㉟ 在"变动"选项卡中单击"镜像"按钮 ⚎，根据命令行提示，在绘图区中选择需要镜像的模型，按【Enter】键确认，然后在绘图区中捕捉合适的点作为镜像平面的起点和终点，执行操作后，即可镜像模型，如图 13-36 所示。

步骤 ㊱ 在绘图区中选择相应的模型，在"变动"选项卡中单击"复制"按钮 ⚏，根据命令行提示，在绘图区中捕捉合适的端点作为复制的起点和终点，执行操作后，即可复制模型，如图 13-37 所示。

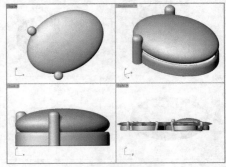

图 13-36　镜像模型

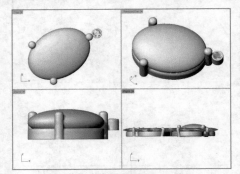

图 13-37　复制模型

步骤 ㊲ 在绘图区中选择相应的模型，，在"变动"选项卡中单击"环形阵列"按钮 ⚌，根据命令行提示，在绘图区中选择合适的点作为阵列中心点，设置阵列数为 5，连续按 3 次【Enter】键确认，即可环形阵列模型，如图 13-38 所示，然后将钻石置于相应的图层上。

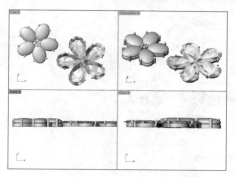

图 13-38 环形阵列模型

13.1.4 制作发簪细节

步骤 ① 在绘图区中选择相应的模型，将其旋转并移动至合适位置，如图 13-39 所示。

步骤 ② 单击"实体"｜"圆柱体"命令，根据命令行提示，在绘图区中创建一个半径为 1.5、长度为 90 的圆柱体，如图 13-40 所示。

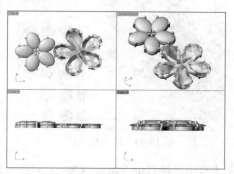
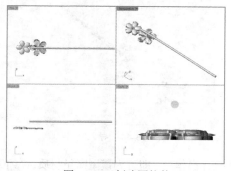

图 13-39 旋转和移动模型　　　　　　　　图 13-40 创建圆柱体

步骤 ③ 在绘图区中选择刚创建的圆柱体，将其移至合适位置，如图 13-41 所示。

步骤 ④ 单击"实体"｜"边缘圆角"｜"不等距边缘圆角"命令，根据命令行提示，设置圆角半径为 1，并按【Enter】键确认，在绘图区中选择合适的边缘，对其进行圆角操作，如图 13-42 所示。

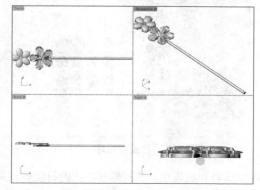
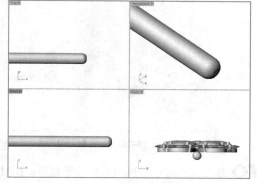

图 13-41 移动模型　　　　　　　　　　图 13-42 边缘圆角操作

步骤 ⑤ 在工具列中单击"立方体：角对角、高度"右侧的下拉按钮，从弹出的面板中单击"球体"按钮，在 Front 视图中绘制一个球体，如图 13-43 所示，然后保存模型。

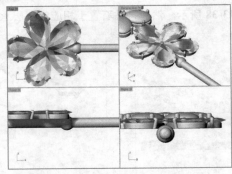

图 13-43　创建球体

13.1.5　渲染发簪

步骤 ❶ 启动 KeyShot 4.0，并将保存的文件导入到其中，如图 13-44 所示。

步骤 ❷ 在"KeyShot 库"面板的下拉列表框中选择 Metal 选项，然后选择相应的材质球，并将其拖曳至合适的模型上，如图 13-45 所示。

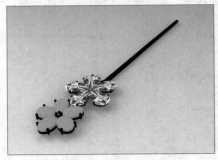

图 13-44　导入文件

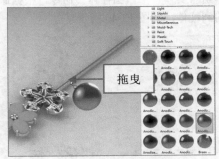

图 13-45　拖曳材质球

步骤 ❸ 执行操作后，即可为模型赋予材质；在下拉列表框中选择 Gem Stones 选项，然后选择相应的材质球，并将其拖曳至宝石上，如图 13-46 所示。

步骤 ❹ 执行操作后，即可为宝石赋予材质；在材质库中选择相应选项，然后选择相应的材质球，并将其拖曳至宝石上，如图 13-47 所示。

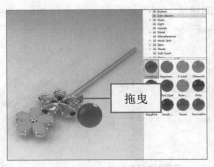

图 13-46　拖曳材质球

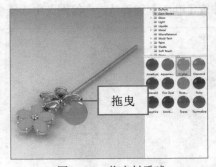

图 13-47　拖曳材质球

步骤 ❺ 执行操作后，即可为模型赋予材质；在材质库中选择相应选项，然后选择相应的材质球，并将其拖曳至合适的宝石上，如图 13-48 所示。

步骤 ❻ 执行操作后，即可为宝石赋予材质；单击"渲染"按钮，弹出"渲染选项"对话框，在"名称"文本框中输入 13-51.jpg，然后单击"预设置"按钮，在弹出的列表框中选择 1280×1032 选项，单击"渲染"按钮，如图 13-49 所示。

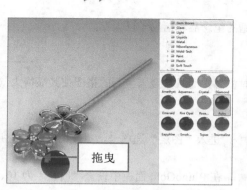

图 13-48　拖曳材质球

图 13-49　单击"渲染"按钮

步骤 7 弹出相应的对话框，显示渲染进度，如图 13-50 所示。

步骤 8 稍等片刻后，即可完成模型的渲染，如图 13-51 所示。

图 13-50　显示渲染进度

图 13-51　渲染模型

13.2　发夹的建模设计

本实例介绍发夹的建模设计。发夹有很多种类，是当今女性不可缺少的饰品。发夹效果如图 13-52 所示。

图 13-52　发夹

素材文件	无
效果文件	光盘\效果\第 13 章\13-72.3dm、13-81.jpg
视频文件	光盘\视频\第 13 章\13.2 发夹的建模设计.mp4

13.2.1　发夹概述

发夹有针插式、椭圆形按夹、卡通夹、韩式发夹和皇冠式 5 种。其材质多样，不同的材质，其用处也不同。金属发夹中铁制的发夹已极少见，但用弹性较好的扁钢丝制成的发卡却极为普遍，几乎每个女人都用它。铜制的发夹不会生锈，且有金子般的光泽，这种发夹美观实用，很受人们欢迎。以铝和铝合金为材料制成的发夹，既玲珑又新颖，这种发夹精细，光泽好，镀上银或金，完全可以与真银真金的发夹媲美。随着金、银首饰品的上市，用金、银为材料制成的发夹也悄悄进入了女性世界，这种发夹华贵富丽，但价格昂贵，多为准备结婚的女子所购，在结婚宴席上配戴，也可作为结婚的纪念品和信物予以保存。

13.2.2 设计前的构思

从设计上来说，该款发夹采用多种颜色宝石，极具时尚感，而且黄金与宝石的搭配使其显得大气奢华。

13.2.3 制作发夹主体

步骤 ① 单击"标准"选项卡中的"编辑图层"按钮 ，进入"图层"选项卡，更改图层名称，并将"金属"图层置为当前图层，如图 13-53 所示。

步骤 ② 在"宝石"选项卡中单击"宝石工具"按钮 ，在 RhinoGold 面板中设置"内径"为 10、"深度共计"为 3，单击"确定"按钮 ，如图 13-54 所示。

图 13-53 "图层"选项卡

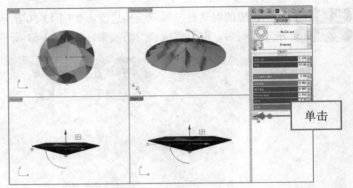

图 13-54 单击"确定"按钮

步骤 ③ 执行操作后，即可调用宝石，如图 13-55 所示。

步骤 ④ 在工具列中单击"圆：中心点、半径"按钮 ，根据命令行提示，以（0,0,0）为圆的中心点，设置直径为 9.5，绘制圆，并隐藏宝石，查看效果，如图 13-56 所示。

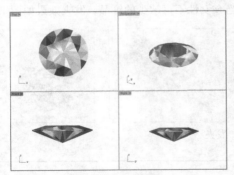

图 13-55 调用钻石

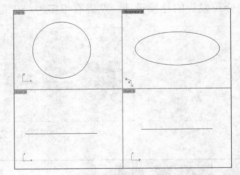

图 13-56 绘制圆

步骤 ⑤ 在工具列中单击"矩形：角对角"按钮 ，根据命令行提示，以圆的四分点为矩形的第一点，设置矩形的长度和宽度分别为 1 和-3.5，在 Front 视图中绘制一个矩形，如图 13-57 所示。

步骤 ⑥ 在工具列中单击"曲线圆角"按钮 ，根据命令行提示，设置"半径"为 0.5 和 0.1，在绘图区中依次选择合适的曲线，执行操作后，即可进行圆角曲线操作，如图 13-58 所示。

步骤 ⑦ 单击"曲面"｜"单轨扫掠"命令，根据命令行提示，在绘图区中依次选择圆弧和圆，连续按两次【Enter】键确认，执行操作后，弹出"单轨扫掠选项"对话框，如图 13-59 所示。

步骤 ⑧ 接受默认的参数，单击"确定"按钮，即可创建单轨扫掠曲面，然后删除绘图区中的曲线，并按【Ctrl＋Alt＋H】组合键，取消宝石的隐藏，如图 13-60 所示。

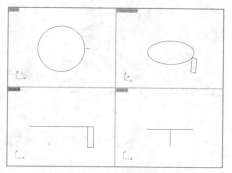

图 13-57　绘制矩形

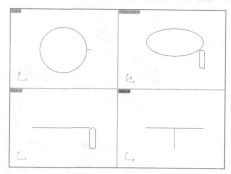

图 13-58　圆角曲线操作

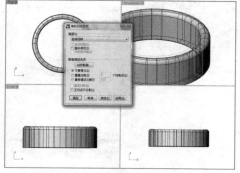

图 13-59　弹出对话框

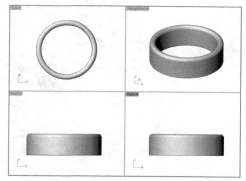

图 13-60　创建单轨扫掠曲面

步骤 ⑨　在绘图区中选择刚创建的曲面，将其移至合适位置，如图 13-61 所示。

步骤 ⑩　在绘图区中选择相应的模型，在"变动"选项卡中单击"复制"按钮 ，根据命令行提示，在绘图区中捕捉合适的端点作为复制的起点和终点，执行操作后，即可复制模型，如图 13-62 所示。

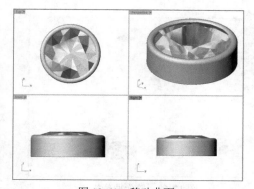

图 13-61　移动曲面

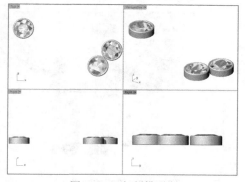

图 13-62　复制模型

步骤 ⑪　在绘图区中选择相应的模型，在"变动"选项卡中单击"缩放"按钮 ，根据命令行提示，指定基点和参考点，缩放模型，如图 13-63 所示。

步骤 ⑫　在绘图区中选择刚缩放的模型，将其移至合适位置，如图 13-64 所示。

步骤 ⑬　在绘图区中选择相应的模型，在"变动"选项卡中单击"复制"按钮 ，根据命令行提示，在绘图区中捕捉合适的端点作为复制的起点和终点，执行操作后，即可复制模型，如图 13-65 所示。

步骤 ⑭　在绘图区中选择相应的模型，在"变动"选项卡中单击"缩放"按钮 ，根据命令行提示，指定基点和参考点，缩放模型，然后将其移至合适位置，如图 13-66 所示。

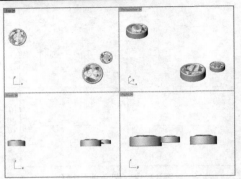

图 13-63　缩放模型

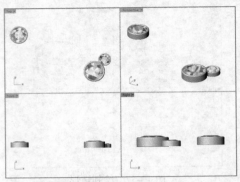

图 13-64　移动模型

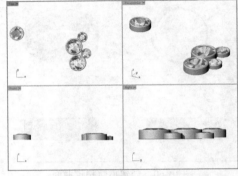

图 13-65　复制模型

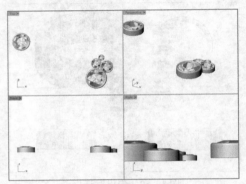

图 13-66　缩放并移动模型

步骤 ⑮ 在工具列中单击"控制点曲线"按钮，在绘图区的 Top 视图中绘制控制点曲线，如图 13-67 所示。

步骤 ⑯ 在"变动"选项卡中单击"镜像"按钮，根据命令行提示，在绘图区中选择需要镜像的曲线，按【Enter】键确认，然后在绘图区中捕捉合适的点作为镜像平面的起点和终点，执行操作后，即可镜像曲线，如图 13-68 所示。

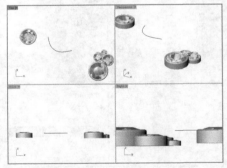

图 13-67　绘制控制点曲线

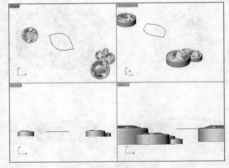

图 13-68　镜像曲线操作

步骤 ⑰ 在工具列中单击"曲线圆角"按钮，根据命令行提示，设置"半径"为 1，在绘图区中依次选择合适的曲线，执行操作后，即可进行圆角曲线操作，如图 13-69 所示。

步骤 ⑱ 单击"曲面"｜"挤出曲线"｜"直线"命令，根据命令行提示，在绘图区中选择曲线，按【Enter】键确认，输入 S，并设置"挤出长度"为-1.5，执行操作后，即可挤出曲线，如图 13-70 所示，然后将其置于"宝石 5"图层。

步骤 ⑲ 在工具列中单击"矩形：角对角"按钮，根据命令行提示，以圆的四分点为矩形的第一点，设置矩形的长度和宽度分别为 0.5 和-3.1，在 Front 视图中绘制一个矩形，如图 13-71 所示。

步骤 ⑳ 在工具列中单击"曲线圆角"按钮，根据命令行提示，设置"半径"为 0.2，在绘图区中依次选择合适的曲线，执行操作后，即可进行圆角矩形操作，如图 13-72 所示。

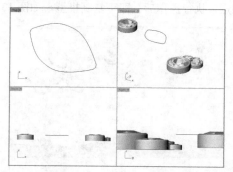

图 13-69　圆角曲线操作

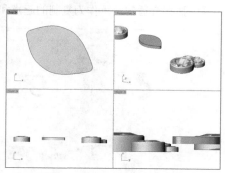

图 13-70　挤出曲线

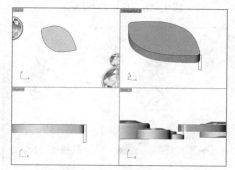

图 13-71　绘制矩形

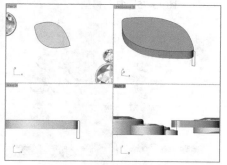

图 13-72　圆角矩形操作

步骤 ㉑ 单击"曲面"｜"单轨扫掠"命令，根据命令行提示，在绘图区中依次选择合适的曲线，连续按两次【Enter】键确认，执行操作后，弹出"单轨扫掠选项"对话框，接受默认的参数，单击"确定"按钮，执行操作后，即可创建单轨扫掠曲面，然后删除绘图区中的曲线，如图 13-73 所示。

步骤 ㉒ 在绘图区中选择刚创建的曲面，将其移至合适位置，如图 13-74 所示。

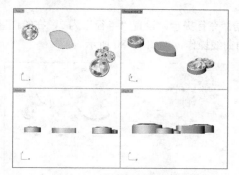

图 13-73　创建单轨扫掠曲面

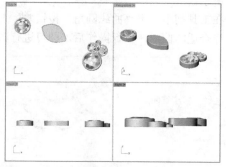

图 13-74　移动曲面

步骤 ㉓ 在绘图区中选择相应的模型，在"变动"选项卡中单击"复制"按钮，根据命令行提示，在绘图区中捕捉合适的端点作为复制的起点和终点，执行操作后，即可复制模型，如图 13-75 所示。

步骤 ㉔ 在绘图区中选择相应的模型，在"变动"选项卡中单击"环形阵列"按钮，根据命令行提示，在绘图区中选择合适的点作为阵列中心点，设置阵列数为 4，然后连续按 3 次【Enter】键确认，即可环形阵列模型，如图 13-76 所示。

步骤 ㉕ 在绘图区中选择相应的模型，将其移至合适位置，如图 13-77 所示，然后选择相应的宝石，将其置于相应的图层上。

步骤 **26** 在绘图区中选择相应的模型，在"变动"选项卡中单击"复制"按钮，根据命令行提示，在绘图区中捕捉合适的端点作为复制的起点和终点，执行操作后，即可复制模型，如图 13-78 所示。

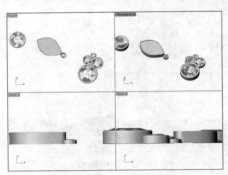

图 13-75　复制模型

图 13-76　环形阵列模型

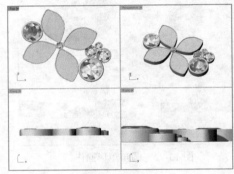

图 13-77　移动模型

图 13-78　复制模型

13.2.4　制作发夹细节

步骤 **1** 在工具列中单击"多重直线"按钮，在绘图区的 Front 视图中绘制控制点曲线，如图 13-79 所示。

步骤 **2** 在工具列中单击"曲线圆角"按钮，根据命令行提示，设置"半径"为 2，在绘图区中依次选择合适的曲线，执行操作后，即可进行圆角曲线操作，如图 13-80 所示。

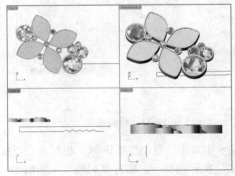

图 13-79　绘制控制点曲线

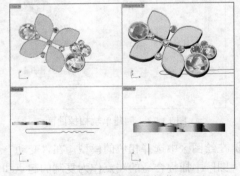

图 13-80　圆角曲线操作

步骤 **3** 单击"曲线"|"偏移"|"偏移曲线"命令，根据命令行提示，在绘图区中选择曲线，并设置偏移距离为 5，然后输入 I，并指定偏移侧，执行操作后，即可偏移曲线，如图 13-81 所示。

步骤 **4** 单击"曲面"|"放样"命令，根据命令行提示，在绘图区中依次选择放样曲线，按【Enter】键确认，弹出"放样选项"对话框，接受默认的参数，单击"确定"按钮，即可创建放样曲面，然

后删除绘图区中的曲线，如图 13-82 所示。

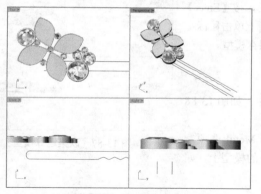

图 13-81　偏移曲线

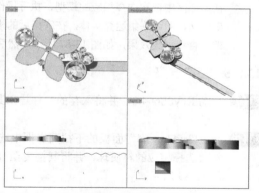

图 13-82　创建放样曲面

步骤 5　单击"曲面"｜"偏移曲面"命令，根据命令行提示，在绘图区中选择曲面，并设置偏移距离为 1，然后输入 S，并调整偏移的方向，执行操作后，按【Enter】键确认，即可偏移曲面，如图 13-83 所示。

步骤 6　单击"实体"｜"边缘圆角"｜"不等距边缘斜角"命令，根据命令行提示，设置斜角距离为 2，并按【Enter】键确认，在绘图区中选择合适的边缘，执行操作后，即可进行斜角操作，如图 13-84 所示。

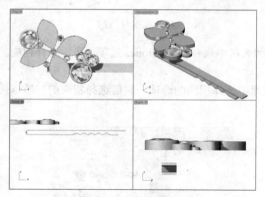

图 13-83　偏移曲面

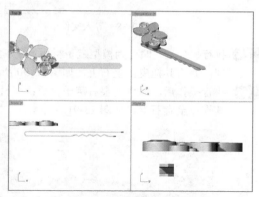

图 13-84　边缘斜角操作

步骤 7　在绘图区中选择相应的模型，将其移至合适位置，并对其进行调整，如图 13-85 所示。

步骤 8　在绘图区中选择刚移动的模型，将其旋转并移至合适位置，如图 13-86 所示。

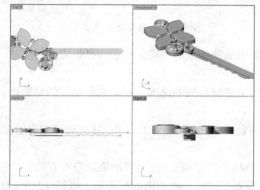

图 13-85　移动并调整模型

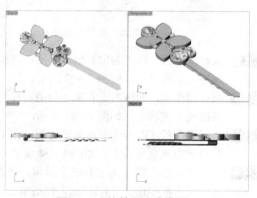

图 13-86　旋转和移动模型

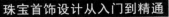

步骤 ⑨ 在工具列中单击"布尔运算联集"按钮，根据命令行提示，在绘图区中依次选择相应的模型，执行操作后，按【Enter】键确认，即可联集运算实体，在联集后的模型上单击鼠标左键，查看联集效果，如图 13-87 所示，然后保存模型。

13.2.5 渲染发夹

步骤 ① 启动 KeyShot 4.0，并将保存的文件导入其中，如图 13-88 所示。

步骤 ② 在"KeyShot 库"面板的下拉列表框中选择 Metal 选项，然后选择相应的材质球，并将其拖曳至合适的模型上，如图 13-89 所示。

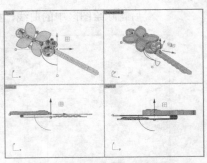

图 13-87　联集运算模型

图 13-88　导入文件

图 13-89　拖曳材质球

步骤 ③ 执行操作后，即可为模型赋予材质；在下拉列表框中选择 Gem Stones 选项，然后选择相应的材质球，并将其拖曳至宝石上，如图 13-90 所示。

步骤 ④ 执行操作后，即可为宝石赋予材质；在材质库中选择相应的选项，然后选择相应的材质球，并将其拖曳至宝石上，如图 13-91 所示。

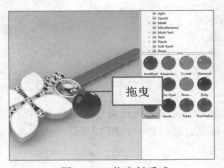

图 13-90　拖曳材质球 1

图 13-91　拖曳材质球 2

步骤 ⑤ 执行操作后，即可为宝石赋予材质；在材质库中选择相应的选项，然后选择相应的材质球，并将其拖曳至宝石上，如图 13-92 所示。

步骤 ⑥ 执行操作后，即可为宝石赋予材质；在材质库中选择相应的选项，然后选择相应的材质球，并将其拖曳至宝石上，如图 13-93 所示。

步骤 ⑦ 执行操作后，即可为宝石赋予材质；在下拉列表框中选择 DuPont 选项，然后选择相应的材质球，并将其拖曳至宝石上，如图 13-94 所示。

步骤 ⑧ 执行操作后，即可为宝石赋予材质；单击"渲染"按钮，弹出"渲染选项"对话框，在"名称"文本框中输入 13-81.jpg，然后单击"预设置"按钮，在弹出的列表框中选择 1280×1167 选项，单击"渲染"按钮，如图 13-95 所示。

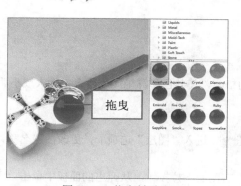

图 13-92　拖曳材质球 3

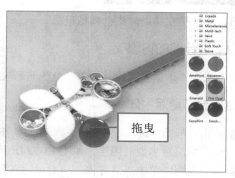

图 13-93　拖曳材质球 4

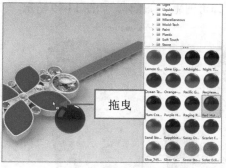

图 13-94　拖曳材质球 5

图 13-95　单击"渲染"按钮

步骤 9 弹出相应的对话框，显示渲染进度，稍等片刻后，即可完成模型的渲染，如图 13-96 所示。

图 13-96　渲染模型

13.3　皇冠的建模设计

本实例介绍皇冠的建模设计。皇冠是戴在头上的一类头饰，它能增加人的气质。皇冠效果如图 13-97 所示。

图 13-97　皇冠

素材文件	无
效果文件	光盘\效果\第 13 章\13-115.3dm、13-122.jpg
视频文件	光盘\视频\第 13 章\13.3 皇冠的建模设计.mp4

13.3.1　皇冠概述

皇冠通常是君主身份的象征。然而，在现代，有很多国家的君主可能从未真正戴过皇冠，皇冠的图案可能只作为其家族的徽章，如比利时王国便没有加冕典礼。现如今，皇冠已经成为了一种较为常用的头饰，小朋友过生日、女性朋友结婚时都会佩戴皇冠。

13.3.2 设计前的构思

从设计上来说，该款皇冠设计简单，金色与彩宝的搭配，使其色彩鲜艳，较适合年轻人或小朋友佩戴。

13.3.3 制作皇冠主体

步骤 1 单击"标准"选项卡中的"编辑图层"按钮，进入"图层"选项卡，更改图层名称，并将"金属"图层置为当前图层，如图13-98所示。

步骤 2 在工具列中单击"立方体：角对角、高度"右侧的下拉按钮，从弹出的面板中单击"平顶锥体"按钮，根据命令行提示，输入（0,0,0），按【Enter】键确认，然后设置底面半径、顶面中心点、顶面半径分别为60、90和70，执行操作后，即可创建平顶锥体，如图13-99所示。

 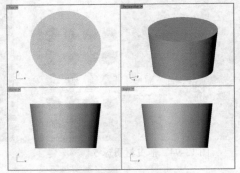

图13-98 "图层"选项卡　　　　　图13-99 创建平顶锥体

步骤 3 在工具列中单击"立方体：角对角、高度"右侧的下拉按钮，从弹出的面板中单击"平顶锥体"按钮，根据命令行提示，输入（0,0,0），按【Enter】键确认，然后设置底面半径、顶面中心点、顶面半径分别为58、90和68，执行操作后，即可创建平顶锥体，然后在创建的平顶锥体上单击鼠标左键，查看效果，如图13-100所示。

步骤 4 在工具列中单击"布尔运算联集"右侧的下拉按钮，从弹出的面板中单击"布尔运算差集"按钮，在绘图区中依次选择第一次创建的平顶锥体和第二次创建的平顶锥体，并按【Enter】键确认，执行操作后，即可按差集运算模型，如图13-101所示。

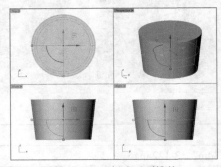 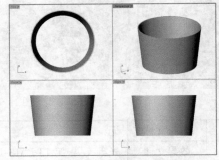

图13-100 创建平顶锥体　　　　　图13-101 差集运算模型

步骤 5 在工具列中单击"椭圆：从中心点"按钮，根据命令行提示，以（0,90,0）为椭圆的中心点，然后依次输入（-40,90,0）和（0,35,0），并按【Enter】键确认，执行操作后，即可绘制椭圆，如图13-102所示。

步骤 6 单击"实体"|"挤出平面曲线"|"直线"命令，根据命令行提示，在绘图区中选择曲线，按【Enter】键确认，并设置"挤出长度"为75，执行操作后，即可挤出曲线，如图13-103所示，然后删除绘图区中的曲线。

312

Rhino

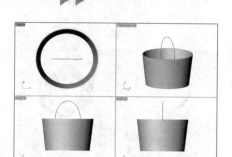

图 13-102 绘制椭圆

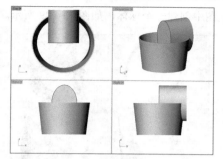

图 13-103 挤出曲线

步骤 7 在绘图区中选择合适的模型，在"变动"选项卡中单击"环形阵列"按钮 ，根据命令行提示，依次输入（0,0,0）和 5，并连续按 3 次【Enter】键确认，执行操作后，即可环形阵列模型，如图 13-104 所示。

步骤 8 在工具列中单击"布尔运算联集"按钮 ，根据命令行提示，在绘图区中依次选择环形阵列的模型，执行操作后，按【Enter】键确认，即可联集运算实体，在联集后的模型上单击鼠标左键，查看联集效果，如图 13-105 所示。

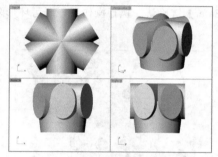

图 13-104 环形阵列模型

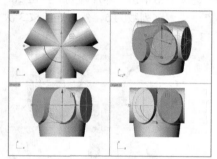

图 13-105 联集运算模型

步骤 9 单击"布尔运算联集"右侧的下拉按钮，从弹出的面板中单击"布尔运算差集"按钮 ，根据命令行提示，在绘图区中依次选择相应的模型，并按【Enter】键确认，执行操作后，即可按差集运算模型，如图 13-106 所示。

步骤 10 在工具列中单击"立方体：角对角、高度"右侧的下拉按钮，从弹出的面板中单击"球体"按钮 ，根据命令行提示，输入（0,0,0），指定球的中心点，然后输入 12，按【Enter】键确认，在 Front 视图中创建一个球体，如图 13-107 所示。

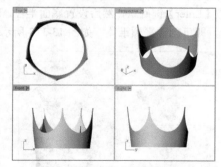

图 13-106 差集运算模型

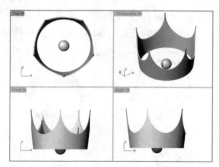

图 13-107 创建球体

步骤 11 在绘图区中选择刚创建的球体，将其移至合适位置，如图 13-108 所示。

步骤 12 在工具列中单击"立方体：角对角、高度"右侧的下拉按钮，从弹出的面板中单击"球体"按钮 ，根据命令行提示，输入（0,0,0），指定球的中心点，然后输入 5，按【Enter】键确认，在 Front

Rhino

视图中创建一个球体，如图 13-109 所示。

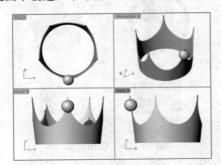

图 13-108　移动模型

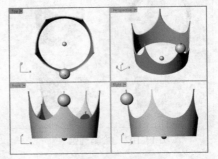

图 13-109　联集运算模型

步骤 ⑬ 在绘图区中选择刚创建的球体，将其移至合适位置，如图 13-110 所示。

步骤 ⑭ 在工具列中单击"布尔运算联集"按钮，根据命令行提示，在绘图区中依次选择两个球体，执行操作后，按【Enter】键确认，即可联集运算实体；在绘图区中选择布尔运算后的模型，在"变动"选项卡中单击"环形阵列"按钮，根据命令行提示，在绘图区中选择合适的点作为阵列中心点，设置阵列数为 5，然后连续按 3 次【Enter】键确认，执行操作后，即可环形阵列模型，如图 13-111 所示。

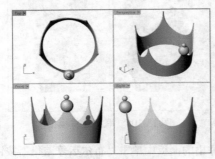

图 13-110　移动模型

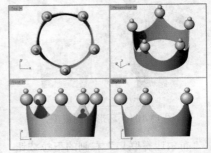

图 13-111　环形阵列模型

步骤 ⑮ 在工具列中单击"群组"按钮，根据命令行提示，在绘图区中依次选择环形阵列模型，执行操作后，按【Enter】键确认，即可建立群组，在建立的群组上单击鼠标左键，查看群组效果，如图 13-112 所示。

步骤 ⑯ 在工具列中单击"立方体：角对角、高度"右侧的下拉按钮，从弹出的面板中单击"平顶锥体"按钮，根据命令行提示，输入（0,0,0），按【Enter】键确认，然后设置底面半径、顶面中心点、顶面半径分别为 58、100 和 68，执行操作后，即可创建平顶锥体，如图 13-113 所示。

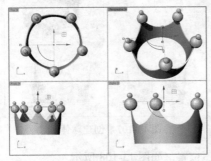

图 13-112　建立群组

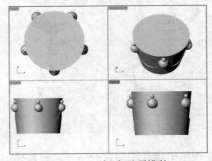

图 13-113　创建平顶锥体

步骤 ⑰ 单击"布尔运算联集"右侧的下拉按钮，在弹出的面板中单击"布尔运算差集"按钮，根据命令行提示，在绘图区中依次选择相应的模型，并按【Enter】键确认，执行操作后，即可按差集运算模型，如图 13-114 所示。

步骤 ⑱ 单击"实体"｜"边缘圆角"｜"不等距边缘圆角"命令，根据命令行提示，设置圆角半径为 2，并按【Enter】键确认，在绘图区中选择合适的边缘，对其进行圆角操作，如图 13-115 所示。

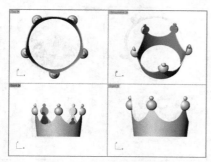

图 13-114　差集运算模型

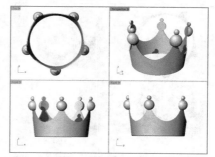

图 13-115　边缘圆角操作

13.3.4　制作皇冠细节

步骤 ❶ 在工具列中单击"立方体：角对角、高度"右侧的下拉按钮，从弹出的面板中单击"椭圆体"按钮 ◎ ，根据命令行提示，在绘图区中的相应位置单击鼠标左键，创建椭圆体，如图 13-116 所示。

步骤 ❷ 在绘图区中选择刚创建的椭圆体，将其移至合适位置，如图 13-117 所示。

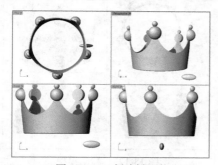

图 13-116　创建椭圆体

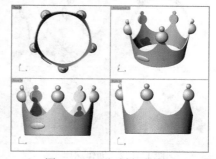

图 13-117　移动椭圆体

步骤 ❸ 在绘图区中选择移动的椭圆体，在"变动"选项卡中单击"环形阵列"按钮 ，根据命令行提示，在绘图区中选择合适的点作为阵列中心点，设置阵列数为 5，然后连续按 3 次【Enter】键确认，执行操作后，即可环形阵列模型，如图 13-118 所示。

步骤 ❹ 在工具列中单击"立方体：角对角、高度"右侧的下拉按钮，从弹出的面板中单击"椭圆体"按钮 ◎ ，根据命令行提示，在绘图区中的相应位置单击鼠标左键，创建椭圆体，如图 13-119 所示。

图 13-118　环形阵列模型

图 13-119　创建椭圆体

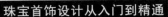

步骤 5 在绘图区中选择刚创建的椭圆体，将其移至合适位置，如图 13-120 所示。

步骤 6 在绘图区中选择移动的椭圆体，在"变动"选项卡中单击"环形阵列"按钮 ，根据命令行提示，在绘图区中选择合适的点作为阵列中心点，设置阵列数为 5，然后连续按 3 次【Enter】键确认，执行操作后，即可环形阵列模型，如图 13-121 所示。

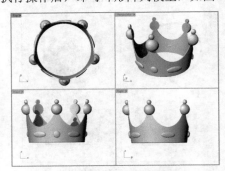
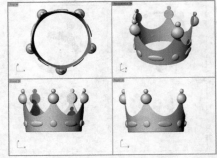

图 13-120　移动椭圆体　　　　　　　　　图 13-121　环形阵列模型

步骤 7 在工具列中单击"立方体：角对角、高度"右侧的下拉按钮，从弹出的面板中单击"球体"按钮 ，根据命令行提示，在绘图区中的任意位置单击鼠标左键，在绘图区中绘制半径为 3.5 和 2 的球体，如图 13-122 所示。

步骤 8 在绘图区中选择刚创建的球体，将其移至合适位置，如图 13-123 所示。

图 13-122　创建球体　　　　　　　　　　图 13-123　移动模型

步骤 9 在绘图区中选择相应的模型，在"变动"选项卡中单击"环形阵列"按钮 ，根据命令行提示，在绘图区中选择合适的点作为阵列中心点，设置阵列数为 50，然后连续按 3 次【Enter】键确认，执行操作后，即可环形阵列模型，如图 13-124 所示。

步骤 10 在绘图区中选择相应的模型，在"变动"选项卡中单击"复制"按钮 ，根据命令行提示，在绘图区中捕捉合适的端点作为复制的起点和终点，执行操作后，即可复制模型，如图 13-125 所示。

图 13-124　移动模型　　　　　　　　　　图 13-125　复制模型

步骤 ⑪ 在绘图区中选择相应的模型，在"变动"选项卡中单击"环形阵列"按钮，根据命令行提示，在绘图区中选择合适的点作为阵列中心点，设置阵列数为 5，然后连续按 3 次【Enter】键确认，执行操作后，即可环形阵列模型，如图 13-126 所示。

步骤 ⑫ 在绘图区中选择相应的模型，在"变动"选项卡中单击"复制"按钮，根据命令行提示，在绘图区中捕捉合适的端点作为复制的起点和终点，执行操作后，即可复制模型，如图 13-127 所示。

图 13-126　环形阵列模型

图 13-127　复制模型

步骤 ⑬ 在绘图区中选择刚复制的模型，将其移至合适位置，如图 13-128 所示，然后选择合适的模型，将其置于相应的图层上。

步骤 ⑭ 在绘图区中选择相应的模型，在"变动"选项卡中单击"环形阵列"按钮，根据命令行提示，在绘图区中选择合适的点作为阵列中心点，设置阵列数为 5，然后连续按 3 次【Enter】键确认，执行操作后，即可环形阵列模型，如图 13-129 所示。

步骤 ⑮ 在工具列中单击"布尔运算联集"按钮，根据命令行提示，在绘图区中依次选择相应的模型，执行操作后，按【Enter】键确认，即可联集运算实体，在联集后的模型上单击鼠标左键，查看联集效果，如图 13-130 所示，然后保存模型。

图 13-128　移动模型

图 13-129　环形阵列模型图

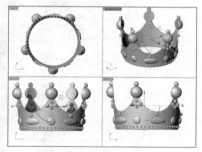

13-130　联集运算模型

13.3.5　渲染皇冠

步骤 ① 启动 KeyShot 4.0，并将保存的文件导入其中，如图 13-131 所示。

步骤 ② 在"KeyShot 库"面板的下拉列表框中选择 Metal 选项，然后选择相应的材质球，并将其拖曳至合适的模型上，如图 13-132 所示。

步骤 ③ 执行操作后，即可为模型赋予材质；在下拉列表框中选择 DuPont 选项，然后选择相应的材质球，并将其拖曳至宝石上，如图 13-133 所示。

步骤 ④ 执行操作后，即可为模型赋予材质；在下拉列表框 DuPont 材质库中选择相应的材质球，并将其拖曳至合适的模型上，如图 13-134 所示。

图 13-131　导入文件

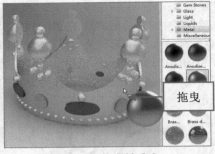

图 13-132　拖曳材质球 1

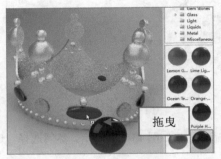

图 13-133　拖曳材质球 2

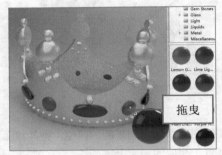

图 13-134　拖曳材质球 3

步骤 5 执行操作后，即可为宝石赋予材质；单击"渲染"按钮 ，弹出"渲染选项"对话框，在"名称"文本框中输入 13-122.jpg，然后单击"预设置"按钮，在弹出的列表框中选择 1920×1080 选项，单击"渲染"按钮，如图 13-135 所示。

步骤 6 弹出相应的对话框，显示渲染进度，如图 13-136 所示。

图 13-135　单击"渲染"按钮

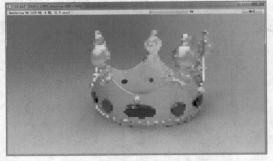

图 13-136　显示渲染进度

步骤 7 稍等片刻后，即可完成模型的渲染，如图 13-137 所示。

图 13-137　渲染模型

第14章 胸针、项链和挂件的设计

学前提示

胸针、项链、挂件也是一类比较常见的首饰，本章主要向读者介绍胸针、项链及挂件的设计。

本章知识重点

- 胸针的建模设计
- 项链的建模设计
- 挂件的建模设计

学完本章后你能掌握什么

- 掌握胸针的建模设计，包括绘制圆弧、创建单轨扫掠曲面等
- 掌握项链的建模设计，包括调用宝石、绘制并镜像曲线等
- 掌握挂件的建模设计，包括绘制控制点曲线、建立曲面等

14.1 胸针的建模设计

本实例介绍胸针的建模设计。胸针是设计空间最大的首饰之一，其结构类型及大小都没有太大的限制，只要通过背部一根别针，稳定地将它固定在衣服上即可。在设计胸针时，应注意金量的控制，避免出现过重的现象，如果重量过大，会使衣服上胸针固定的位置出现褶皱。胸针效果如图14-1所示。

图14-1 胸针

素材文件	无
效果文件	光盘\效果\第14章\14-51.3dm、14-60.jpg
视频文件	光盘\视频\第14章\14.1 胸针的建模设计.mp4

14.1.1 胸针概述

胸针又称胸花、别针，是现代社会中女性常用的装饰品之一，可以用做纯粹装饰或兼有固定衣服（例如长袍、披风、围巾等）的功能。

胸针的材质以银质居多，其他还有象牙、黄（白）玉、琉璃、珐琅、骨角、珊瑚等。其制作工艺既有简单的，也有复杂的，其中又以镶嵌为多，比如镶嵌钻石、玛瑙等，栏丝和雕刻也是常见的工艺。胸针一般都不大，最小的只有纽扣般大。

胸针的型制更是集各种习俗情趣和时尚元素为一体，常见的有兰花形、钻戒形、椭圆形、扇形、蝶形、乐器形、花叶形、元宝形和动物形等。

14.1.2 设计前的构思

从设计上来说，该款胸针采用了树枝与花的造型，充满了自然的气息。另外，该胸针树枝的造型，使其具有立体感。

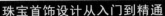
14.1.3 制作胸针主体

步骤 ① 单击"标准"选项卡中的"编辑图层"按钮，进入"图层"选项卡，更改图层名称，并将"金属"图层置为当前图层，如图 14-2 所示。

步骤 ② 在工具列中单击"圆弧：中心点、起点、角度"按钮右侧的下拉按钮，从弹出的面板中单击"圆弧：起点、终点、通过点"按钮 ，根据命令行提示，在绘图区中依次输入（-10,-10）、（80,-5）和（40,-20），并按【Enter】键确认，即可绘制圆弧，如图 14-3 所示。

图 14-2 "图层"选项卡

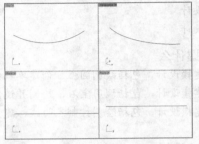

图 14-3 绘制圆弧

步骤 ③ 在工具列中单击"圆：中心点、半径"按钮 ，根据命令行提示，以圆弧的端点为圆的中心点，设置直径为 3，绘制圆，如图 14-4 所示。

步骤 ④ 在绘图区中选择刚绘制的圆，将其旋转至合适位置，如图 14-5 所示。

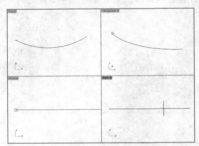

图 14-4 绘制圆

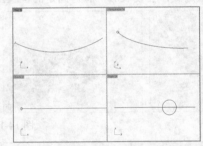

图 14-5 旋转圆

步骤 ⑤ 单击"曲面"|"单轨扫掠"命令，根据命令行提示，在绘图区中依次选择圆弧和圆，连续按两次【Enter】键确认，执行操作后，弹出"单轨扫掠选项"对话框，如图 14-6 所示。

步骤 ⑥ 接受默认的参数，单击"确定"按钮，即可创建单轨扫掠曲面，然后删除绘图区中的曲线，如图 14-7 所示。

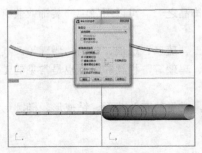

图 14-6 弹出对话框

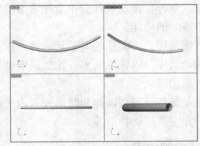

图 14-7 创建单轨扫掠曲面

步骤 ⑦ 在工具列中单击"指定三或四个角建立曲面"按钮右侧的下拉按钮，从弹出的面板中单击"以平面曲线建立曲面"按钮 ，根据命令行提示，在绘图区中依次选择合适的曲线，执行操作后，按【Enter】

键确认，即可创建曲面；在工具列中单击"布尔运算联集"右侧的下拉按钮，从弹出的面板中单击"指定建立实体"按钮，在绘图区中选择所有的曲面，按【Enter】键确认，即可建立实体；单击"实体"｜"边缘圆角"｜"不等距边缘圆角"命令，根据命令行提示，设置圆角半径为 1.2，并按【Enter】键确认，在绘图区中选择合适的边缘，对其进行圆角操作，如图 14-8 所示。

步骤 8 在工具列中单击"多重直线"按钮，在绘图区的 Top 视图中绘制多重直线，如图 14-9 所示。

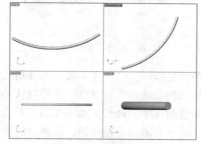

图 14-8　边缘圆角操作

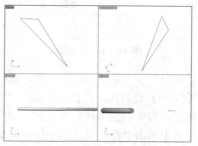

图 14-9　绘制多重直线

步骤 9 单击"曲面"｜"旋转"命令，根据命令行提示，在绘图区中选择需要旋转的曲线，按【Enter】键确认，然后指定旋转轴的起点和终点，执行操作后，连续按两次【Enter】键确认，即可旋转曲面，如图 14-10 所示。

步骤 10 在绘图区中选择刚旋转的曲面，将其旋转、移动至合适位置，然后删除绘图区中的曲线，如图 14-11 所示。

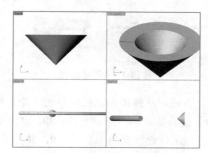

图 14-10　旋转曲面

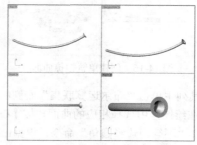

图 14-11　旋转和移动曲面

步骤 11 在工具列中单击"控制点曲线"按钮，在绘图区的 Top 视图中绘制控制点曲线，如图 14-12 所示。

步骤 12 在绘图区中选择刚绘制的曲线，将其调整至合适位置，如图 14-13 所示。

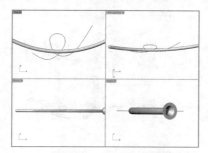

图 14-12　绘制控制点曲线

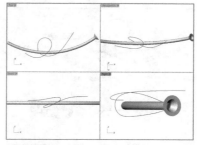

图 14-13　调整曲线

步骤 13 在工具列中单击"圆：中心点、半径"按钮，根据命令行提示，在曲线的端点上单击鼠标左键，确定圆心，然后设置直径为 2，并按【Enter】键，在 Front 视图中绘制圆，如图 14-14 所示。

步骤 14 在绘图区中选择刚绘制的圆，将其旋转至合适位置，如图 14-15 所示。

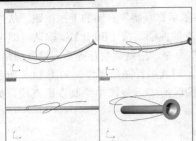

图 14-14　绘制圆

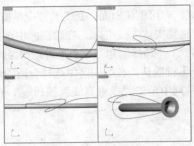

图 14-15　旋转圆

步骤 ⑮ 单击"曲面"｜"单轨扫掠"命令，根据命令行提示，在绘图区中依次选择相应的曲线，连续按两次【Enter】键确认，执行操作后，弹出"单轨扫掠选项"对话框，接受默认的参数，单击"确定"按钮，即可创建单轨扫掠曲面，然后删除绘图区中的曲线，如图 14-16 所示。

步骤 ⑯ 在工具列中单击"指定三或四个角建立曲面"按钮右侧的下拉按钮，从弹出的面板中单击"以平面曲线建立曲面"按钮◎，根据命令行提示，在绘图区中依次选择合适的曲线，执行操作后，按【Enter】键确认，即可创建曲面，如图 14-17 所示。

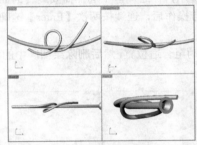

图 14-16　创建单轨扫掠曲面

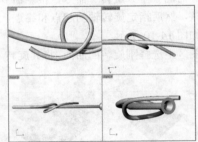

图 14-17　创建曲面

步骤 ⑰ 在工具列中单击"布尔运算联集"右侧的下拉按钮，从弹出的面板中单击"指定建立实体"按钮▥，在绘图区中选择相应的曲面，按【Enter】键确认，即可建立实体；单击"实体"｜"边缘圆角"｜"不等距边缘圆角"命令，根据命令行提示，设置圆角半径为 0.9，并按【Enter】键确认，在绘图区中选择合适的边缘，对其进行圆角操作，如图 14-18 所示。

步骤 ⑱ 在绘图区中选择相应的模型，在"变动"选项卡中单击"复制"按钮▦，根据命令行提示，在绘图区中捕捉合适的端点作为复制的起点和终点，执行操作后，即可复制模型，然后将其调整至合适形状，如图 14-19 所示。

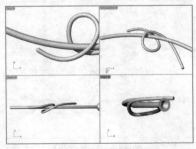

图 14-18　边缘圆角操作

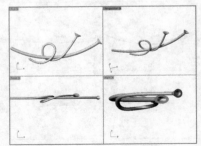

图 14-19　复制并调整模型

14.1.4　制作胸针细节

步骤 ① 在"宝石"选项卡中单击"宝石工具"按钮▧，在 RhinoGold 面板中单击 Brilliant 右侧的下拉按钮，从弹出的下拉面板中选择相应的选项，如图 14-20 所示。

步骤 2 在 RhinoGold 面板中设置"宽度"为 20、"深度共计"为 3，单击"确定"按钮 ✓，如图 14-21 所示。

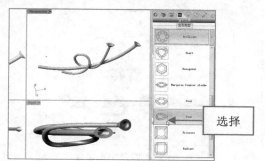

图 14-20　选择相应选项

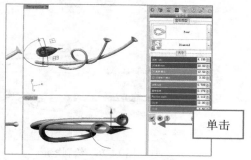

图 14-21　单击"确定"按钮

步骤 3 执行操作后，即可调入宝石，如图 14-22 所示。

步骤 4 在工具列中单击"控制点曲线"按钮 ⬚，在绘图区的 Top 视图中绘制控制点曲线，然后隐藏宝石，如图 14-23 所示。

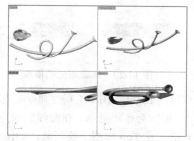

图 14-22　调入宝石

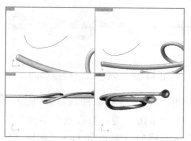

图 14-23　绘制控制点曲线

步骤 5 在"变动"选项卡中单击"镜像"按钮 ⚖，根据命令行提示，在绘图区中选择需要镜像的曲线，按【Enter】键确认，然后在绘图区中捕捉曲线的端点作为镜像平面的起点和终点，执行操作后，即可镜像曲线，如图 14-24 所示。

步骤 6 在工具列中单击"曲线圆角"按钮 ⌐，根据命令行提示，设置"半径"为 2，在绘图区中依次选择合适的曲线，执行操作后，即可进行圆角曲线操作，如图 14-25 所示。

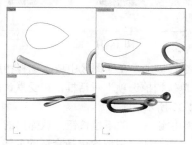

图 14-24　镜像曲线

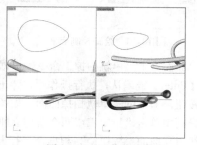

图 14-25　圆角曲线操作

步骤 7 在工具列中单击"矩形：角对角"按钮 ▢，根据命令行提示，以相应的点为矩形的第一点，设置矩形的长度和宽度分别为-1.5 和-2，在 Front 视图中绘制一个矩形，如图 14-26 所示。

步骤 8 在工具列中单击"曲线圆角"按钮 ⌐，根据命令行提示，设置"半径"为 0.7 和 0.3，在绘图区中依次选择合适的曲线，执行操作后，即可进行圆角矩形操作，如图 14-27 所示。

步骤 9 单击"曲面"|"单轨扫掠"命令，根据命令行提示，在绘图区中依次选择圆弧和圆，连续按两次【Enter】键确认，执行操作后，弹出"单轨扫掠选项"对话框，接受默认的参数，单击"确定"按钮，即可创建单轨扫掠曲面，然后按【Ctrl＋Alt＋H】组合键，取消宝石的隐藏，如图 14-28 所示。

步骤 ⑩ 在绘图区中选择刚创建的曲面，将其移至合适位置，然后隐藏相应的模型，如图 14-29 所示。

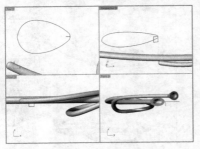

图 14-26　绘制矩形

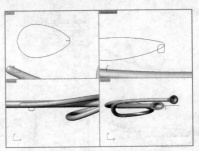

图 14-27　圆角矩形操作

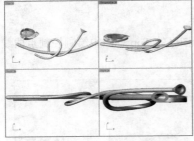

图 14-28　创建单轨扫掠曲面

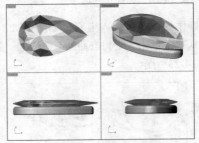

图 14-29　隐藏相应的模型

步骤 ⑪ 在工具列中单击"控制点曲线"按钮，在绘图区的 Right 视图中绘制控制点曲线，如图 14-30 所示。

步骤 ⑫ 在工具列中单击"圆：中心点、半径"按钮，根据命令行提示，在曲线的端点上单击鼠标左键，确定圆心，然后设置直径为 1，并按【Enter】键，在 Top 视图中绘制圆，如图 14-31 所示。

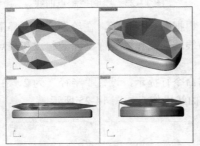

图 14-30　绘制控制点曲线

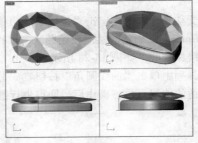

图 14-31　绘制圆

步骤 ⑬ 单击"曲面"｜"单轨扫掠"命令，根据命令行提示，在绘图区中依次选择相应的曲线，连续按两次【Enter】键确认，执行操作后，弹出"单轨扫掠选项"对话框，接受默认的参数，单击"确定"按钮，即可创建单轨扫掠曲面，如图 14-32 所示。

步骤 ⑭ 在工具列中单击"指定三或四个角建立曲面"按钮右侧的下拉按钮，从弹出的面板中单击"以平面曲线建立曲面"按钮，根据命令行提示，在绘图区中依次选择合适的曲线，执行操作后，按【Enter】键确认，即可创建曲面，如图 14-33 所示。

步骤 ⑮ 在工具列中单击"布尔运算联集"右侧的下拉按钮，从弹出的面板中单击"指定建立实体"按钮，在绘图区中选择相应的曲面，按【Enter】键确认，即可建立实体；单击"实体"｜"边缘圆角"｜"不等距边缘圆角"命令，根据命令行提示，设置圆角半径为 0.4，并按【Enter】键确认，在绘图区中选择合适的边缘，对其进行圆角操作，如图 14-34 所示。

步骤 ⑯ 在绘图区中选择相应的模型，在"变动"选项卡中单击"镜像"按钮，根据命令行提示，在绘图区中捕捉合适的端点作为镜像平面的起点和终点，执行操作后，即可镜像模型，如图 14-35 所示。

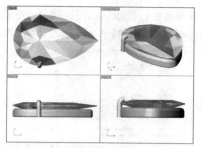

图 14-32　创建单轨扫掠曲面

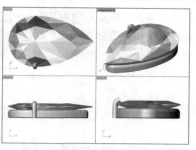

图 14-33　创建曲面

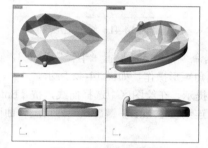

图 14-34　边缘圆角操作

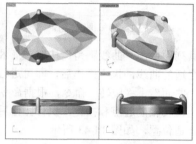

图 14-35　镜像模型

步骤 ⒄ 按【Ctrl＋Alt＋H】组合键，取消相应模型的隐藏，如图 14-36 所示。

步骤 ⒅ 在绘图区中选择相应的模型，将其旋转、移动至合适位置，如图 14-37 所示。

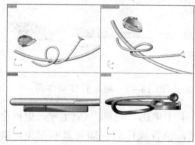

图 14-36　取消相应模型的隐藏

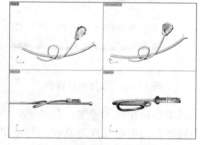

图 14-37　旋转和移动模型

步骤 ⒆ 在绘图区中选择相应的模型，在"变动"选项卡中单击"复制"按钮 🔲，根据命令行提示，在绘图区中捕捉合适的端点作为复制的起点和终点，执行操作后，即可复制模型，然后将其旋转、移动至合适位置，如图 14-38 所示，并将宝石移至"宝石 1"图层上。

步骤 ⒇ 在"宝石"选项卡中单击"宝石工具"按钮 🔷，在 RhinoGold 面板中设置"内径"为 8、"深度共计"为 3，单击"确定"按钮 ✔，如图 14-39 所示。

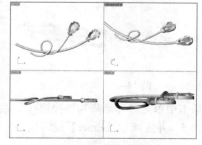

图 14-38　复制模型

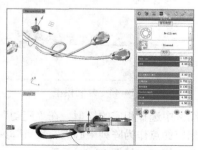

图 14-39　单击"确定"按钮

步骤 ㉑ 执行操作后，即可调入宝石，如图 14-40 所示。

步骤 ㉒ 在工具列中单击"矩形：角对角"按钮 □，根据命令行提示，以圆的四分点为矩形的第一点，设置矩形的长度和宽度分别为-0.8 和-2.8，在 Front 视图中绘制一个矩形，如图 14-41 所示。

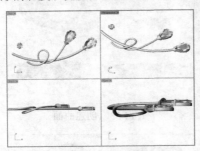
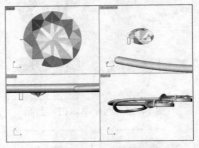

图 14-40　调入宝石　　　　　　　　　　　图 14-41　绘制矩形

步骤 ㉓ 在工具列中单击"曲线圆角"按钮 ⌐，根据命令行提示，设置"半径"为 0.3，在绘图区中依次选择合适的曲线，执行操作后，即可进行圆角矩形操作，如图 14-42 所示。

步骤 ㉔ 单击"曲面"｜"旋转"命令，根据命令行提示，在绘图区中选择曲线，按【Enter】键确认，然后指定旋转轴的起点和指定，执行操作后，连续按【Enter】键确认，即可旋转曲面，然后将其移动至合适位置，如图 14-43 所示。

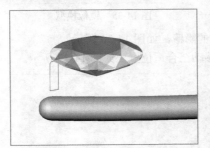
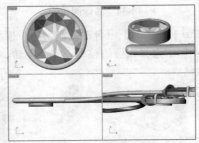

图 14-42　圆角矩形操作　　　　　　　　　图 14-43　旋转并移动曲面

步骤 ㉕ 在绘图区中选择相应的模型，在"变动"选项卡中单击"复制"按钮 ꛷，根据命令行提示，在绘图区中捕捉合适的端点作为复制的起点和终点，执行操作后，即可复制模型，如图 14-44 所示。

步骤 ㉖ 在绘图区中选择合适的模型，在"变动"选项卡中单击"缩放"按钮 ◨，根据命令行提示，指定基点和参考点，缩放模型，并将其移至合适位置，如图 14-45 所示，然后将钻石分别置于"宝石 2"图层和"宝石 3"图层。

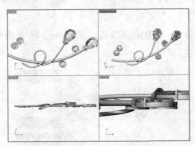
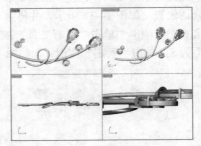

图 14-44　复制模型　　　　　　　　　　　图 14-45　缩放模型

步骤 ㉗ 在绘图区中选择相应的模型，在"变动"选项卡中单击"环形阵列"按钮 ꛷，根据命令行提示，选择相应的点作为阵列中心点，设置阵列数为 5，并连续按【Enter】键确认，执行操作后，即可环形阵列模型，如图 14-46 所示。

步骤 ㉘ 在绘图区中选择相应的模型，将其移至合适位置，如图 14-47 所示。

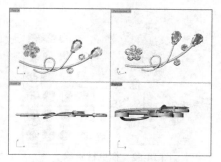

图 14-46　环形阵列模型

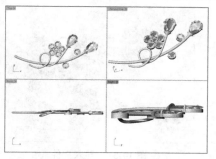

图 14-47　移动模型

步骤 ㉙ 在"珠宝"选项卡中单击"调查结果"按钮，弹出"调查结果"对话框，在其中选择相应的选项，如图 14-48 所示。

步骤 ㉚ 在选择的选项上双击鼠标左键，执行操作后，即可调出模型，如图 14-49 所示。

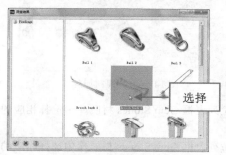

选择

图 14-48　选择相应的模型

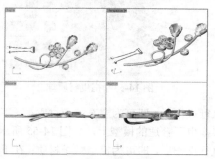

图 14-49　调出模型

步骤 ㉛ 在绘图区中选择刚调出的模型，将其移至合适位置，并对其进行调整，如图 14-50 所示，然后更改模型图层，并保存模型。

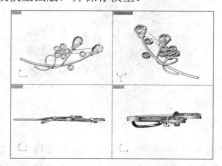

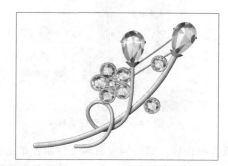

图 14-50　移动并调整模型

14.1.5　渲染胸针

步骤 ① 启动 KeyShot 4.0，并将保存的文件导入其中，如图 14-51 所示。

步骤 ② 在"KeyShot 库"面板的下拉列表框中选择 Metal 选项，然后选择相应的材质球，并将其拖曳至合适的模型上，如图 14-52 所示。

步骤 ③ 执行操作后，即可为模型赋予材质；在下拉列表框 Metal 材质库中选择相应的材质球，并将其拖曳至合适的模型上，如图 14-53 所示。

步骤 ④ 执行操作后，即可为模型赋予材质；在下拉列表框中选择 Gem Stones 选项，然后选择相应的材质球，并将其拖曳至宝石上，如图 14-54 所示。

图 14-51　导入文件

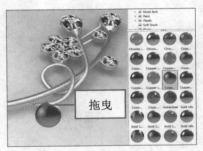

拖曳

图 14-52　拖曳材质球 1

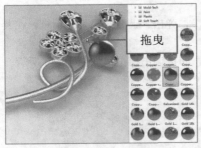

拖曳

图 14-53　拖曳材质球 2

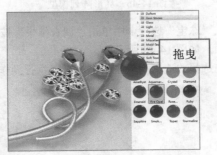

拖曳

图 14-54　拖曳材质球 3

步骤 5　执行操作后，即可为宝石赋予材质；在下拉列表框 Gem Stones 材质库中选择相应的材质球，并将其拖曳至合适的模型上，如图 14-55 所示。

步骤 6　执行操作后，即可为模型赋予材质；在下拉列表框 Gem Stones 材质库中选择相应的材质球，并将其拖曳至合适的模型上，如图 14-56 所示。

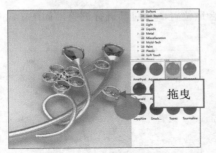

拖曳

图 14-55　拖曳材质球 4

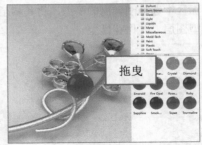

拖曳

图 14-56　单击"渲染"按钮

步骤 7　执行操作后，即可为宝石赋予材质；单击"渲染"按钮 ，弹出"渲染选项"对话框，在"名称"文本框中输入 14-60.jpg，然后单击"预设置"按钮，在弹出的列表框中选择 800×645 选项，如图 14-57 所示。

步骤 8　单击"渲染"按钮，弹出相应的对话框，显示渲染进度，如图 14-58 所示。

选择

图 14-57　选择相应选项

图 14-58　显示渲染进度

稍等片刻后，即可完成模型的渲染，如图 14-59 所示。

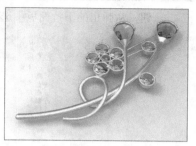

图 14-59　渲染模型

14.2　项链的建模设计

本实例介绍项链的建模设计。项链是用金银、珠宝等制成的挂在颈上的链条形状的首饰。在设计项链的时候要确定长度，一般长 40 厘米左右。最简单的设计就是一根链子加一个吊坠。项链效果如图 14-60 所示。

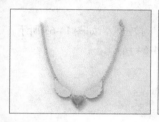　　　

图 14-60　项链

素材文件	无
效果文件	光盘\效果\第 14 章\14-96.3dm、14-103.jpg
视频文件	光盘\视频\第 14 章\14.2 项链的建模设计.mp4

14.2.1　项链概述

项链是人体的装饰品之一，是最早出现的首饰。项链除了具有装饰功能之外，有些项链还具有特殊显示作用，如佛教徒的念珠。从古至今，人们为了美化人体本身，制造了各种不同风格、不同特点和不同式样的项链，满足了不同肤色、不同民族、不同审美观的人的审美需要。这里，从材料和样式两个方面来介绍项链的款式。就材料而论，首饰市场上的项链有黄金、白银、珠宝等几种。其中，黄金项链的成色有赤金、18K、14K 三种；白银的成色有 92.5%含银量和银质镀金两种；用作项链的珠宝有钻石、红宝石、蓝宝石、绿宝石、翡翠、天然珍珠等高级材料，也有玛瑙、珊瑚玉、象牙、养殖珍珠等中、低级材料。珠宝项链比金银项链的装饰效果更强烈，色彩变化也更丰富，尤受中青年的喜爱。

世界上又流行时装项链，大都采用非贵重材料制成，如包金项链、塑料、皮革、玻璃、丝绳、木头、低熔合金等制成的项链，主要是为了搭配时装，强调新、奇和美。

戴项链应和自己的年龄及体型相协调。如脖子细长的女士佩戴仿丝链，更显玲珑娇美；马鞭链粗实成熟，适合年龄较大的妇女选用。佩戴项链也应和服装相呼应，例如，身着柔软、飘逸的丝绸衣衫裙时，宜佩戴精致、细巧的项链，显得妩媚动人；穿单色或素色服装时，宜佩戴色泽鲜明的项链。这样，在首饰的点缀下，服装色彩可显得丰富、活跃。

14.2.2　设计前的构思

从设计上来说，该款项链采用一颗心形钻石搭配一对翅膀，象征着爱和自由。

14.2.3　制作项链主体

　单击"标准"选项卡中的"编辑图层"按钮，进入"图层"选项卡，更改图层名称，并将"金属"图层置为当前图层，如图 14-61 所示。

　在"宝石"选项卡中单击"宝石工具"按钮，在 RhinoGold 面板中单击 Brilliant 右侧的下拉按钮，从弹出的下拉面板中选择相应的选项，如图 14-62 所示。

图 14-61　"图层"选项卡

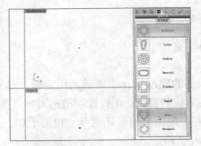

图 14-62　选择相应的选项

步骤 ③ 在 RhinoGold 面板中设置"内径"为 10、"深度共计"为 3，单击"确定"按钮✅，如图 14-63 所示。

步骤 ④ 执行操作后，即可调用宝石，并将宝石移至"宝石"图层上，如图 14-64 所示。

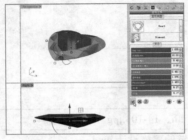

图 14-63　单击"确定"按钮

图 14-64　调用钻石

步骤 ⑤ 在工具列中单击"控制点曲线"按钮，在绘图区的 Top 视图中绘制控制点曲线，然后按【Ctrl＋H】组合键，隐藏宝石，查看曲线，如图 14-65 所示。

步骤 ⑥ 在"变动"选项卡中单击"镜像"按钮，根据命令行提示，在绘图区中选择需要镜像的曲线，按【Enter】键确认，然后在绘图区中捕捉曲线的端点作为镜像平面的起点和终点，执行操作后，即可镜像曲线，如图 14-66 所示。

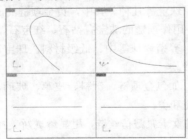

图 14-65　绘制控制点曲线

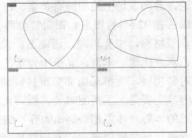

图 14-66　镜像曲线

步骤 ⑦ 在工具列中单击"曲线圆角"按钮，根据命令行提示，设置"半径"为 0.5，在绘图区中依次选择合适的曲线，执行操作后，即可进行圆角曲线操作，如图 14-67 所示。

步骤 ⑧ 在工具列中单击"矩形：角对角"按钮，根据命令行提示，以相应的端点为矩形的第一点，设置矩形的长度和宽度分别为-0.5 和-1，在 Right 视图中绘制一个矩形，如图 14-68 所示。

步骤 ⑨ 在工具列中单击"曲线圆角"按钮，根据命令行提示，设置"半径"为 0.25 和 0.1，在绘图区中依次选择合适的曲线，执行操作后，即可进行圆角矩形操作，如图 14-69 所示。

步骤 ⑩ 单击"曲面"｜"单轨扫掠"命令，根据命令行提示，在绘图区中依次选择合适的曲线，连续按两次【Enter】键确认，执行操作后，弹出"单轨扫掠选项"对话框，接受默认的参数，单击"确定"按钮，即可创建单轨扫掠曲面，并删除绘图区中的曲线，然后按【Ctrl＋Alt＋H】组合键，显示隐藏的宝石，如图 14-70 所示。

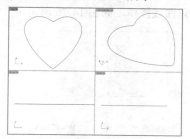

图 14-67　圆角曲线操作

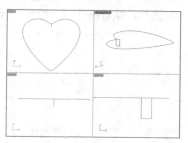

图 14-68　绘制矩形

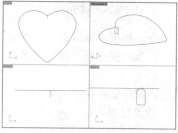

图 14-69　圆角矩形操作

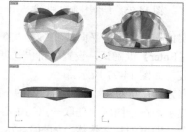

图 14-70　创建单轨扫掠曲面

步骤 ⑪　在绘图区中选择刚创建的曲面，将其移至合适位置，如图 14-71 所示。

步骤 ⑫　在"珠宝"选项卡中单击"起钉工具"按钮，然后在 RhinoGold 面板中单击"选择所有宝石"按钮，在"参数"选项区中设置"插脚数目"为 3、"总高度"为 2.6、"深度波纹管创业板"为 1.5，取消选中"顺利章"复选框，单击"确定"按钮，如图 14-72 所示。

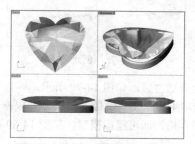

图 14-71　圆角曲线操作

图 14-72　创建单轨扫掠曲面

步骤 ⑬　执行操作后，即可创建爪，然后将创建的爪移至合适位置，如图 14-73 所示。

步骤 ⑭　单击"实体"｜"边缘圆角"｜"不等距边缘圆角"命令，根据命令行提示，设置圆角半径为 0.4，并按【Enter】键确认，在绘图区中选择合适的边缘，对其进行圆角操作，如图 14-74 所示。

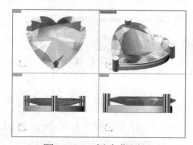

图 14-73　创建曲面

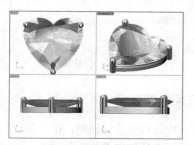

图 14-74　边缘圆角操作

步骤 ⑮　在工具列中单击"控制点曲线"按钮，在绘图区的 Top 视图中绘制控制点曲线，如图 14-75 所示。

步骤 ⑯ 在工具列中单击"曲线圆角"按钮 ，根据命令行提示，设置"半径"为 0.1，在绘图区中依次选择合适的曲线，执行操作后，即可进行圆角曲线操作，如图 14-76 所示。

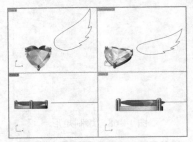

图 14-75 绘制控制点曲线

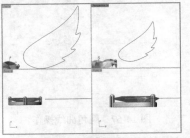

图 14-76 圆角曲线操作

步骤 ⑰ 单击"实体"｜"挤出平面曲线"｜"直线"命令，根据命令行提示，在绘图区中选择合适的曲线，按【Enter】键确认，设置"挤出长度"为-1，执行操作后，即可挤出曲线，然后删除绘图区中的曲线，如图 14-77 所示。

步骤 ⑱ 单击"立方体：角对角、高度"右侧的下拉按钮，在弹出的面板中单击"环状体"按钮 ，根据命令行提示，在绘图区中任取一点为中心点，然后设置"半径"为 1.3、"第二半径"为 0.3，执行操作后，即可创建环状体，如图 14-78 所示。

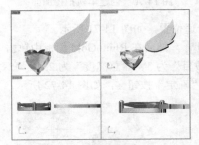

图 14-77 挤出曲线

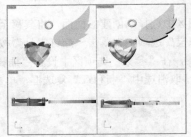

图 14-78 创建环状体

步骤 ⑲ 在绘图区中选择刚创建的环状体，将其移至合适位置，如图 14-79 所示。

步骤 ⑳ 在绘图区中选择合适的模型，在"变动"选项卡中单击"镜像"按钮 ，根据命令行提示，在绘图区中指定镜像平面的起点和终点，执行操作后，即可镜像模型，如图 14-80 所示。

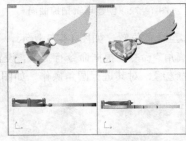

图 14-79 移动模型

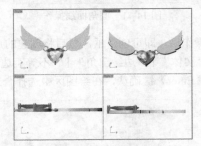

图 14-80 镜像模型

14.2.4 制作项链细节

步骤 ❶ 在绘图区中选择相应的模型，在"变动"选项卡中单击"复制"按钮 ，根据命令行提示，在绘图区中捕捉合适的端点作为复制的起点和终点，执行操作后，即可复制模型，如图 14-81 所示。

步骤 ❷ 在绘图区中选择合适的模型，将其旋转、移动至合适位置，如图 14-82 所示。

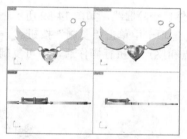
图 14-81　复制模型

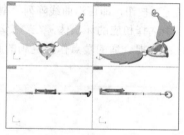
图 14-82　移动模型

步骤 ③　单击"立方体：角对角、高度"按钮右侧的下拉按钮，在弹出的面板中单击"环状体"按钮 ，根据命令行提示，在绘图区中任取一点为中心点，然后设置"半径"为 0.8、"第二半径"为 0.2，执行操作后，即可创建环状体，如图 14-83 所示。

步骤 ④　在绘图区中选择刚创建的环状体，在"变动"选项卡中单击"复制"按钮 ，根据命令行提示，在绘图区中捕捉合适的端点作为复制的起点和终点，执行操作后，即可复制模型，如图 14-84 所示。

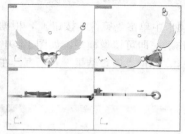
图 14-83　绘制环状体

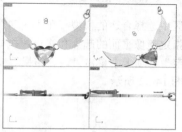
图 14-84　复制模型

步骤 ⑤　在绘图区中选择刚复制的模型，将其旋转至合适位置，如图 14-85 所示。

步骤 ⑥　在绘图区中选择合适的模型，将其移动、旋转至合适位置，如图 14-86 所示。

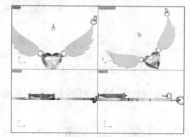
图 14-85　旋转模型

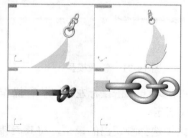
图 14-86　移动和旋转模型

步骤 ⑦　在工具列中单击"控制点曲线"按钮 ，在绘图区的 Top 视图中绘制控制点曲线，如图 14-87 所示。

步骤 ⑧　在"变动"选项卡中单击"矩形阵列"右侧的下拉按钮，从弹出的面板中单击"沿着曲线阵列"按钮 ，根据命令行提示，在绘图区中选择需要阵列的模型，按【Enter】确认，然后选择路径曲线，执行操作后，弹出"沿着曲线阵列选项"对话框，设置"项目数"为 26，如图 14-88 所示。

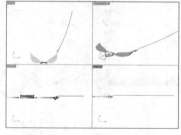
图 14-87　绘制控制点曲线

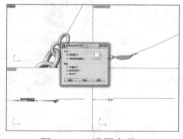
图 14-88　设置参数

步骤 ⑨ 单击"确定"按钮，即可沿曲线阵列模型，然后删除曲线，如图 14-89 所示。

步骤 ⑩ 在绘图区中选择相应的环状体，在"变动"选项卡中单击"复制"按钮，根据命令行提示，在绘图区中捕捉合适的端点作为复制的起点和终点，执行操作后，即可复制模型，如图 14-90 所示。

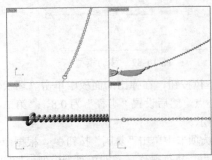
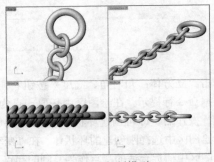

图 14-89　沿曲线阵列模型　　　　　　图 14-90　复制模型

步骤 ⑪ 在绘图区中选择合适的模型，在"变动"选项卡中单击"镜像"按钮，根据命令行提示，在绘图区中指定镜像平面的起点和终点，执行操作后，即可镜像模型，如图 14-91 所示。

步骤 ⑫ 在"珠宝"选项卡中单击"调查结果"按钮，弹出"调查结果"对话框，在其中选择相应的选项，如图 14-92 所示。

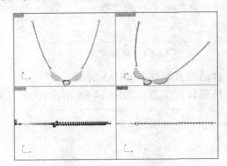
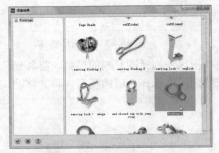

图 14-91　镜像模型　　　　　　　　图 14-92　选择相应的选项

步骤 ⑬ 在选择的选项上双击鼠标左键，执行操作后，即可调出模型，然后将其移至"金属"图层上，如图 14-93 所示。

步骤 ⑭ 在绘图区中选择刚调出的模型，将其旋转、移动至合适位置，如图 14-94 所示。

步骤 ⑮ 在工具列中单击"布尔运算联集"按钮，根据命令行提示，在绘图区中依次选择合适的模型，并按【Enter】键确认，执行操作后，即可联集运算模型，如图 14-95 所示，项链效果如图 14-96 所示，然后保存模型。

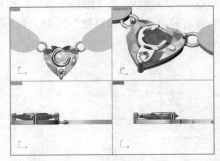
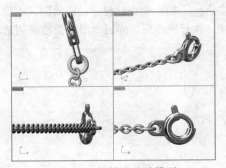

图 14-93　调入模型　　　　　　　　图 14-94　旋转和移动模型

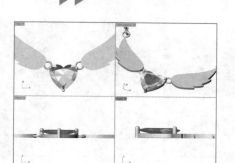

图 14-95　联集运算模型

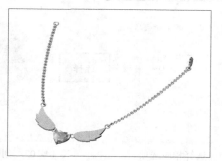

图 14-96　项链效果

14.2.5　渲染项链

步骤 ① 启动 KeyShot 4.0，并将保存的文件导入其中，如图 14-97 所示。

步骤 ② 在"KeyShot 库"面板的下拉列表框中选择 Metal 选项，然后选择相应的材质球，并将其拖曳至合适的模型上，如图 14-98 所示。

图 14-97　导入文件

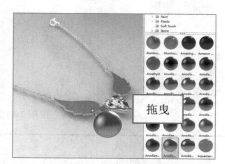

图 14-98　拖曳材质球 1

步骤 ③ 执行操作后，即可为模型赋予材质；在下拉列表框中选择 Gem Stones 选项，然后选择相应的材质球，并将其拖曳至宝石上，如图 14-99 所示。

步骤 ④ 执行操作后，即可为宝石赋予材质；在下拉列表框中选择 Amethyst 选项，然后选择相应的材质球，并将其拖曳至宝石上，如图 14-100 所示。

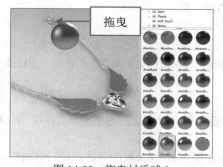

图 14-99　拖曳材质球 2

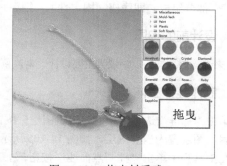

图 14-100　拖曳材质球 3

步骤 ⑤ 执行操作后，即可为宝石赋予材质；单击"渲染"按钮 👁，弹出"渲染选项"对话框，在"名称"文本框中输入 14-103.jpg，然后单击"预设置"按钮，在弹出的列表框中选择 640×515 选项，执行操作后，单击"渲染"按钮，如图 14-101 所示。

步骤 ⑥ 弹出相应的对话框，显示渲染进度，如图 14-102 所示。

步骤 ⑦ 稍等片刻后，即可完成模型的渲染，如图 14-103 所示。

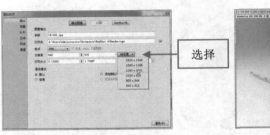

选择

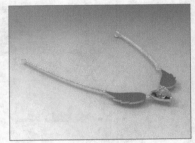

图 14-101　选择相应选项　　　图 14-102　创建单轨扫掠曲面　　　图 14-103　渲染模型

14.3　挂件的建模设计

本实例介绍挂件的建模设计。挂件一般用来装饰物件，其主要用在钥匙、手机及书包上。挂件效果如图 14-104 所示。

   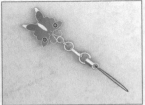

图 14-104　挂件

素材文件	无
效果文件	光盘\效果\第 14 章\14-130.3dm、14-
视频文件	光盘\视频\第 14 章\14.3 挂件的建模设计.mp4

14.3.1　挂件概述

挂件不能单独成件，主要和绳链配合使用，一般用来挂在手机、mp4 上等，起装饰作用。

挂件由三个部分组成，即底座（固定件）、连接件和功能件。

14.3.2　设计前的构思

从设计上来讲，该款挂饰以蝴蝶为主要设计元素，整体造型鲜活，而金色与蓝色的搭配，使挂件更具时尚性。

14.3.3　制作挂件主体

步骤① 单击"标准"选项卡中的"编辑图层"按钮，进入"图层"选项卡，更改图层名称，并将"金属"图层置为当前图层，如图 14-105 所示。

步骤② 在工具列中单击"控制点曲线"按钮，在绘图区的 Top 视图中绘制控制点曲线，如图 14-106 所示。

步骤③ 在工具列中单击"曲线圆角"按钮，根据命令行提示，设置"半径"为 0.5，在绘图区中依次选择合适的曲线，执行操作后，即可圆角曲线，如图 14-107 所示。

步骤④ 在"变动"选项卡中单击"镜像"按钮，根据命令行提示，在绘图区中选择需要镜像的曲线，按【Enter】键确认，然后在绘图区中捕捉相应的端点作为镜像平面的起点和终点，执行操作后，即可镜像曲线，如图 14-108 所示。

图 14-105　"图层"选项卡

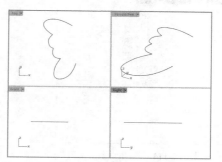

图 14-106　绘制控制点曲线

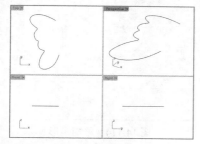

图 14-107　圆角曲线

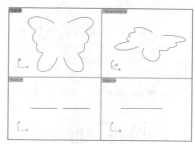

图 14-108　镜像曲线

步骤 5　在工具列中单击"圆弧：中心点、起点、角度"按钮右侧的下拉按钮，在弹出的面板中单击"圆弧：起点、终点、通过点"按钮 ，根据命令行提示，在绘图区中合适的点上单击鼠标左键，执行操作后，即可绘制圆弧，如图 14-109 所示。

步骤 6　在工具列中单击"圆弧：中心点、起点、角度"按钮右侧的下拉按钮，在弹出的面板中单击"圆弧：起点、终点、通过点"按钮 ，根据命令行提示，在绘图区中合适的点上单击鼠标左键，执行操作后，即可绘制圆弧，如图 14-110 所示。

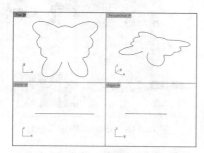

图 14-109　绘制圆弧

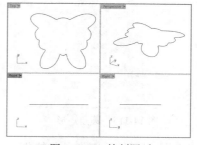

图 14-110　绘制圆弧

步骤 7　在工具列中单击"曲线圆角"按钮 ，根据命令行提示，设置"半径"为 0.5，在绘图区中依次选择合适的曲线，执行操作后，即可圆角曲线，如图 14-111 所示。

步骤 8　在工具列中单击"指定三或四个角建立曲面"按钮右侧的下拉按钮，在弹出的面板中单击"以平面曲线建立曲面"按钮 ，根据命令行提示，在绘图区中依次选择合适的曲线，执行操作后，按【Enter】键确认，即可创建曲面，如图 14-112 所示。

步骤 9　单击"曲面"｜"偏移曲面"命令，根据命令行提示，在绘图区中选择曲面，按【Enter】键确认，然后输入 S，并设置偏移距离为 2.5，执行操作后，即可偏移平面，如图 14-113 所示。

步骤 10　按【Ctrl＋H】组合键，隐藏相应的模型，在工具列中单击"矩形：角对角"按钮 ，根据命令行提示，以相应的端点为矩形的第一点，设置矩形的长度和宽度分别为 0.5 和-3，在 Right 视图中绘制一个矩形，如图 14-114 所示。

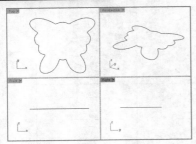

图 14-111　圆角曲线

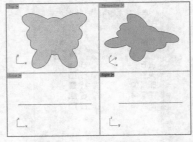

图 14-112　创建曲面

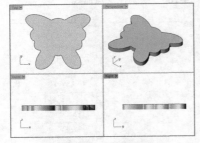

图 14-113　偏移曲面

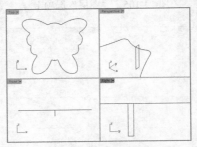

图 14-114　绘制矩形

步骤 ⑪ 在工具列中单击"曲线圆角"按钮🔧，根据命令行提示，设置"半径"为 0.2，在绘图区中依次选择合适的曲线，执行操作后，即可圆角矩形，如图 14-115 所示。

步骤 ⑫ 单击"曲面"｜"单轨扫掠"命令，根据命令行提示，在绘图区中依次选择合适的曲线，连续按两次【Enter】键确认，执行操作后，弹出"单轨扫掠选项"对话框，选中"正切点不分割"复选框，单击"确定"按钮，如图 14-116 所示。

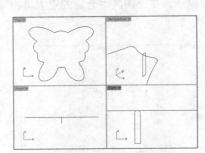

图 14-115　圆角矩形

图 14-116　单击"确定"按钮

步骤 ⑬ 执行操作后，即可创建单轨扫掠曲面，然后删除绘图区中的曲线，如图 14-117 所示。

步骤 ⑭ 按【Ctrl＋A＋H】组合键，取消相应的模型的隐藏，如图 14-118 所示。

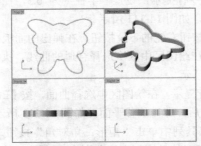

图 14-117　创建单轨扫掠曲面

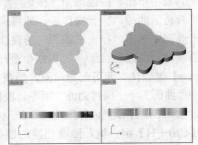

图 14-118　取消模型的隐藏

步骤 ⑮ 在绘图区中选择相应的模型，将其移至合适位置，如图 14-119 所示。

步骤 ⑯ 在工具列中单击"椭圆：从中心点"按钮 ，根据命令行提示，在 Top 视图的合适位置单击鼠标左键，绘制椭圆，并将其移至合适位置，如图 14-120 所示。

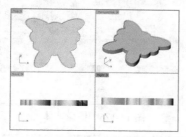

图 14-119　移动模型

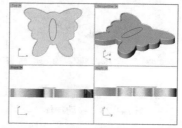

图 14-120　绘制并移动椭圆

步骤 ⑰ 单击"实体"｜"挤出平面曲线"｜"直线"命令，根据命令行提示，在绘图区中选择曲线，按【Enter】键确认，并设置"挤出长度"为-1.5，执行操作后，即可挤出曲线，然后删除绘图区中的曲线，如图 14-121 所示。

步骤 ⑱ 单击"实体"｜"边缘圆角"｜"不等距边缘圆角"命令，根据命令行提示，设置圆角半径为 0.6，并按【Enter】键确认，在绘图区中选择合适的边缘，对其进行圆角操作，如图 14-122 所示。

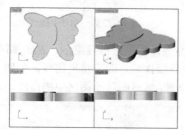

图 14-121　挤出曲线

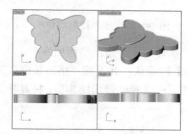

图 14-122　边缘圆角

步骤 ⑲ 在绘图区中选择刚圆角的模型，将其移至合适位置，如图 14-123 所示。

步骤 ⑳ 在工具列中单击"立方体：角对角、高度"右侧的下拉按钮，在弹出的面板中单击"球体"按钮，根据命令行提示，在绘图区中的任意位置单击鼠标左键，指定球的中心点，然后输入 1，按【Enter】键确认，在 Front 视图中创建一个球体，如图 14-124 所示。

图 14-123　移动模型

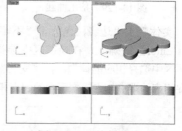

图 14-124　绘制球体

步骤 ㉑ 在绘图区中选择刚创建的球体，将其移至合适位置，如图 14-125 所示。

步骤 ㉒ 在绘图区中选择刚移动的球体，在"变动"选项卡中单击"镜像"按钮，根据命令行提示，在绘图区中捕捉相应的端点作为镜像平面的起点和终点，执行操作后，即可镜像球体，如图 14-126 所示。

步骤 ㉓ 在工具列中单击"控制点曲线"按钮，在绘图区的 Top 视图中绘制控制点曲线，如图 14-127 所示。

步骤 ㉔ 在工具列中单击"曲线圆角"右侧的下拉按钮，在弹出的面板中单击"封闭开放的曲线"按钮，根据命令行提示，在绘图区中选择曲线，执行操作后，即可封闭曲线，如图 14-128 所示。

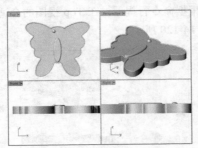

图 14-125　移动球体

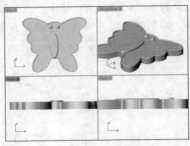

图 14-126　镜像球体

图 14-127　绘制控制点曲线

图 14-128　封闭曲线

步骤 25 单击"实体"｜"挤出平面曲线"｜"直线"命令，根据命令行提示，在绘图区中选择曲线，按【Enter】键确认，并设置"挤出长度"为 2，执行操作后，即可挤出曲线，如图 14-129 所示。

步骤 26 在绘图区中选择刚挤出的模型，将其移至合适位置，然后删除绘图区中的曲线，如图 14-130 所示。

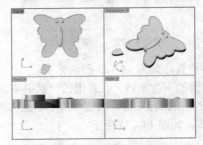

图 14-129　挤出曲线

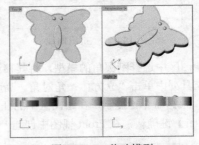

图 14-130　移动模型

步骤 27 单击"实体"｜"边缘圆角"｜"不等距边缘圆角"命令，根据命令行提示，设置圆角半径为 1，并按【Enter】键确认，在绘图区中选择合适的边缘，对其进行圆角操作，如图 14-131 所示。

步骤 28 在绘图区中选择相应的模型，在"变动"选项卡中单击"镜像"按钮 ⚹，根据命令行提示，在绘图区中捕捉相应的端点作为镜像平面的起点和终点，执行操作后，即可镜像模型，如图 14-132 所示。

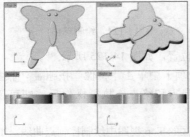

图 14-131　边缘圆角

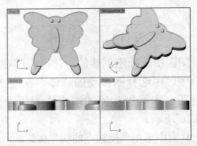

图 14-132　镜像模型

步骤 ㉙ 在工具列中单击"控制点曲线"按钮，在绘图区的 Top 视图中绘制控制点曲线，如图 14-133 所示。

步骤 ㉚ 在工具列中单击"圆：中心点、半径"按钮，根据命令行提示，以曲线的端点为圆心，设置半径为 0.5，绘制圆，如图 14-134 所示。

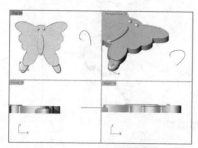
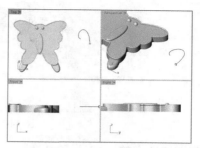

图 14-133　绘制控制点曲线　　　　　　　图 14-134　绘制圆

步骤 ㉛ 单击"曲面"｜"单轨扫掠"命令，根据命令行提示，在绘图区中依次选择合适的曲线，连续按两次【Enter】键确认，执行操作后，弹出"单轨扫掠选项"对话框，接受默认的参数，单击"确定"按钮，执行操作后，即可创建单轨扫掠曲面，然后删除绘图区中的曲线，如图 14-135 所示。

步骤 ㉜ 在工具列中单击"指定三或四个角建立曲面"按钮右侧的下拉按钮，在弹出的面板中单击"以平面曲线建立曲面"按钮，根据命令行提示，在绘图区中依次选择合适的曲线，执行操作后，按【Enter】键确认，即可创建曲面；在工具列中单击"布尔运算联集"右侧的下拉按钮，在弹出的面板中单击"指定建立实体"按钮，在绘图区中选择相应的曲面，按【Enter】键确认，即可建立实体，然后在建立的实体上单击鼠标左键，查看效果，如图 14-136 所示。

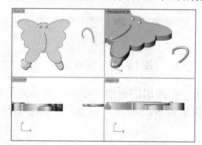
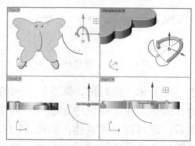

图 14-135　创建单轨扫掠曲面　　　　　　图 14-136　建立实体

步骤 ㉝ 单击"实体"｜"边缘圆角"｜"不等距边缘圆角"命令，根据命令行提示，设置圆角半径为 0.4，并按【Enter】键确认，在绘图区中选择合适的边缘，对其进行圆角操作，如图 14-137 所示。

步骤 ㉞ 在绘图区中选择刚圆角的模型，将其移至合适位置，如图 14-138 所示。

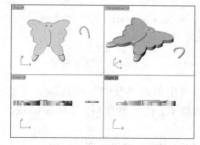
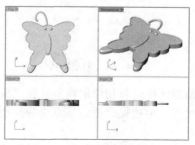

图 14-137　边缘圆角　　　　　　　　　　图 14-138　移动模型

步骤 ㉟ 在绘图区中选择相应的模型，在"变动"选项卡中单击"镜像"按钮，根据命令行提示，在绘图区中捕捉相应的端点作为镜像平面的起点和终点，执行操作后，即可镜像模型，如图14-139 所示。

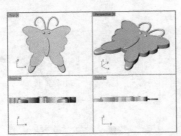

图 14-139　镜像模型

14.3.4　制作挂件细节

步骤 ① 单击"立方体：角对角、高度"右侧的下拉按钮，在弹出的面板中单击"环状体"按钮，根据命令行提示，在绘图区中任取一点为中心点，然后设置"半径"为 3.5，"第二半径"为 0.8，执行操作后，即可创建环状体，如图 14-140 所示。

步骤 ② 在绘图区中选择刚创建的环状体，将其移至合适位置，如图 14-141 所示。

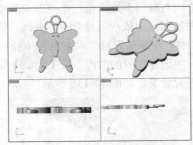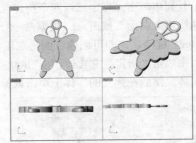

图 14-140　创建环状体　　　　　　图 14-141　移动模型

步骤 ③ 单击"立方体：角对角、高度"右侧的下拉按钮，在弹出的面板中单击"环状体"按钮，根据命令行提示，在绘图区中任取一点为中心点，然后设置"半径"为 5，"第二半径"为 1，执行操作后，即可创建环状体，如图 14-142 所示。

步骤 ④ 在绘图区中选择刚创建的环状体，将其移至合适位置，如图 14-143 所示。

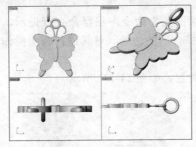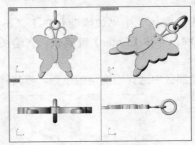

图 14-142　创建环状体　　　　　　图 14-143　移动模型

步骤 ⑤ 在绘图区中选择相应的模型，在"变动"选项卡中单击"复制"按钮，根据命令行提示，在绘图区中捕捉合适的端点作为复制的起点和终点，执行操作后，即可复制模型，如图 14-144 所示。

步骤 ⑥ 在绘图区中选择合适的模型，将其旋转至合适位置，如图 14-145 所示。

步骤 ⑦ 在"珠宝"选项卡中单击"调查结果"按钮，弹出"调查结果"对话框，在其中选择相应的选项，如图 14-146 所示。

步骤 8 在选择的选项上双击鼠标左键，执行操作后，即可调出模型，如图 14-147 所示。

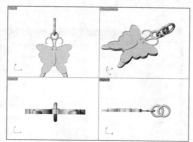

图 14-144　复制模型

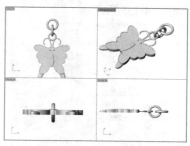

图 14-145　旋转模型

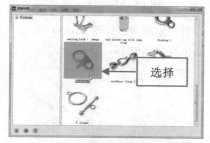

图 14-146　选择相应选项

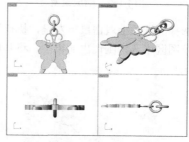

图 14-147　调出模型

步骤 9 在绘图区中选择相应的模型，将其移动、旋转至合适位置，如图 14-148 所示。

步骤 10 在绘图区中选择合适的模型，在"变动"选项卡中单击"缩放"按钮，根据命令行提示，指定基点和参考点，缩放模型，如图 14-149 所示。

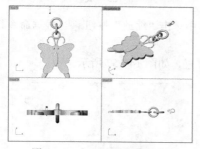

图 14-148　移动、旋转模型

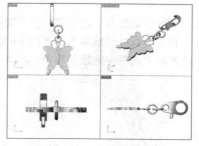

图 14-149　缩放模型

步骤 11 在绘图区中选择刚缩放的模型，将其移至合适位置，并将其移至"金属"图层上，如图 14-150 所示。

步骤 12 在绘图区中选择刚调出的模型，在"变动"选项卡中单击"缩放"按钮，根据命令行提示，指定基点和参考点，缩放模型，如图 14-151 所示。

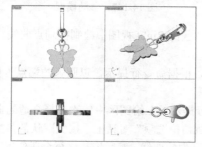

图 14-150　移动模型

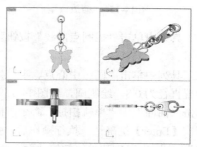

图 14-151　复制模型

步骤 ⑬ 在绘图区中选择刚缩放的模型，将其移至合适位置，并将其移至"金属"图层上，如图 14-152 所示。

步骤 ⑭ 在"珠宝"选项卡中单击"调查结果"按钮 ，弹出"调查结果"对话框，在其中选择相应的选项，如图 14-153 所示。

图 14-152　缩放模型

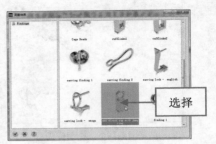

选择

图 14-153　选择相应选项

步骤 ⑮ 在选择的选项上双击鼠标左键，执行操作后，即可调出模型，如图 14-154 所示。

步骤 ⑯ 在绘图区中选择刚调出的模型，将其旋转至合适位置，如图 14-155 所示。

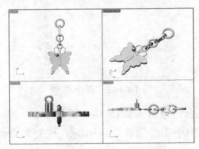

图 14-154　调出模型

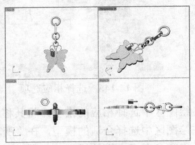

图 14-155　旋转模型

步骤 ⑰ 在绘图区中选择合适的模型，在"变动"选项卡中单击"缩放"按钮 ，根据命令行提示，指定基点和参考点，缩放模型，如图 14-156 所示。

步骤 ⑱ 在绘图区中选择刚缩放的模型，将其移至合适位置，如图 14-157 所示。

图 14-156　缩放模型

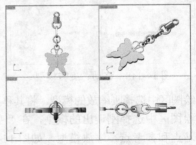

图 14-157　移动模型

步骤 ⑲ 在工具列中单击"控制点曲线"按钮 ，在绘图区的 Right 视图中绘制控制点曲线，如图 14-158 所示。

步骤 ⑳ 在工具列中单击"圆：中心点、半径"按钮 ，根据命令行提示，以圆弧的端点为圆的中心点，设置直径为 0.8，绘制圆，如图 14-159 所示。

步骤 ㉑ 单击"曲面"｜"单轨扫掠"命令，根据命令行提示，在绘图区中依次选择合适的曲线，连续按两次【Enter】键确认，执行操作后，弹出"单轨扫掠选项"对话框，接受默认的参数，单击"确定"按钮，即可创建单轨扫掠曲面，并删除绘图区中的曲线，然后将其移至合适位置，如图 14-160 所示。

步骤 ㉒ 在"宝石"选项卡中单击"宝石工具"按钮，在 RhinoGold 面板中设置"内径"为 5、单击"确定"按钮，执行操作后，即可调用宝石，然后将其移至合适位置，如图 14-161 所示。

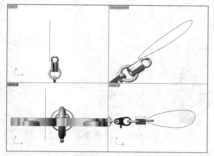

图 14-158 绘制控制点曲线

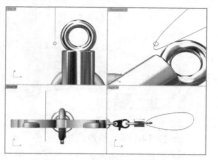

图 14-159 绘制圆

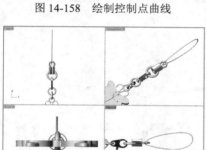

图 14-160 创建单轨扫掠曲面并移动

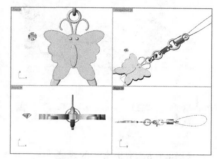

图 14-161 调用宝石并移动

步骤 ㉓ 在工具列中单击"圆：中心点、半径"按钮，根据命令行提示，在绘图区中的相应位置单击鼠标左键，确定圆的中心点，然后设置直径为 4.6，绘制圆，并隐藏宝石，查看效果，如图 14-162 所示。

步骤 ㉔ 在工具列中单击"矩形：角对角"按钮，根据命令行提示，以圆的四分点为矩形的第一点，设置矩形的长度和宽度分别为 0.8 和-2.4，在 Front 视图中绘制一个矩形，如图 14-163 所示。

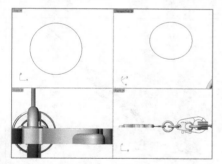

图 14-162 绘制圆

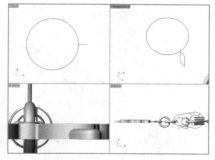

图 14-163 绘制矩形

步骤 ㉕ 在工具列中单击"曲线圆角"按钮，根据命令行提示，设置"半径"为 0.4，在绘图区中依次选择合适的曲线，执行操作后，即可圆角曲线，如图 14-164 所示。

步骤 ㉖ 单击"曲面"｜"单轨扫掠"命令，根据命令行提示，在绘图区中依次选择相应的曲线，连续按两次【Enter】键确认，执行操作后，弹出"单轨扫掠选项"对话框，接受默认的参数，单击"确定"按钮，即可创建单轨扫掠曲面，然后删除绘图区中的曲线，如图 14-165 所示。

步骤 ㉗ 按【Ctrl＋Alt＋H】组合键，取消宝石的隐藏，如图 14-166 所示。

步骤 ㉘ 在绘图区中选择相应的模型，将其移至合适位置，如图 14-167 所示。

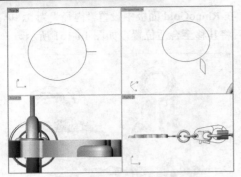

图 14-164　圆角曲线

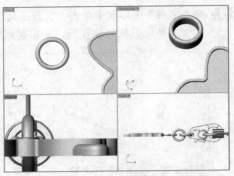

图 14-165　创建单轨扫掠曲面

图 14-166　取消宝石的隐藏

图 14-167　移动模型

步骤 29 在"变动"选项卡中单击"镜像"按钮，根据命令行提示，在绘图区中选择需要镜像的模型，按【Enter】键确认，然后在绘图区中捕捉相应的端点作为镜像平面的起点和终点，执行操作后，即可镜像模型，如图 14-168 所示。

步骤 30 在工具列中单击"布尔运算联集"按钮，根据命令行提示，在绘图区中依次选择合适的模型，并按【Enter】键确认，执行操作后，即可联集运算模型，然后删除绘图区中的曲线，并保存模型。

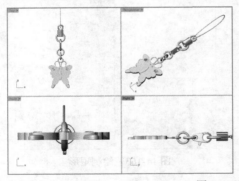

图 14-168　镜像模型

14.3.5　渲染挂件

步骤 1 启动 KeyShot 4.0，并将保存的文件导入到其中，如图 14-169 所示。

步骤 2 在"KeyShot 库"面板的下拉列表框中选择 Metal 选项，然后选择相应的材质球，并将其拖曳至合适的模型上，如图 14-170 所示。

图 14-169　导入文件

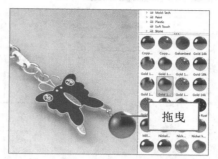

图 14-170　拖曳材质球

步骤 ③ 执行操作后，即可为模型赋予材质；在下拉列表框的 Metal 材质库中选择相应的材质球，并将其拖曳至合适的模型上，如图 14-171 所示。

步骤 ④ 执行操作后，即可为模型赋予材质；在下拉列表框中 DuPont 材质库中选择相应的材质球，并将其拖曳至宝石上，如图 14-172 所示。

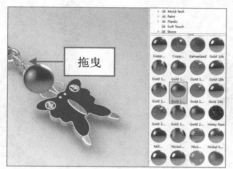

图 14-171　拖曳材质球

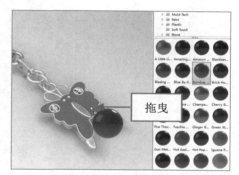

图 14-172　拖曳材质球

步骤 ⑤ 执行操作后，即可为宝石赋予材质；在下拉列表框中相应材质库中选择相应的材质球，并将其拖曳至合适的模型上，如图 14-173 所示。

步骤 ⑥ 执行操作后，即可为模型赋予材质，在下拉列表框中选择 Gem Stones 选项，然后选择相应的材质球，并将其拖曳至宝石上，如图 14-174 所示。

步骤 ⑦ 执行操作后，即可为宝石赋予材质；单击"渲染"按钮 ，弹出"渲染选项"对话框，在"名称"文本框中输入 14-138.jpg，然后单击"预设置"按钮，在弹出的列表框中选择 1835×1032 选项，单击"渲染"按钮，如图 14-175 所示。

步骤 ⑧ 弹出相应的对话框，显示渲染进度，如图 14-176 所示。

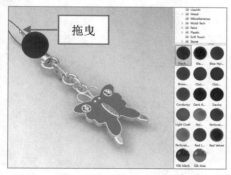

图 14-173　拖曳材质球

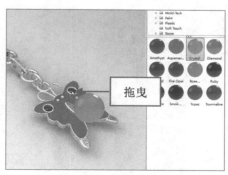

图 14-174　拖曳材质球

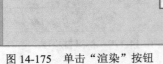

图 14-175　单击"渲染"按钮

图 14-176　显示渲染进度

步骤 9 稍等片刻后，即可完成模型的渲染，如图 14-177 所示。

图 14-177　渲染模型

第15章 "永恒之心"三件套首饰的设计

学前提示

　　套件首饰主要指的是三件套首饰，主要由项链、戒指、耳饰、胸针等组成，在设计风格中，套件首饰的每件饰品必须有相同的设计风格、设计元素及材质。本章主要向读者介绍"永恒之心"三件套首饰的建模设计。

本章知识重点

　　■　"永恒之心"三件套首饰的建模设计

学完本章后你能掌握什么

　　■　掌握"永恒之心"三件套首饰的建模设计，包括戒指的建模设计、项链的建模设计、耳钉的
　　　　建模设计及渲染三件套

　　本实例介绍"永恒之心"三件套首饰的建模设计。该三件套设计采用了多颗钻石，钻石的使用增添了首饰的贵重感，另外该首饰从质感上偏向于现代首饰的感觉与形式，极具浪漫色彩。"永恒之心"三件套饰品的效果如图15-1所示。

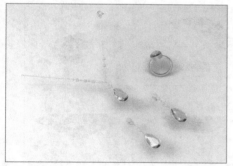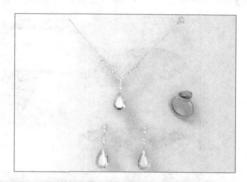
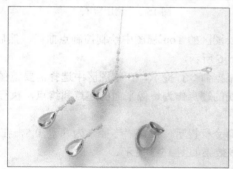

图 15-1　"永恒之心"三件套首饰

	素材文件	无
	效果文件	光盘\效果\第 15 章\15-67.3dm、15-76.jpg
	视频文件	光盘\视频\第 15 章\"永恒之心"三件套首饰的建模设计.mp4

15.1 戒指的建模设计

步骤 ❶ 单击"标准"选项卡中的"编辑图层"按钮　，进入"图层"选项卡，更改图层名称，并将"金

属"图层置为当前图层，如图 15-2 所示。

步骤 2 在"宝石"选项卡中单击"宝石"按钮，在 RhinoGold 面板中单击 Brilliant 右侧的下拉按钮，在弹出的下拉面板中选择相应的选项，如图 15-3 所示。

图 15-2 "图层"选项卡

图 15-3 选择相应的选项

步骤 3 在 RhinoGold 面板中设置"宽度"为 10，"深度共计"为 2，单击"确定"按钮，如图 15-4 所示。

步骤 4 执行操作后，即可调用宝石，并将宝石移至"宝石 1"图层上，如图 15-5 所示。

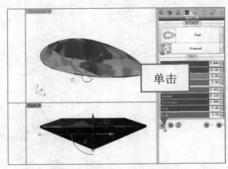

图 15-4 单击"确定"按钮

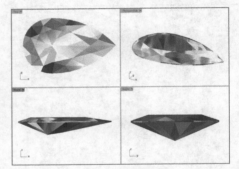

图 15-5 调用宝石

步骤 5 在工具列中单击"控制点曲线"按钮，在绘图区的 Top 视图中绘制控制点曲线，然后按【Ctrl+H】组合键，隐藏宝石，查看曲线，如图 15-6 所示。

步骤 6 在"变动"选项卡中单击"镜像"按钮，根据命令行提示，在绘图区中选择需要镜像的曲线，按【Enter】键确认，然后在绘图区中捕捉曲线的端点作为镜像平面的起点和终点，执行操作后，即可镜像曲线，如图 15-7 所示。

步骤 7 在工具列中单击"曲线圆角"按钮，根据命令行提示，设置"半径"为 3 和 0.5，在绘图区中依次选择合适的曲线，执行操作后，圆角曲线效果如图 15-8 所示。

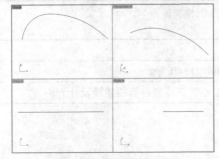

图 15-6 绘制控制点曲线

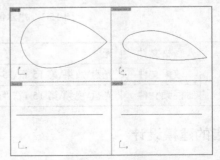

图 15-7 镜像曲线

步骤 8 在工具列中单击"矩形：角对角"按钮□，根据命令行提示，以相应的端点为矩形的第一点，设置矩形的长度和宽度分别为 0.4 和-2.3，在 Front 视图中绘制一个矩形，如图 15-9 所示。

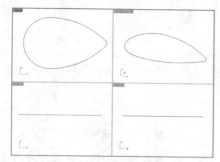

图 15-8 圆角曲线

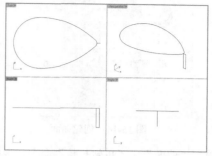

图 15-9 绘制矩形

步骤 9 在工具列中单击"曲线圆角"按钮，根据命令行提示，设置"半径"为 0.2，在绘图区中依次选择合适的曲线，执行操作后，圆角矩形效果如图 15-10 所示。

步骤 10 单击"曲面"｜"单轨扫掠"命令，根据命令行提示，在绘图区中依次选择合适的曲线，连续按两次【Enter】键确认，执行操作后，弹出"单轨扫掠选项"对话框，接受默认的参数，单击"确定"按钮，即可创建单轨扫掠曲面，并删除绘图区中的曲线，然后按【Ctrl＋Alt＋H】组合键，显示隐藏的宝石，如图 15-11 所示。

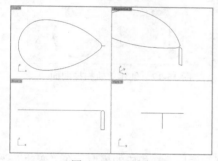

图 15-10 圆角矩形

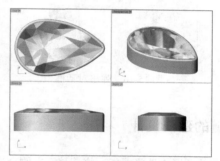

图 15-11 创建单轨扫掠曲面

步骤 11 在绘图区中选择刚创建的曲面，将其移至合适位置，如图 15-12 所示。

步骤 12 在工具列中单击"圆：中心点、半径"按钮，根据命令行提示，在绘图区中依次输入（0,-8.2）、14，在 Right 视图中绘制圆，如图 15-13 所示。

步骤 13 在工具列中单击"矩形：角对角"按钮□，根据命令行提示，以圆的四分点为矩形的第一点，设置矩形的长度和宽度分别为 2 和 1.2，在 Front 视图中绘制一个矩形，如图 15-14 所示。

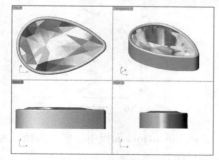

图 15-12 移动曲面

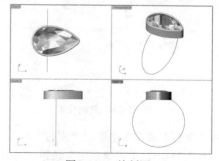

图 15-13 绘制圆

步骤 14 在工具列中单击"曲线圆角"按钮，根据命令行提示，设置"半径"为 1 和 0.2，在绘图区中依次选择合适的曲线，执行操作后，圆角矩形效果如图 15-15 所示。

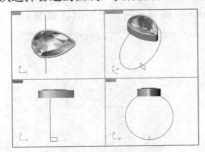

图 15-14　创建曲面

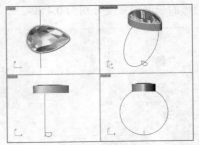

图 15-15　圆角矩形

步骤 ⑮ 单击"曲面"｜"单轨扫掠"命令，根据命令行提示，在绘图区中依次选择相应的曲线，连续按两次【Enter】键确认，执行操作后，弹出"单轨扫掠选项"对话框，如图 15-16 所示。

步骤 ⑯ 接受默认的参数，单击"确定"按钮，即可创建单轨扫掠曲面，然后删除绘图区中的曲线，如图 15-17 所示。

图 15-16　弹出对话框

图 15-17　创建单轨扫掠曲面

15.2　项链的建模设计

步骤 ① 在绘图区中选择戒指，将其移至右侧合适位置，然后选择相应的模型，在"变动"选项卡中单击"复制"按钮 ，根据命令行提示，在绘图区中捕捉合适的端点作为复制的起点和终点，执行操作后，即可复制模型，如图 15-18 所示。

步骤 ② 在绘图区中选择复制的模型，将其旋转至合适位置，如图 15-19 所示。

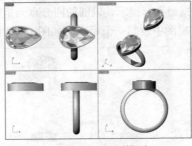

图 15-18　复制模型

图 15-19　旋转模型

步骤 ③ 在"宝石"选项卡中单击"宝石工具"按钮 ，在 RhinoGold 面板中设置"内径"为 2，"深度共计"为 0.5，单击"确定"按钮 ，如图 15-20 所示。

步骤 ④ 执行操作后，即可调用宝石，并将宝石移至"宝石 2"图层上，如图 15-21 所示。

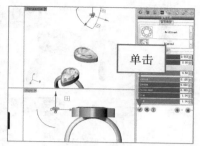

图 15-20　单击"确定"按钮

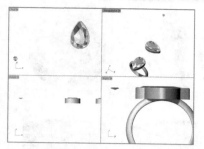

图 15-21　调入宝石

步骤 5 在工具列中单击"圆：中心点、半径"按钮 ◎ ，根据命令行提示，在绘图区中依次输入（0,0,0）、1.9，并按【Enter】键确认，执行操作后，即可绘制圆，然后隐藏宝石，如图 15-22 所示。

步骤 6 在工具列中单击"矩形：角对角"按钮 ▭ ，根据命令行提示，以圆的四分点为矩形的第一点，设置矩形的长度和宽度分别为 0.2 和-0.7，在 Front 视图中绘制一个矩形，如图 15-23 所示。

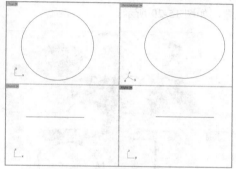

图 15-22　绘制圆

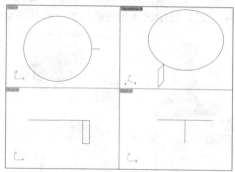

图 15-23　绘制矩形

步骤 7 在工具列中单击"曲线圆角"按钮 ⌐ ，根据命令行提示，设置"半径"为 0.1，在绘图区中依次选择合适的曲线，执行操作后，圆角矩形效果如图 15-24 所示。

步骤 8 单击"曲面"｜"单轨扫掠"命令，根据命令行提示，在绘图区中依次选择圆弧和圆，连续按两次【Enter】键确认，执行操作后，弹出"单轨扫掠选项"对话框，接受默认的参数，单击"确定"按钮，即可创建单轨扫掠曲面，然后删除绘图区中的曲线，并取消宝石的隐藏，如图 15-25 所示。

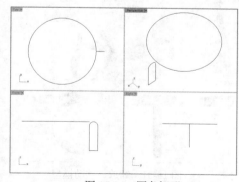

图 15-24　圆角矩形

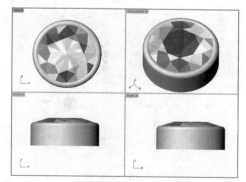

图 15-25　创建单轨扫掠曲面

步骤 9 在绘图区中选择刚创建的曲面，将其移至合适位置，如图 15-26 所示。

步骤 10 在绘图区中选择合适的模型，将其移至合适位置，如图 15-27 所示。

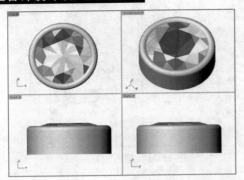

图 15-26　移动曲面

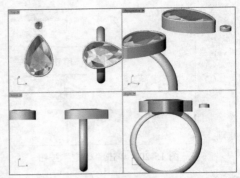

图 15-27　移动模型

步骤 ⑪ 单击"立方体：角对角、高度"按钮右侧的下拉按钮，在弹出的面板中单击"环状体"按钮◉，根据命令行提示，在绘图区中任取一点为中心点，然后设置"半径"为 0.7，"第二半径"为 0.15，执行操作后，即可创建环状体，如图 15-28 所示。

步骤 ⑫ 在绘图区中选择相应的模型，将其移至合适位置，如图 15-29 所示。

图 15-28　创建环状体

图 15-29　移动环状体

步骤 ⑬ 在绘图区中选择相应的模型，在"变动"选项卡中单击"复制"按钮🖧，根据命令行提示，在绘图区中捕捉合适的端点作为复制的起点和终点，执行操作后，即可复制模型，如图 15-30 所示。

步骤 ⑭ 在绘图区中选择刚复制的模型，在"变动"选项卡中单击"缩放"按钮🔘，根据命令行提示，指定基点和参考点，缩放模型，然后将缩放的模型移至合适位置，如图 15-31 所示。

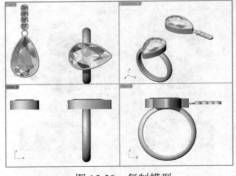

图 15-30　复制模型

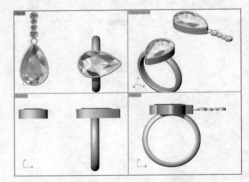

图 15-31　缩放、移动模型

步骤 ⑮ 在绘图区中选择相应的模型，在"变动"选项卡中单击"复制"按钮🖧，根据命令行提示，在绘图区中捕捉合适的端点作为复制的起点和终点，执行操作后，即可复制模型，如图 15-32 所示。

步骤 ⑯ 在绘图区中选择刚复制的模型，将其旋转、移动至合适位置，如图 15-33 所示。

图 15-32 联集运算模型

图 15-33 旋转和移动模型

步骤 ⑰ 单击"立方体：角对角、高度"按钮右侧的下拉按钮，在弹出的面板中单击"环状体"按钮 ⊙，根据命令行提示，在绘图区中任取一点为中心点，然后设置"半径"为 0.6，"第二半径"为 0.1，并按【Enter】键确认，在绘图区中创建两个环状体，然后将其移至合适位置，如图 15-34 所示。

步骤 ⑱ 在绘图区中选择相应的环状体，在"变动"选项卡中单击"复制"按钮 ⊞，根据命令行提示，在绘图区中捕捉合适的端点作为复制的起点和终点，执行操作后，即可复制环状体，如图 15-35 所示。

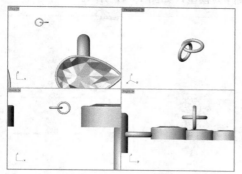

图 15-34 绘制并移动环状体

图 15-35 复制环状体

步骤 ⑲ 在绘图区中选择相应的模型，在"变动"选项卡中单击"复制"按钮 ⊞，根据命令行提示，在绘图区中捕捉合适的端点作为复制的起点和终点，执行操作后，即可复制模型，如图 15-36 所示。

步骤 ⑳ 在绘图区中选择相应的模型，将其移动、旋转至合适位置，如图 15-37 所示。

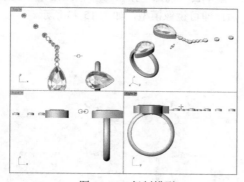

图 15-36 复制模型

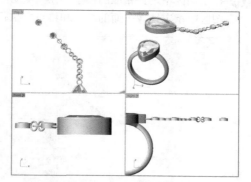

图 15-37 移动和旋转模型

步骤 ㉑ 在绘图区中选择相应的模型，在"变动"选项卡中单击"复制"按钮 ⊞，根据命令行提示，在绘图区中捕捉合适的端点作为复制的起点和终点，执行操作后，即可复制模型，然后对相应的模型的进行调整，如图 15-38 所示。

步骤 ㉒ 在绘图区中选择相应的模型，在"变动"选项卡中单击"缩放"按钮 ⊡，根据命令行提示，输入

C，然后指定基点和参考点，复制缩放模型，如图 15-39 所示。

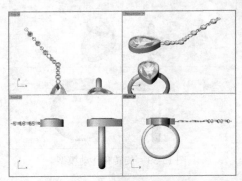

图 15-38　复制并调整模型

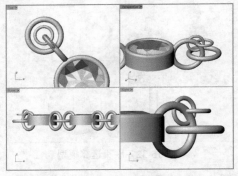

图 15-39　复制缩放模型

步骤 **㉓** 在绘图区中选择刚缩放的模型，将其移至合适位置，如图 15-40 所示。

步骤 **㉔** 在绘图区中选择刚移动的模型，在"变动"选项卡中单击"矩形阵列"右侧的下拉按钮，在弹出的面板中单击"直线阵列"按钮，根据命令行提示，设置阵列数为 30，按【Enter】键确认，然后指定参考点，执行操作后，即可创建直线阵列模型，如图 15-41 所示。

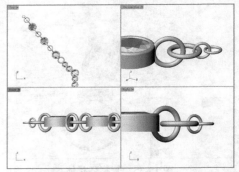

图 15-40　移动模型

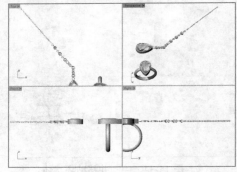

图 15-41　直线阵列模型

步骤 **㉕** 在绘图区中选择相应的模型，在"变动"选项卡中单击"复制"按钮，根据命令行提示，在绘图区中捕捉合适的端点作为复制的起点和终点，执行操作后，即可复制模型，如图 15-42 所示。

步骤 **㉖** 在绘图区中选择相应的模型，在"变动"选项卡中单击"镜像"按钮，根据命令行提示，在绘图区中指定镜像平面的起点和终点，执行操作后，即可镜像模型，如图 15-43 所示。

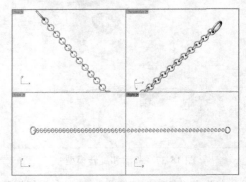

图 15-42　复制模型

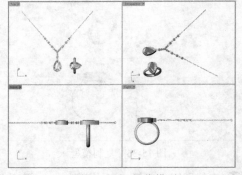

图 15-43　镜像模型

步骤 **㉗** 在"珠宝"选项卡中单击"调查结果"按钮，弹出"调查结果"对话框，在其中选择相应的选项，如图 15-44 所示。

28 在选择的选项上双击鼠标左键，执行操作后，即可调出模型，然后将其移至"金属"图层上，如图 15-45 所示。

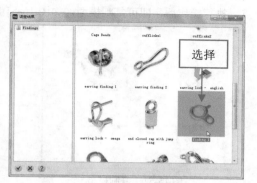

图 15-44 选择相应选项

图 15-45 调入模型

步骤 **29** 在绘图区中选择刚调入的模型，在"变动"选项卡中单击"缩放"按钮 ▣，根据命令行提示，输入 C，然后指定基点和参考点，缩放模型，如图 15-46 所示。

步骤 **30** 在绘图区中选择刚缩放的模型，将其移至合适位置，如图 15-47 所示。

图 15-46 缩放模型

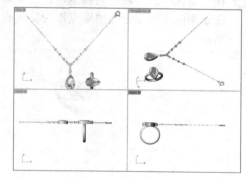

图 15-47 移动模型

15.3 耳钉的建模设计

步骤 **1** 在绘图区中选择相应的模型，在"变动"选项卡中单击"复制"按钮 ▤，根据命令行提示，在绘图区中捕捉合适的端点作为复制的起点和终点，执行操作后，即可复制模型，如图 15-48 所示。

步骤 **2** 在绘图区中选择相应的模型，在"变动"选项卡中单击"复制"按钮 ▤，根据命令行提示，在绘图区中捕捉合适的端点作为复制的起点和终点，执行操作后，即可复制模型，如图 15-49 所示。

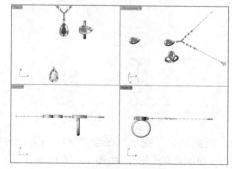

图 15-48 复制模型 1

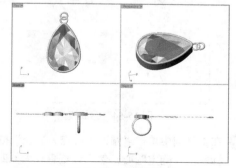

图 15-49 复制模型 2

步骤 ③ 在绘图区中选择刚复制的模型，将其旋转至合适位置，如图 15-50 所示。

步骤 ④ 在绘图区中选择相应的模型，在"变动"选项卡中单击"复制"按钮🔳，根据命令行提示，在绘图区中捕捉合适的端点作为复制的起点和终点，执行操作后，即可复制模型，如图 15-51 所示。

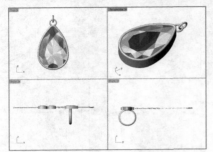

图 15-50　旋转模型

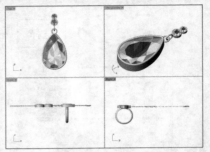

图 15-51　复制模型

步骤 ⑤ 在绘图区中选择相应的模型，在"变动"选项卡中单击"复制"按钮🔳，根据命令行提示，在绘图区中捕捉合适的端点作为复制的起点和终点，执行操作后，即可复制模型，如图 15-52 所示。

步骤 ⑥ 在绘图区中选择相应的模型，在"变动"选项卡中单击"复制"按钮🔳，根据命令行提示，在绘图区中捕捉合适的端点作为复制的起点和终点，执行操作后，即可复制模型，如图 15-53 所示。

图 15-52　复制模型

图 15-53　复制模型

步骤 ⑦ 在绘图区中选择刚复制的模型，在"变动"选项卡中单击"缩放"按钮🔘，根据命令行提示，指定基点和参考点，缩放模型，如图 15-54 所示。

步骤 ⑧ 在绘图区中选择刚缩放的模型，将其移至合适位置，如图 15-55 所示

图 15-54　缩放模型

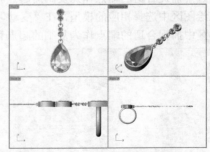

图 15-55　移动模型

步骤 ⑨ 在工具列中单击"圆：中心点、半径"按钮⭕，根据命令行提示，在绘图区中的合适位置单击鼠标左键，确定圆心，然后设置直径为 0.2，在 Top 视图中绘制圆，如图 15-56 所示。

步骤 ⑩ 在绘图区中选择刚绘制的圆，将其移至合适位置，如图 15-57 所示。

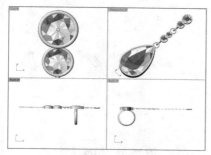

图 15-56　绘制圆

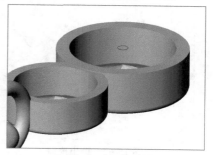

图 15-57　移动圆

步骤 ⑪　在"工具列"中单击"指定三或四个角建立曲面"右侧的下拉按钮，在弹出的面板中单击"放样"按钮，根据命令行提示，在绘图区中依次选择合适的曲面边缘和刚绘制的圆，执行操作后，按两次【Enter】键确认，弹出"放样选项"对话框，如图 15-58 所示。

步骤 ⑫　单击"确定"按钮，执行操作后，即可创建放样曲面，如图 15-59 所示。

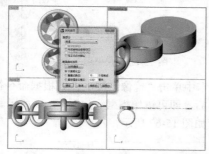

图 15-58　弹出"放样选项"对话框

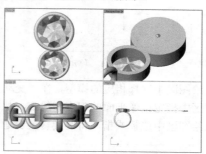

图 15-59　创建放样曲面

步骤 ⑬　单击"实体"｜"偏移"命令，根据命令行提示，在绘图区中选择需要偏移的曲面，然后输入 D 和 0.1，并调整偏移方向，执行操作后，即可偏移曲面，如图 15-60 所示。

步骤 ⑭　在"珠宝"选项卡中单击"调查结果"按钮，弹出"调查结果"对话框，在其中选择相应的选项，如图 15-61 所示。

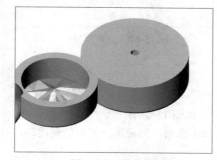

图 15-60　偏移曲面

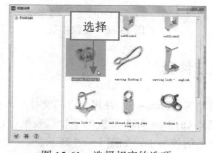

图 15-61　选择相应的选项

步骤 ⑮　在选择的选项上双击鼠标左键，执行操作后，即可调出模型，然后将其移至"金属"图层上，如图 15-62 所示。

步骤 ⑯　在绘图区中选择刚调出的模型，在"变动"选项卡中单击"缩放"按钮，根据命令行提示，指定基点和参考点，缩放模型，如图 15-63 所示。

步骤 ⑰　在绘图区中选择刚缩放的模型，将其移至合适位置，如图 15-64 所示。

步骤 ⑱　在工具列中单击"布尔运算联集"命令，根据命令行提示，在绘图区中选择需要布尔运算的模型，按【Enter】键确认，执行操作后，即可联集运算模型，如图 15-65 所示。

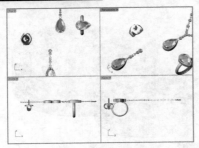

图 15-62　调出模型

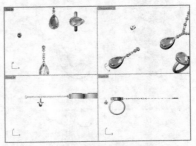

图 15-63　缩放模型

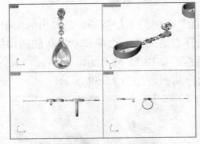

图 15-64　移动模型

图 15-65　联集运算模型

步骤 ⑲ 在绘图区中选择相应的模型，在"变动"选项卡中单击"镜像"按钮 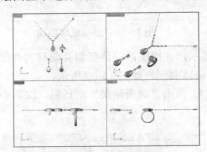，根据命令行提示，在绘图区中指定镜像平面的起点和终点，执行操作后，即可镜像模型，如图 15-66 所示。

步骤 ⑳ 在绘图区中选择戒指，将其旋转至合适位置，如图 15-67 所示。

图 15-66　镜像模型

图 15-67　旋转模型

15.4　渲染三件套

步骤 ① 启动 KeyShot 4.0，并将保存的文件导入到其中，如图 15-68 所示。

步骤 ② 在"KeyShot 库"面板的下拉列表框中选择 Metal 选项，然后选择相应的材质球，并将其拖曳至合适的模型上，如图 15-69 所示。

图 15-68　导入文件

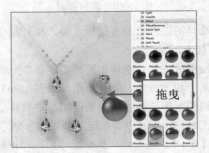

图 15-69　拖曳材质球 1

步骤 3 执行操作后，即可为模型赋予材质；在下拉列表框的 Metal 材质库中选择相应的材质球，并将其拖曳至合适的模型上，如图 15-70 所示。

步骤 4 执行操作后，即可为模型赋予材质；在下拉列表框的选择 Gem Stones 选项，然后选择相应的材质球，并将其拖曳至宝石上，如图 15-71 所示。

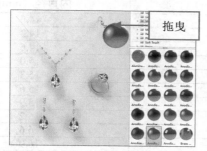

图 15-70 拖曳材质球 2

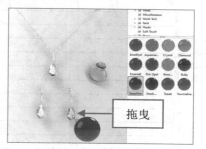

图 15-71 拖曳材质球 3

步骤 5 执行操作后，即可为模型赋予材质；在下拉列表框的 Gem Stones 材质库中选择相应的材质球，并将其拖曳至合适的模型上，如图 15-72 所示。

步骤 6 执行操作后，即可为宝石赋予材质，单击"渲染"按钮，弹出"渲染选项"对话框，在"名称"文本框中输入 15-75.jpg，然后单击"预设置"按钮，在弹出的列表框中选择 1280×1031 选项，单击"渲染"按钮，如图 15-73 所示。

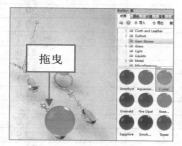

图 15-72 拖曳材质球 4

图 15-73 单击"渲染"按钮

步骤 7 弹出相应的对话框，显示渲染进度，如图 15-74 所示。

步骤 8 稍等片刻后，即可完成模型的渲染，如图 15-75 所示。

步骤 9 选择渲染所生成的图片，将其导入 Photoshop 中，进行后期处理，如图 15-76 所示。

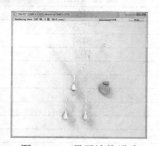

图 15-74 显示渲染进度

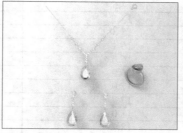

图 15-75 渲染模型

图 15-76 后期处理

附录 1 戒指的尺寸

戒指尺寸对照表（大陆码）

号码	内圈长（mm）	内直径（mm）
4	44	14.0
5	45	14.3
6	46	14.6
7	47	15.0
8	48	15.3
9	49	15.6
10	50	15.9
11	51	16.2
12	52	16.6
13	53	16.9
14	54	17.2
15	55	17.5
16	56	17.8
17	57	18.2
18	58	18.5
19	59	18.8
20	60	19.1
21	61	19.4
22	62	19.7
23	63	20.1
24	64	20.4
25	65	20.7
26	66	21.0
27	67	21.3
28	68	21.7
29	69	22.0
30	70	22.3
31	71	22.6
32	72	22.9
33	73	23.2
34	74	23.6
35	75	23.9

戒指尺寸对照表（香港码）

号码	直径（mm）	周长（mm）
7	14.5	46
8	15.1	47.5
9	15.3	48
10	16.1	50.5
11	16.6	52
12	16.9	53
13	17.0	53.5
14	17.7	55.5
15	18.0	56.5
16	18.2	57
17	18.3	57.5
18	18.5	58
19	18.8	59
20	19.4	61
21	19.7	62
22	20.2	63.5
23	20.4	64
24	21.0	66

附录 2　生辰石、幸运石、结婚周年纪念宝石

生辰石

月份	宝石	象征
一月	石榴石	忠诚、友爱、贞洁、运气
二月	紫水晶、蓝绒晶	忠诚、善良、心平气和
三月	海蓝宝石	沉着、勇敢、幸福、长寿
四月	钻石	纯洁、无暇、爱情
五月	翡翠、祖母绿	幸福、忠诚、善良
六月	珍珠、月光石	健康长寿、荣华富贵
七月	红宝石	智慧、爱情
八月	橄榄石	幸福、和谐
九月	蓝宝石、绿松石、蜜蜡石	忠诚、坚贞、诚实
十月	碧玺、欧泊、猫眼石	安乐、平安、希望
十一月	蓝黄玉	友爱、幸福
十二月	锆石、绿松石、青金石	胜利、成功、好运

幸运石

星座	幸运石	守护石
水瓶座 1/20-2/18	紫水晶、蓝宝石、石榴石、粉晶、珍珠	淡水珍珠或金饰
双鱼座 2/19-3/20	海蓝宝石、绿色碧玺、蓝宝石、祖母绿、紫水晶、钻石、玉石	茶晶
白羊座 3/21-4/19	白水晶、黄玉、紫水晶、石榴石、琥珀、红宝石	紫水晶
金牛座 4/20-5/20	黄晶、祖母绿、海蓝宝、粉晶、翡翠	金发晶
双子座 5/21-6/21	水晶、黄玛瑙、黄晶、紫水晶、琥珀、橄榄石、海蓝宝石	黄水晶
巨蟹座 6/22-7/22	红宝石、粉红碧玺、石榴石	红玛瑙
狮子座 7/23-8/22	橄榄石、碧玺、黄玉、紫水晶、蓝宝石、琥珀、钻石	红纹絮彩石
处女座 8/23-9/23	蓝黄玉、蓝宝石、黄水晶、琥珀、翡翠	红聚宝石
天秤座 9/24-10/24	海蓝宝石、祖母绿、碧玺、粉晶、橄榄石	黑曜石
天蝎座 10/24-11/22	紫水晶、石榴石、绿碧玺、黄玉、海蓝宝石	石榴石
射手座 11/23-12/21	海蓝宝石、蓝黄玉、紫水晶、粉红碧玺、红宝石	芙蓉晶
摩羯座 12/22-1/19	石榴石、黄玉、红玛瑙、粉红碧玺、钻石	虎睛石

结婚周年纪念宝石

周年	名称	纪念宝石
1 周年	纸婚	淡水珍珠或金饰
2 周年	棉婚	石榴石
3 周年	皮革婚	珍珠
4 周年	丝婚	粉水晶或黄玉
5 周年	木婚	蓝宝石
6 周年	铁婚	紫水晶
7 周年	铜婚	黑玛瑙
8 周年	陶婚	东陵玉或碧玺
9 周年	柳婚	青金石

周年	名称	纪念宝石
10 周年	锡婚	钻石珠宝
11 周年	钢婚	土耳其石或黑瞻石
12 周年	链婚	翡翠
13 周年	花边婚	黄水晶
14 周年	象牙婚	蛋白石
15 周年	水晶婚	红宝石
16 周年		琥珀或橄榄石
17 周年		孔雀石
18 周年		虎睛石
19 周年		海蓝宝石
20 周年	瓷婚	祖母绿
25 周年	银婚	纯银
30 周年	珍珠婚	玉
35 周年	珊瑚婚	珊瑚
40 周年	红宝石婚	红宝石
45 周年	蓝宝石婚	蓝宝石
50 周年	金婚	黄金
55 周年	翡翠婚	金绿宝石
60 周年	钻石婚	钻石

附录3　最佳的色彩搭配方案

一、红色

红色的色感温暖，性格刚烈而外向，是一种对人刺激性很强的颜色。红色容易引起人的注意，也容易使人兴奋、激动、紧张、冲动，它还是一种容易造成人视觉疲劳的色彩。

1. 在红色中加入少量的黄，会使其热力强盛，趋于躁动、不安。
2. 在红色中加入少量的蓝，会使其热性减弱，趋于文雅、柔和。
3. 在红色中加入少量的黑，会使其性格变得沉稳，趋于厚重、朴实。
4. 在红中加入少量的白，会使其性格变得温柔，趋于含蓄、羞涩、娇嫩。

二、黄色

黄色的性格冷漠、高傲、敏感，具有扩张和不安宁的视觉印象。黄色是各种色彩中，最为娇气的一种色。只要在纯黄色中混入少量的其他色，其色相感和色性格均会发生较大程度的变化。

1. 在黄色中加入少量的蓝，会使其转化为一种鲜嫩的绿色。其高傲的性格也随之消失，趋于一种平和、潮润的感觉。
2. 在黄色中加入少量的红，则具有明显的橙色感觉，其性格也会从冷漠、高傲转化为一种有分寸感的热情、温暖。
3. 在黄色中加入少量的黑，其色感和色性变化最大，成为一种具有明显橄榄绿的复色印象，其色性也变得成熟、随和。
4. 在黄色中加入少量的白，其色感变得柔和，其性格中的冷漠、高傲被淡化，趋于含蓄，易于接近。

三、蓝色

蓝色的色感冷，性格朴实而内向，是一种有助于人头脑冷静的颜色。蓝色的朴实、内向性格，常为那些性格活跃、具有较强扩张力的色彩，提供一个深远、广埔、平静的空间，成为衬托活跃色彩友善而谦虚的朋友。蓝色还是一种在淡化后仍然似能保持较强个性的色。如果在蓝色中分别加入少量的红、黄、黑、橙、白等色，均不会对蓝色的性格构成较明显的影响。

1. 如果橙色中黄的成份较多，其性格趋于甜美、亮丽、芳香。
2. 在橙色中混入少量的白，可使橙色的知觉趋于焦躁、无力。

四、绿色

绿色是具有黄色和蓝色两种成份的色。在绿色中，将黄色的扩张感和蓝色的收缩感相融合，将黄色的温暖感与蓝色的寒冷感相抵消。这样使绿色的性格最为平和、安稳，是一种柔顺、恬静、满足、优美的色。

1. 绿色中黄的成份较多时，其性格就趋于活泼、友善，具有幼稚性。
2. 在绿色中加入少量的黑，其性格就趋于庄重、老练、成熟。
3. 在绿色中加入少量的白，其性格就趋于洁净、清爽、鲜嫩。

五、紫色

紫色的明度在有彩色的色料中是最低的。紫色的低明度给人一种沉闷、神秘的感觉。

1. 紫色中红的成份较多时，具有压抑感、威胁感。
2. 在紫色中加入少量的黑，其感觉就趋于沉闷、伤感、恐怖。
3. 在紫色中加入白，可使紫色沉闷的性格消失，变得优雅、娇气，并充满女性的魅力。

六、白色

白色的色感光明，性格朴实、纯洁、快乐。白色具有圣洁的不容侵犯性。如果在白色中加入其他任何色，都会影响其纯洁性，使其性格变得含蓄。

1. 在白色中混入少量的红，就成为淡淡的粉色，鲜嫩而充满诱惑。
2. 在白色中混入少量的黄，则成为一种乳黄色，给人一种香腻的印象。
3. 在白色中混入少量的蓝，给人感觉清冷、洁净。
4. 在白色中混入少量的橙，有一种干燥的气氛。
5. 在白色中混入少量的绿，给人一种稚嫩、柔和的感觉。
6. 在白色中混入少量的紫，可使人联想到淡淡的芳香。

附录 4 十大类珠宝鉴定方法汇总

珠宝赝品主要是指在材料方面作假，以伪劣材料冒充真品。现将一些珠宝的鉴定和辨伪方法分别介绍如下。

钻石的鉴定

钻石是天然物质中最坚硬的，钻石可刻划任何其他宝石。也可以用"标准硬度计"刻划，凡硬度小于 9 度，均是假钻石。钻石还具有亲油性，如用钢笔在钻石表面划一条线，则成一条连续不断的直线，而其他宝石则呈断断续续的线。上述方法在鉴定钻石中都有一定参考价值。还可以通过 10 倍放大镜观察，在 10 倍放大镜下，多数钻石可见瑕疵，有三角形的生长纹，钻石的表面有红、橙、蓝等色的光芒。最准确可靠的方法是用"热导仪"测出导热数据来区分真假钻石，但"热导仪"价格比较昂贵。

由于钻石是高贵豪华的首饰品，目前市场上以廉价宝石、人造宝石甚至玻璃来代替或冒称钻石屡见不鲜，常见的形形色色的假钻石有以下几种。

（1）锆石：与钻石极为相似，是钻石最佳代用品。鉴定方法是，锆石由于具有偏光性和很大双折射率，当用 10 倍放大镜观察加工后的锆石棱面时，由其顶面向下看，可以看出底部的棱线有明显的双影，而钻石绝无双影现象。

（2）玻璃：玻璃的折光率很低，没有钻石那种闪烁的彩色光芒，尤其是沉入水中，玻璃制品光彩全无，立即露出马脚。

（3）苏联钻：即立方氧化锆，苏联钻是人造化合物，其在色散、折光率等方面与天然钻石很接近，它也具有"火光闪闪"的诱人外貌，但它的硬度较低（8.5），可与钻石互相划刻区分，且导热性远低于钻石，可用"热导仪"鉴定，准确将其区分开来。

（4）水晶：水晶虽然是天然矿物透明晶体，经加工后似钻石，但缺少钻石的彩色光芒。

红宝石的鉴定

天然宝石"十红九裂"，没有一点瑕疵及裂纹的天然红宝石极为罕见。而人造红宝石颜色一致，内部缺陷或结晶质包裹体少，洁净，块体较大。作为珍贵宝石，市场上超过 3 克拉以上的天然红宝石十分少见，如碰到较大块体的红宝石，就要引起注意，因为天然红宝石比人造红宝石价值高出千百倍。

天然红宝石有较强的"二色性"，所谓二色性，即从不同方向看都有红色和橙红色两种色调，如只有一种颜色，则可能是红色尖晶石、石榴石或红色玻璃等。

红色尖晶石与天然红宝石十分相似，两者最易混淆，所以必须特别慎重。

蓝宝石的鉴定

天然蓝宝石的颜色往往不均匀，大多数具有平直的生长纹。人造蓝宝石颜色一致，其生长纹为弧形带，往往可见体内有面包屑状或珠状的气泡。

天然蓝宝石也具有明显的二色性，从一个方向看为蓝色，从另一个方向看则为蓝绿色。其他宝石的呈色性与天然蓝宝石不同，据此可以区分。

另外，最简便的方法可用硬度测定法，天然蓝宝石可在黄玉上刻划出痕迹，而其他蓝色宝石难以在黄玉上刻划出痕迹，所以购买珠宝时，如身边没有仪器，只要有一块黄玉，有时也能解决一些问题。

祖母绿的鉴定

在自然界，和祖母绿相似的绿色透明宝石种类不少，较常见的有翡翠、碧玺、萤石、橄榄石、石榴石和锆石等，其中外观酷似祖母绿而容易混淆的是碧玺、萤石和翡翠。以肉眼观察，绿色翡翠一般都呈半透明状，往往有交织纤维斑状结构，而优质祖母绿透明晶莹。祖母绿的硬度在 7.5~8 之间，而萤石硬度低，仅为 4。祖母绿比重较小，而萤石、碧玺、翡翠的比重都较大，锆石则色散强并具有明显的双影。

此外，还有与天然祖母绿相似的人工祖母绿、绿色玻璃等，它们之间最大的区别之处是天然祖母绿绝大多数有瑕疵或包体，并可见二色性。当然，要严格正确地区分最好运用折光仪、偏光镜等鉴定仪器。

猫眼的鉴定

近年来，市场上有一种玻璃纤维猫眼戒面销售，镶在黄金或白银戒指上，使人真假莫辨。其鉴别方法是，当转动戒面时，假猫眼的弧形顶端可同时出现数条光带，而真猫眼只有一条。假猫眼眼线呆板，而真猫眼眼线张合灵活。真猫眼的颜色大多为褐黄或淡绿色，假猫眼则颜色多样，有红、蓝、绿等色。

欧泊的鉴定

根据它的颜色欧泊可分为黑欧泊、白欧泊、黄欧泊等，其中以黑欧泊价格最高。为了使价格较低的白或黄欧泊提高档次，有人就采用人工方法使其变色，成为"黑欧泊"，以牟取高利。其主要方法是用糖煮或注入塑料，使白欧泊变黑。识别的方法是，经过糖煮或注塑的欧泊比重明显不同，在水中测试，其比重值变轻。亦可用加热后的针测试注塑欧泊，天然欧泊热针扎不进，注塑欧泊能够扎进，并会产生塑料烊化后的气味。

碧玺的鉴定

碧玺是一种中档宝石，但因桃红色和鲜蓝色碧玺较贵重，故也有冒仿品出现。识别的方法是，真碧玺往往具有明显的二色性，可见双影；体内可见管状包裹物或棉絮状物，晶体的横断面呈弧面三角形，这些特点是冒仿品所不具有的。工人染色的碧玺，由于颜色吊滞，缺乏天然碧玺的"宝光"，故不难识别。

水晶的鉴定

天然水晶清澈透明，常含有云雾状、星点状或絮状气液包体，并往往有微裂纹。此外，天然水晶有偏光性，可见双晶现象，例如水晶球体，从上向下看，会见有双影现象。人工合成水晶或玻璃制品，体内均一纯净，毫无裂纹，内部往往有小气泡，球体由上往下看，见不到下面线条的双影。用手感识别，可感觉到合成水晶的比重大于天然水晶；天然水晶有冰凉之感，而合成水晶具有温感。

橄榄石的鉴定

橄榄石是一种绿中带黄，类似橄榄色的中低档宝石，市场上最常见的是用有色玻璃制成的橄榄石仿冒品。两者主要的区别是，橄榄石具有明显的"双影"，而玻璃没有；橄榄石内往往可见结晶质包体，玻璃内只含气泡；橄榄石的比重为3.5，硬度为7，比玻璃的比重（2.6）和硬度（6）都要大。

珍珠的鉴定

珍珠有天然珍珠和养殖珍珠之分，养殖珍珠又有海水珠和淡水珠之分。天然珍珠产量少，价格贵；而养殖珍珠可大批量产出，故价格要低得多。两者的主要区别是，天然珍珠的内核往往只是一些砂粒或寄生虫等物，甚至没有核；而养殖珍珠的内核是人工制作的较大的圆珠，故外面的包裹层较薄。表现在体表上，天然珍珠因其生长环境是随机的，核中异物很少滚动，其外形圆度较差；养殖珍珠内核滚圆，因此成珠后圆度较好。天然珍珠由于生长时间长，因此成珠后质地细腻，珠层厚实，表皮光滑，很少有"凸泡"，且较透明；养殖珍珠则因成珠时间短，因而珠层薄，质地较粗糙，光泽带"蜡状"，且表面往往有一些凹凸的"小泡"，透明度亦较差。如果是已穿孔的珍珠，用放大镜仔细观察孔内，如是养殖珍珠，一般能看到珠内有一条褐色界线，这是放入的内核与后来生长出来的珍珠层之间的分界线。

目前，市场上还经常出现仿制珍珠，一般是以玻璃小珠涂带鱼鳞粉或银粉制成，其光泽与真珍珠明显不同，重量也不一样，稍有经验者即可识别，如用指甲或小刀刮后，立即露出庐山真面目。

鉴别珍珠，珠宝界有一些经验之谈，如下。

（1）如是成串珍珠，其颜色、大小、形状、光泽等完全一致，即为人造珍珠，因为天然珍珠无论如何也不可能一致。

（2）真珍珠的光泽似彩虹，五光十色，十分美丽；假珍珠因其表面是涂料，故光泽单调，没有五光十色的彩虹色调。

（3）迎光透视，真珍珠透明度好，假珍珠透明度差。

（4）通过手感来鉴别，真珍珠有滑爽凉感，而假珍珠则往往温腻。

（5）用10倍放大镜观察，真珍珠表面能见到其生长纹理，假珍珠没有生长纹理，仅见涂层。

附录5　设计师十诫

第 1 条

不可抄袭他人之创意，不论有何前提。

第 2 条

不可过分依赖电脑技术，切记，你是一名设计师，而不是一名电脑修图员。

第 3 条

不可一直追随流行设计风格，现在流行的，必是马上过时的。

第 4 条

各用 10% 的精力涉足十门设计学科，不如用 100% 的精力涉足于一门学科。

第 5 条

不可将自己都认为有问题的作品向公众发表。

第 6 条

不可因低价商业项目，而放低对作品的要求。

第 7 条

不可凭主观意识评价他人作品，不可人云亦云。

第 8 条

不可闭门造车，了解一些历史、哲学和人文，将对你的作品大有好处。

第 9 条

不论身份高低，需保持谦虚的态度。

第 10 条

永远坚信：设计可以拯救你的国家，可以改变世界。

附录6　10 大常见珠宝设计网站

http://www.zbsjlt.com/portal.php

http://www.jdincn.com/

http://design.525zb.com/

http://52sheji.5d6d.net/

http://www.e3dhome.com/chinese/index.asp

http://edu.21cn.com/course/50246_135687.htm

http://www.xuexiniu.com/zhubao/

http://www.xuexiniu.com/jiaocheng-1.html

http://bbs.uggd.com/forum-133-1.html

http://www.rhinogh.com/